FLUGZEUGE DER WELT

2004

Coverfoto: Eurocopter EC 145 der schweizerischen REGA.
Dreiseitenrisse: Aeromedia Anton E. Wettstein

Lizenzausgabe für Deutschland und Österreich,
Motorbuch Verlag, Stuttgart 2004
Sie finden uns im Internet unter:
http://www.motorbuch-verlag.de

ISBN 3-613-02377-6

2004

CLAUDIO MÜLLER

FLUGZEUGE DER WELT

Motor
buch
Verlag

➤ Die 44. Ausgabe von Flugzeuge der Welt liegt vor. Wie seit Jahren üblich, stellt das Buch jene Typen vor, die sich derzeit in Produktion befinden oder ältere Modelle, welche einer wesentlichen Modernisierung unterzogen werden. Am interessantesten sind jedoch jeweils die Muster, die in diesem Jahr voraussichtlich ihren Erstflug absolvieren werden. Sie sind stets ein wichtiger Indikator, wohin sich die Luftfahrtbranche bewegt.

2003 feierte man den 100. Geburtstag der Fliegerei. Was als Abenteuer von einigen Waghalsigen 1903 begann, hat sich zu einem der wichtigsten Industriezweige entwickelt. Fliegen ist eine Selbstverständlichkeit geworden. Die technische Evolution, begonnen von einigen aus Holz, Stoff und Drähten zusammengebauten fliegenden Schreinereiprodukten zu den heute üblichen Flugzeugen ist gewaltig. Dabei erfolgte die Entwicklung jeweils in Schüben. Meistens waren Kriege, allen voran der zweite Weltkrieg, für eigentliche Entwicklungssprünge verantwortlich. Die letzten Jahre hingegen waren eher von einer evolutionären Weiterentwicklung geprägt. Wo steht nun die Luftfahrt heute? Wohin geht sie?

Die schwierigen Jahre der Luftfahrtbranche sind noch nicht vorbei, ganz im Gegenteil. 2003 war von vielen negativen Ereignissen geprägt. Nebst dem Irak-Krieg sei auch die Sars-Krise erwähnt. Diese trafen ganz besonders die Zivilluftfahrt. Auf der ganzen Welt wurde die Produktion von neuen Typen zurückgefahren und die Zahl der eingemotteten oder verschrotteten Maschinen erreichte Höchstwerte. Nun sind jedoch Silberstreifen am Horizont spürbar. Wenn auch die Auftragslage im 2004 noch kaum stark zunehmen wird, so dürfte mindestens der Abwärtstrend gestoppt sein. Die Hersteller sind sehr zurückhaltend mit dem Lancieren von neuen Projekten. Eine Ausnahme bildet vielleicht die Boeing 7E7. Ein Muster, in das Boeing grosse Hoffnungen steckt und welches voraussichtlich 2007 oder 2008 erstmals fliegen wird. Die 7E7 ist primär als Ablösung der bewährten und in grosser Stückzahl gebauten Typen B757 und B767 gedacht. China und Russland versuchen sich erstmals mit der Eigenentwicklung von Regionalflugzeugen. Airbus wird mit dem für 2005 geplanten Erstflug des grössten Passagierflugzeuges der Welt, der A380, einen Quantensprung machen.

Die Situation bei der militärischen Luftfahrt ist etwas besser. Kriege sind bekanntlich Katalysatoren für Entwicklung und Beschaffung von neuen Systemen. Der Konflikt in Irak hat mit einer erschreckenden Deutlichkeit gezeigt, was überlegende Technologie und Überzahl an Mitteln bewirken können. Die USA verfügen heute über eine erdrückende militärische Übermacht, welche für sie Kriege zu eigentlichen High-Tech-Manövern mit vergleichsweise geringen Verlusten an Menschen und Material werden lassen. Ganz anders sieht es für die Gegner aus! Wurden bis vor einem Jahrzehnt Kampfflugzeuge mit Waffenlasten bis hin zum Zielgebiet geführt, um dann anzugreifen, hat sich die Taktik völlig verändert. Neue Generationen von Luft-Boden-Lenkwaffen, Abstandsbomben und elektronischen Kommunikations- und Kampfmitteln führen heute dazu, dass sich Kampfflugzeuge nicht mehr in die gefährlichen Gebiete hineinwagen müssen, sondern weit weg ihre Waffen auslösen können. Diese treffen dann mit einer ungeheuren Präzision das anvisierte Ziel. Der Luftkrieg hat eine fast virtuelle Dimension erreicht. Dabei sind Kampfflugzeuge nur noch ein Baustein in einem sehr komplexen System. Dieses umfasst nebst Radarfrühwarnflugzeugen, Aufklärern, Satelliten, unbemannte Dronen, elektronische Abwehrmittel auch mobile Bodenstationen. Die Truppenführung am Boden kann online anzugreifende Ziele festlegen, aus der Luft bekämpfen lassen, sofort deren Wirkung beobachten und allenfalls nochmals eingreifen. Und dies in kürzesten Zeiträumen, während man früher dafür viel mehr Mittel und Zeit benötigte.

In diesem Netzwerk spielen die Unmaned Air Vehikels, kurz UAV genannt, eine immer wichtigere Rolle. Sie beginnen sich in der Militärluftfahrt langsam zu etablieren. Projekte, Prototypen und Serienmodelle zusammen gezählt, kommt man bald auf 50 Vorhaben. Das leichteste Modell wiegt rund 80 Gramm, das schwerste über 11000 kg! Sind bisher hauptsächlich Aufklärungs- und Überwachungsaufgaben die Domäne, entwickeln sich die Dronen langsam zu sophistisierten Waffensystemen für besonders gefährliche Einsätze.

Kriege sind Katalysatoren, wurde eingangs behauptet, wirtschaftliche Embargos auch. Iran ist ein typisches Beispiel dafür. Dieses Land habe ich in dieser Ausgabe von Flugzeuge der Welt zum Schwerpunktsthema gewählt. Viele Aktivitäten und interessante Projekte zeigen, wie aus einer Notsituation Erfindergeist entsteht und man mit ungeheurem Aufwand und viel Improvisation in wenigen Jahren zu einer recht bedeutenden Luftfahrtindustrie kommt. Konzentrierte man sich anfänglich auf den Bau von Ersatzteilen für die Einsatzflugzeuge der iranischen Streitkräfte, begann das Land mit dem Umbau und der Verbesserungen dieser Typen. Nun ist man so weit, ganz eigene Konstruktionen zu entwickeln. Als gutes Beispiel dafür sei die Iran Research Tazarve genannt. Leider sind die Informationen über iranische Flugzeuge noch recht dürftig. Trotzdem lohnt es sich, einige der wichtigsten Projekte in diesem Buch einmal konzentriert vorzustellen.

100 Jahre Fliegerei und wie weiter? Die letzten Jahre waren, wie bereits erwähnt, von einer eher evolutionären Weiterentwicklung geprägt. Obwohl die Umweltbelastung der Fliegerei vergleichsweise gering ist, sind neue, revolutionäre Entwicklungsansätze gefragt, welche u.a. die Energie- aber auch die Lärmfrage angehen. Interessant sind dabei zwei Stossrichtungen in der Grundlagenforschung: Die eine sind Solarzellen als Energiequelle. Ein Erprobungsträger mit Namen AeroVironment Helios proof-of-the-concept solar-electric flying wing zeigte erste ermutigende Resultate. Die andere Stossrichtung sind lasergesteuerte Modelle, welche die Energiequelle am Boden behalten und via Laser-Strahl das anvisierte Fluggerät mit der erforderlichen Energie versorgen. Was das zunehmend grössere Lärmproblem angeht, sind in den nächsten Jahren spürbare Verbesserungen dank neuester Technologie möglich. Dies zeigt, dass das Entwicklungspotenzial bei Flugzeugen noch längst nicht ausgeschöpft ist und dass der Luftfahrt noch eine grosse Zukunft beschert sein dürfte. Darüber wird in den nächsten Ausgaben von Flugzeuge der Welt hoffentlich zu berichten sein.

Claudio Müller

FLUGZEUGPROJEKTE VON MORGEN

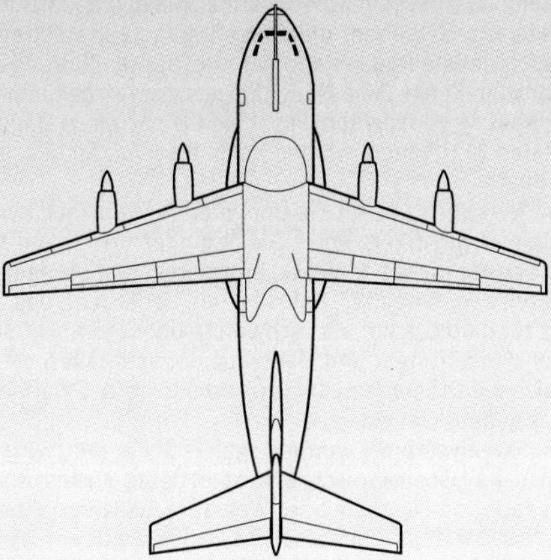

Ursprungsland: Europäisches Konsortium
Kategorie: Taktischer (und strategischer) Militärtransporter.
Triebwerke: Vier Propellerturbinen EuroProp International (EPI) PT400-D6 von je 11000 WPS (8200 kW) Leistung.
Leistungen: Max. Reisegeschwindigkeit zwischen Mach 0,68 und 0,72, auf niedriger Höhe 555 km/h; Dienstgipfelhöhe 11300 m; Reichweite mit einer Nutzlast von 20 t 6575 km, mit 30 t 4540 km; Überführungsreichweite 9075 km.
Gewichte: Leergewicht 66500 kg; max. Startgewicht 126500 kg.
Zuladung: Zwei Mann Cockpitbesatzung und z.B. zwei Tiger-Kampfhubschrauber, ein Roland-SAM-System oder einen 12m-Standard-Container; max. Nutzlast 31500 kg, mit Überlast 37000 kg.
Entwicklungsstand: Heutigen Informationen zufolge soll das erste Muster 2007 die Flugerprobung aufnehmen. Die Ablieferungen beginnen Ende 2009. Reservationen für vorläufig 180 Exemplare sind von folgenden Luftwaffen erfolgt: Belgien (7), Deutschland (60), Frankreich (50), Grossbritannien (25), Luxemburg (1), Spanien (27), Türkei (10).
Hersteller: EADS, (European Aeronautic Defence and Space Company), Airbus Military, Werk (Endmontage) San Pablo, Sevilla, Spanien.

Abmessungen:
Spannweite 42,36 m
Länge 42,20 m
Höhe 14,73 m
Flügelfläche 221,50²

EADS A400M

Die Entwicklungsgeschichte des Militärtransporters A400M dauert nun schon einige Jahre. Nach langer Unsicherheit ist 2003 der Entscheid zur definitiven Entwicklung endlich gefallen. Erstmals werden für einen Militärtransporter sowohl im Entwicklungs- wie auch im Fertigungsprozess kommerzielle Praktiken angewendet. Viele Elemente stammen von zivilen Modellen ab, so z.B. das Cockpit, welches weitgehend jenem der heutigen Airbus-Verkehrsflugzeuge entspricht. Die A400M soll vorab die C-160 Transall sowie die C-130 Hercules ablösen. Gegenüber diesen Mustern weist sie bei weitgehend gleich hohen Betriebskosten eine doppelte Nutzlast-/Volumenkapazität auf. Der Frachtraum wird 17,71 m lang (inkl. Rampe 23,11 m), 4,00 m breit sowie 3,85 m hoch sein. Nebst der Transportausführung ist auch eine Tankervariante geplant. Zudem soll die A400M dank im Frachtraum zu platzierenden modularen Ausrüstungselementen als Plattform für eine Vielzahl weiterer Aufgaben dienen.

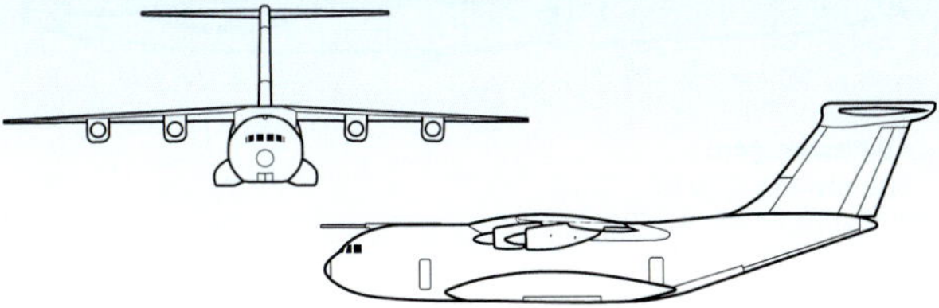

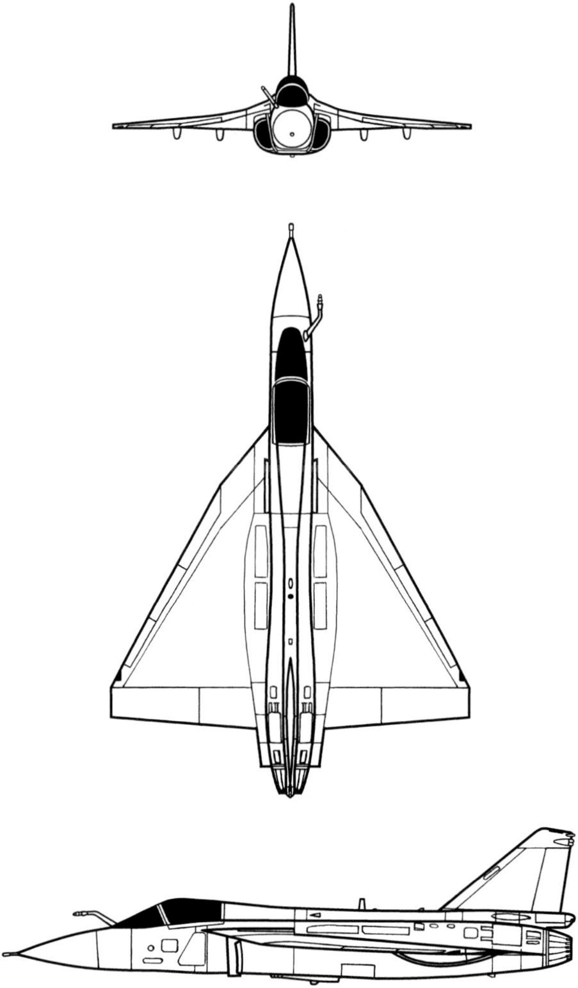

Abmessungen:
Spannweite 8,20 m
Länge 13,20 m
Höhe 4,40 m
Flügelfläche ca. 38,40 m²

ADA (HAL) LCA TEJAS

Ursprungsland: Indien.
Kategorie: Ein- und zweisitziger leichter Mehrzweckjäger.
Triebwerke (Erprobungsträger TD-1/2 + 13 erste Exemplare): Ein Mantelstromtriebwerk General Electric F404-F2J3 mit 8210 kp (80,50 kN) Standschub mit Nachbrenner; (ab 14. Maschine) ein Mantelstromtriebwerk Kaveri GTX-35VS von 5270 kp (52,44 kN) ohne und 8170 kp (80,68 kN) mit Nachbrenner.
Leistungen (geschätzt): Höchstgeschwindigkeit in grossen Höhen Mach 1,8+; Dienstgipfelhöhe über 15000 m.
Gewichte: Leergewicht ca. 5500 kg; Startgewicht ohne Aussenlasten 8500 kg, mit Aussenlasten bis zu 13000 kg.
Bewaffnung: Eine doppelläufige 23 mm-Kanone GSh-23 mit 200 Schuss sowie an sieben Aufhängepunkten Waffenlasten bis zu 4000 kg.
Entwicklungsstand: Der erste von zwei Erprobungsträgern TD-1 nahm die Flugerprobung am 6. Januar 2001 auf, gefolgt vom zweiten TD-2 am 6. Juni 2002. Derzeit werden fünf eigentliche Prototypen gebaut, drei Einsitzer, ein Doppelsitzer sowie einer in der Marineausführung (Erstflug 2007). Die indischen Streitkräfte wollen als Ersatz der MiG-21 rund 200 Einheiten beschaffen, wobei die Auslieferungen erst ab ca. 2007 erwartet werden. 16 Einheiten sind mittlerweile fest bestellt worden.
Bemerkungen: Das neu als Tejas (Strahler) bezeichnete Muster ist ein kleines, wendiges und kostengünstiges Mehrzweckkampfflugzeug. Dank Verwendung von modernsten Verbundwerkstoffen und Aluminium/Lithium-Verbindungen ist die Tejas auch sehr leicht. Weite Teile der Elektronik wurden in Zusammenarbeit mit westlichen Firmen entwickelt. Diese zogen sich aber aus politischen Gründen zurück, so dass Indien gezwungen war, sie durch eigene Systeme zu ersetzen. So ist das Multifunktions-Dopplerradar indischer Herkunft. Das Projekt leidet nach wie vor wegen der ungenügenden Leistungen des indischen Triebwerks Kaveri und Problemen mit dem digitalen Fly-by-Wire-System unter grossen Verzögerungen, welche das Datum der Indienststellung immer weiter hinausschieben. Die Ausführung für die indische Marine soll für Trägereinsätze ausgelegt werden.
Hersteller: ADA Aeronautical Development Agency der Hindustan Aeronautics Ltd., Bangalore, Indien.

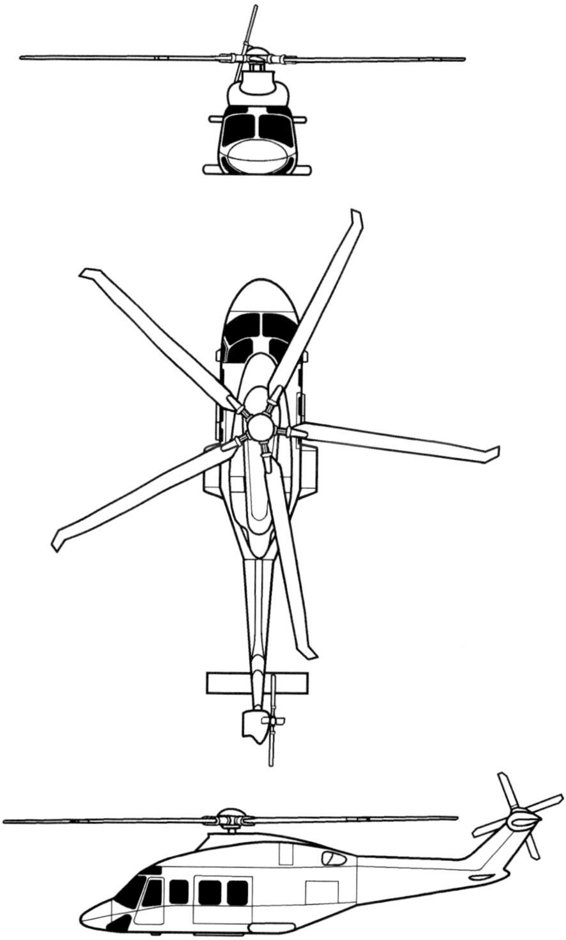

Abmessungen:
Rotordurchmesser 13,80 m
Rumpflänge bei drehendem Rotor 16,65 m
Höhe über Heckleitwerk 4,95 m

AGUSTA WESTLAND BELL AB139

Ursprungsland: Italien und USA.
Kategorie: Mittelschwerer Mehrzweckhubschrauber.
Triebwerke: Zwei Gasturbinen Pratt & Whitney Canada PT6C-67C von je 1679 WPS (1250 kW) Leistung.
Leistungen: Höchstgeschwindigkeit 310 km/h; max. Reisegeschwindigkeit 290 km/h; Schrägsteiggeschwindigkeit 10 m/Sek; Schwebehöhe mit Bodeneffekt 3600 m, ohne Bodeneffekt 2920 m; Dienstgipfelhöhe 5914 m; max. Flugdauer 3,9 Std; Reichweite mit 10 Passagieren 650, max. 750 km.
Gewichte: Max. Startgewicht 6000 kg.
Zuladung: Zwei Piloten und zwischen 12 und 15 Passagiere oder für Rettungseinsätze sechs liegende Verletzte und vier Pfleger; max. Nutzlast intern 2500 kg, extern 2700 kg.
Entwicklungsstand: Der Prototyp nahm am 3. Februar 2001 die Flugerprobung auf, gefolgt vom ersten Serienmuster am 24. Juni 2002. Nach Erhalt der Zulassung Mitte 2003, begann man mit den Auslieferungen Ende des gleichen Jahres. Bisher sind fast 50 Einheiten bestellt worden. 34 AB139 sollen durch die US Coast Guard als Such- und Rettungshubschrauber beschafft werden.
Bemerkungen: Die AB139 ist ein Gemeinschaftsprojekt von Agusta (75%) und Bell (25%), wobei die erstgenannte Firma den Lead beim Vorhaben innehat. An der Herstellung sind u.a. auch GKN Westland (Heck), PZL Swidnik (Rumpfkomponenten), Honeywell (Primus Epic Avionik) beteiligt. Als eigentlicher Nachfolger der erfolgreichen Bell 205 — 412-Familie soll das neue Muster auf beiden Seiten des Atlantiks parallel hergestellt werden. Als Haupteinsatzgebiete der AB139 sind vorgesehen: Transport von Geschäfts-/VIP-Personen, Überwachungsaufgaben, EMS-Transporte und Versorgung von Ölbohrplattformen. Auch bewaffnete Ausführungen für Militäreinsätze sind geplant. Die AB139 zeichnet sich durch eine für ihre Klasse sehr voluminöse Kabine aus. Die elektronische Ausrüstung entspricht dem heutigen Standard.
Hersteller: AgustaWestland Ltd., Werk Vergiate, Italien und Bell Helicopter Textron, USA.

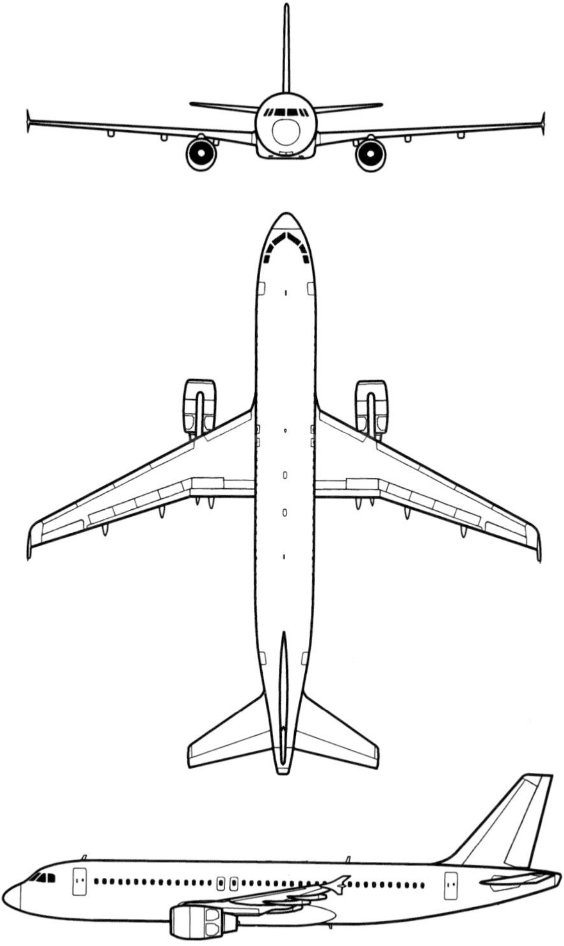

Abmessungen:
Spannweite 34,09 m
Länge (A320) 37,57 m, (A321) 44,50 m
Höhe 11,80 m
Flügelfläche 122,40 m^2

AIRBUS A320-200

Ursprungsland: Europäisches Konsortium.
Kategorie: Kurz- und Mittelstrecken-Verkehrsflugzeug.
Triebwerke: Zwei Mantelstromtriebwerke CFM International CFM56-5B4 von je 12020 kp (117,9 kN) bzw. IAE V2500-A1 von je 12020 kp (117,9 kN) Standschub.
Leistungen: Max. Reisegeschwindigkeit Mach 0,82, ökonom. Reisegeschwindigkeit 845 km/h; Dienstgipfelhöhe 11890 m; Reichweite mit max. Passagierzahl inkl. Reserven 5030 km.
Gewichte: Rüstgewicht 41800 kg; max. Startgewicht 77020 kg.
Zuladung: Zwei Mann Cockpitbesatzung und Mehrklassenbestuhlung für normalerweise 150 Passagiere. Einheitsklassen-Innenausstattung für max. 179 Passagiere; max. Nutzlast 21600 kg.
Entwicklungsstand: Der Prototyp der A320 nahm am 22. Februar 1987 die Flugerprobung auf; erste Auslieferungen im März 1988. Von den Modellen A318/319/320/321 waren bis Dezember 2003 zusammen rund 3092 bestellt, darunter 1679 A320, 409 A321 und 925 A319. Etwa 2110 davon (A320: 1247) sind abgeliefert worden.
Bemerkungen: Die A320 ist das Ausgangsmuster der «Schmalrumpf-Familie» von Airbus. Sie wird weiter produziert und weist, was die bisherigen Produktionszahlen angeht, den weitaus grössten kommerziellen Erfolg auf. Die A321 und A319 sind in der Ausgabe 2002 beschrieben, die A318 siehe Seiten 34/35. Ausgehend von der A320 offerieren EADS/Alenia unter der Bezeichnung «**M**aritime **M**ultirole **A**ircraft (MMA)» eine Seeüberwachungsvariante. Die Marinen von Italien (14 Einheiten) bzw. Deutschland (10) haben einen entsprechenden Bedarf. Das Missions-System wäre von L-3 Communications mit u.a. Seeüberwachungsradar und Sensoren. Der Rumpf würde unten durch einen Waffenschacht ergänzt. Dazu sähe man unter den Flügeln zwei Aufhängevorrichtungen für Lenkwaffen vor. Anfang 2004 soll der Entwicklungsentscheid fallen.
Hersteller: Airbus Industrie, Blagnac, Frankreich, Werke (A320) Toulouse-Blagnac, (A321) Hamburg-Finkenwerder, Deutschland, Teil der EADS (European Aeronautic Defence and Space Company).

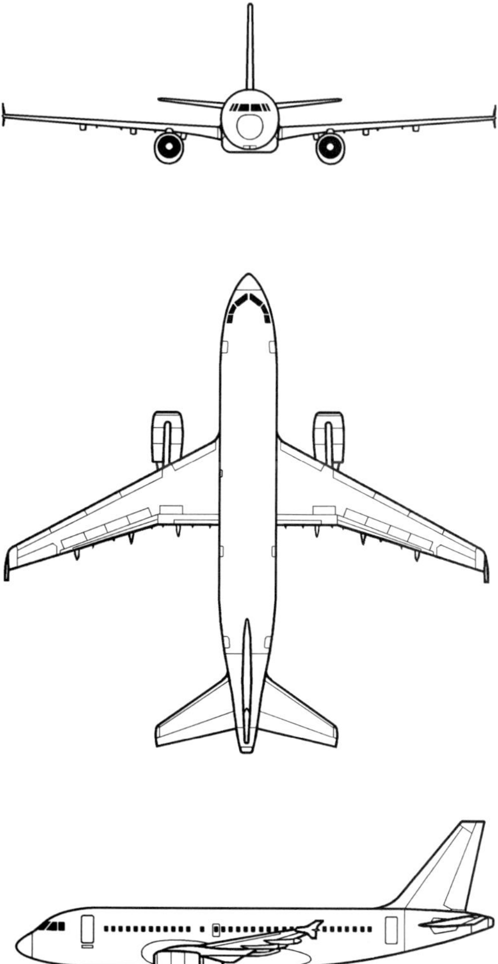

Abmessungen:
Spannweite 34,10 m
Länge 31,44 m
Höhe 12,56 m
Flügelfläche 122,40 m^2

AIRBUS A318

Ursprungsland: Europäisches Konsortium.
Kategorie: Kurz- bis Mittelstrecken-Verkehrsflugzeug.
Triebwerke: Zwei Mantelstromtriebwerke CFM International CFM56-5B bzw. Pratt & Whitney PW6000 von je zwischen 9070 und 10886 kp (89,0 und 106,0 kN) Standschub.
Leistungen: Max. Reisegeschwindigkeit Mach 0,82; Reichweite mit max. Nutzlast 2800 km, als Option max. Reichweite 5300 km.
Gewichte: Rüstgewicht 38400 kg; Startgewicht 59000 kg, max. Startgewicht als Option 66000 kg.
Zuladung: Zwei Mann Cockpitbesatzung und je nach Innenausstattung normalerweise 107 Passagiere in zwei Klassen oder 117 Passagiere in einer Klasse; max. Nutzlast 14000 kg.
Entwicklungsstand: Die A318 mit PW6000-Triebwerken absolvierte ihren Erstflug am 15. Januar 2002, das erste mit CFM-5-Triebwerken ausgerüstete Muster folgte am 29. August 2002. Letztere Ausführung erhielt Mitte 2003 die Zulassung. Kurz danach begannen die Auslieferungen. Angesichts aufgetretener Schwierigkeiten mit dem PW6000-Triebwerk verzögert sich die Auslieferung dieser Ausführung bis 2005. Ende Dezember 2003 belief sich der Auftragsbestand auf 79 Einheiten. Rund neun davon sind ausgeliefert worden.
Bemerkungen: Die A318 wurde hauptsächlich als Konkurrenzmuster zur Boeing 717 entwickelt (siehe Seiten 88/89). Als die neueste und kleinste Version der A320-Familie deckt sie vorwiegend die Bedürfnisse des Kurzstreckenverkehrs ab. Ausser gegenüber der A319 einem nochmals um 2,40 m verkürzten Rumpf, leistungsreduzierten Triebwerken und geringeren Gewichten fügt sie sich nahtlos in das modulare Konstruktionsprinzip von A319, A320 und A321 ein. Aus Gründen der Richtungsstabilität wurde das Seitenleitwerk etwas grösser gestaltet. Zurzeit werden zwei Ausführungen mit unterschiedlichem Abfluggewicht und Reichweitenleistungen angeboten.
Hersteller: Airbus Industrie, Blagnac, Frankreich, Werk Hamburg-Finkenwerder, Deutschland, Teil der EADS (European Aeronautic Defence and Space Company).

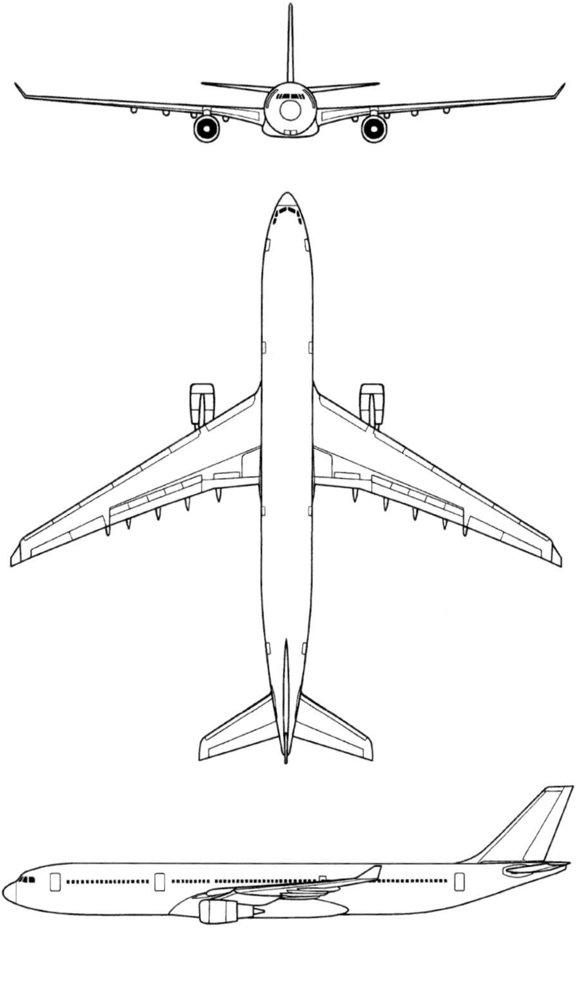

Abmessungen:
Spannweite inkl. Winglets 60,30 m
Länge 58,98 m
Höhe 17,89 m
Flügelfläche 363,10 m^2

AIRBUS A330-200

Ursprungsland: Europäisches Konsortium.
Kategorie: Langstrecken-Verkehrsflugzeug.
Triebwerke: Zwei Mantelstromtriebwerke Rolls-Royce Trent 772, General Electric CF6-80E1 oder Pratt & Whitney PW4168 von zwischen 29600 und 31000 kp (302 und 316 kN) Standschub.
Leistungen: Max. Reisegeschwindigkeit 900 km/h; ökonom. Reisegeschwindigkeit 880 km/h; Dienstgipfelhöhe 12000 m; Reichweite mit 293 Passagieren 12000 km, mit 380 Passagieren 9900 km.
Gewichte: Rüstgewicht 120000 kg; max. Startgewicht 230000 kg.
Zuladung: Zwei Mann Cockpitbesatzung und bei üblicher Dreiklassenbestuhlung 16 Passagiere in der ersten, 36 in der zweiten Klasse und 205 in der Touristenklasse in Sechser- bzw. Achterreihen mit zwei Mittelgängen. Max. 380 Passagiere in Neunerreihen bzw. max. Nutzlast 36400 kg.
Entwicklungsstand: Der Erstflug des Prototyps der 330-200 fand am 13. August 1997 statt. Die Auslieferungen begannen im April 1998. Zusammen mit dem Ausgangsmuster A330-300 belief sich der Auftragsbestand im Dezember 2003 auf 469 Maschinen. Von beiden Varianten sind bisher rund 280 Maschinen abgeliefert worden.
Bemerkungen: Die A330-200 ist die Langstrecken-Version der A330-Familie. Dafür wurde der Rumpf gegenüber der A330-300 um 5,33 m verkürzt und das Fassungsvermögen an Treibstoff auf 139000 Liter erhöht. Zudem erfuhr das Seitenleitwerk eine kleine Überarbeitung. Im übrigen ist diese Ausführung mit der A330-300 (siehe Ausgabe 1998) weitgehend identisch. Mit der A340-300 gemeinsam sind die Flügel, das Seitenleitwerk, die Cockpitauslegung sowie alle übrigen Systeme. In Planung stehen eine Frachtausführung A330-200F sowie eine militärische Variante MRTT als Luftbetanker, der bis zu 140000 l mitführen könnte.
Hersteller: Airbus Industrie, Blagnac, Frankreich, Werk Toulouse, Teil der EADS (European Aeronautic Defence and Space Company).

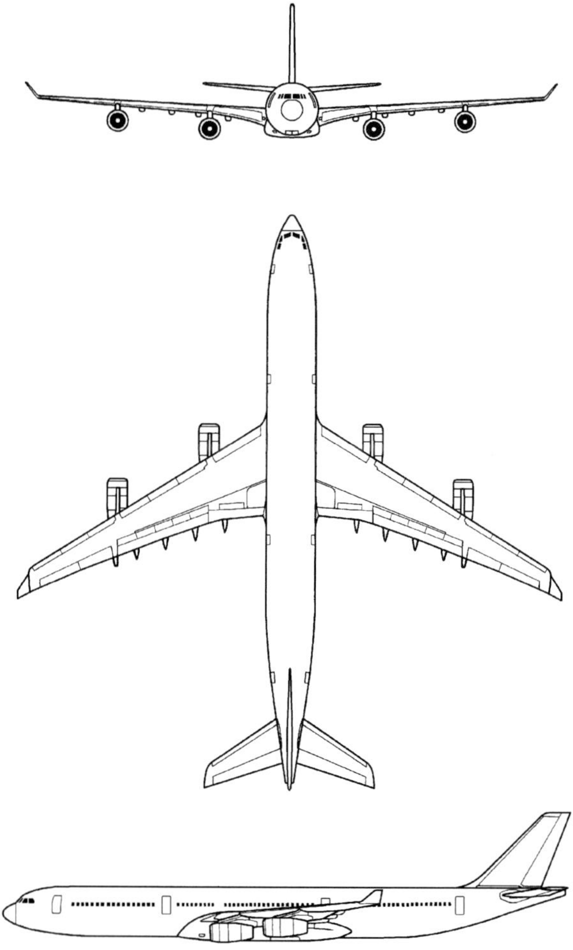

Abmessungen:
Spannweite inkl. Winglets 60,30 m
Länge 63,66 m
Höhe 16,74 m
Flügelfläche 363,10 m^2

AIRBUS A340-300E

Ursprungsland: Europäisches Konsortium.
Kategorie: Langstrecken-Verkehrsflugzeug.
Triebwerke: Vier Mantelstromtriebwerke CFM International CFM56-5C4/P von je 15400 kp (151,0 kN) Standschub.
Leistungen: Max. Reisegeschwindigkeit 914 km/h auf 10060 m; ökonom. Reisegeschwindigkeit 880 km/h auf 11890 m; Dienstgipfelhöhe 12500 m; Reichweite mit 295 Passagieren 13900 km, mit max. Nutzlast 10500 km.
Gewichte: Rüstgewicht 130900 kg; max.Startgewicht 276500 kg.
Zuladung: Zwei Mann Cockpitbesatzung und in einer Dreiklassenbestuhlung 18 Erstklasse-, 81 Businessklasse- und 196 Touristenklassepassagiere in Siebner-, Achter- und Neunerreihen. Max. 440 Passagiere in Neunerreihen. Max. Nutzlast 47127 kg.
Entwicklungsstand: Die Auslieferungen an die Erstbesteller South African Airways und Swiss begannen im Herbst 2003. Der Prototyp des Ausgangsmusters A340-200 flog erstmals am 25. Oktober 1991. Bis Ende 2003 waren von der A340-200/-300 rund 265 Einheiten bestellt und fast alle davon abgeliefert.
Bemerkungen: Die neueste Ausführung -300E (= **E**nhanced, verbessert) des vierstrahligen Ausgangsmusters A340 weist einige Verbesserungen auf. Die Triebwerke sind auf niedrigeren Treibstoffverbrauch und längere Wartungszeit ausgelegt und sind mit jenen der meisten A320-Modelle austauschbar. Das Cockpit ist gegenüber der A340-500/-600 (siehe Seiten 42/43) vereinheitlicht. Kleinere konstruktive Verbesserungen erhielt das Seitenruder. Schliesslich wurde auch die Passagierkabine überarbeitet und grosszügiger gestaltet. Als Option kann man die A340-300E mit einem Ruheraum für die Besatzung versehen. Die früheren Ausführungen der A340 (siehe Ausgabe 2000) werden nicht mehr angeboten.
Hersteller: Airbus Industrie, Blagnac, Frankreich, Werk Toulouse, Teil der EADS (European Aeronautic Defense and Space Company).

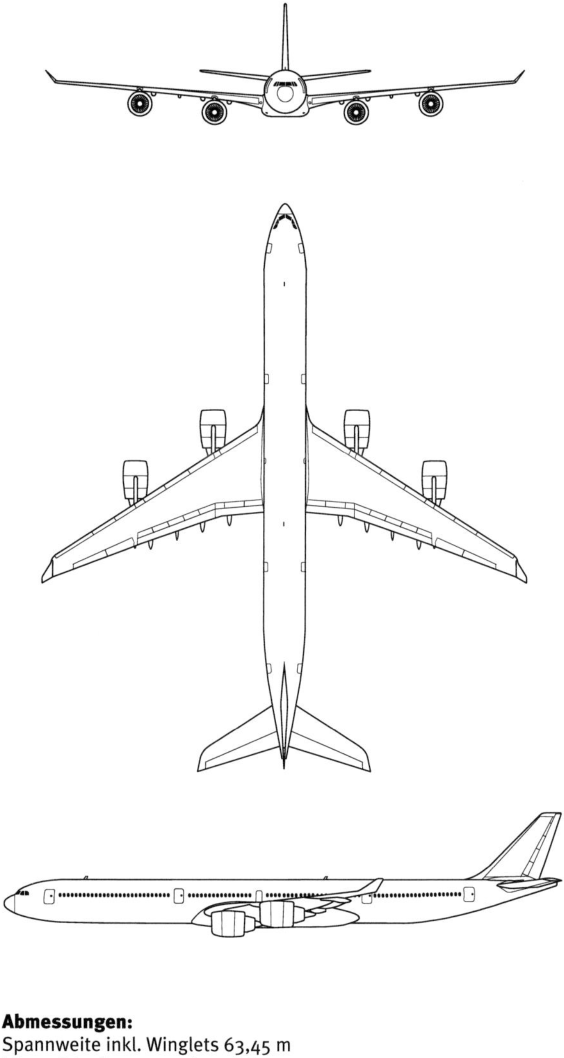

Abmessungen:
Spannweite inkl. Winglets 63,45 m
Länge (-600) 75,30 m, (-500) 67,90 m
Höhe 17,29 m
Flügelfläche 439,40 m²

AIRBUS A340-600/-500

Ursprungsland: Europäisches Konsortium.
Kategorie: Langstrecken-Verkehrsflugzeug.
Triebwerke: Vier Mantelstromtriebwerke Rolls-Royce (-600) Trent 556 von je 25400 kp (249 kN) oder (-500) Trent 553 von je 24050 kp (236 kN) Standschub.
Leistungen: Max. Reisegeschwindigkeit 910 km/h (Mach 0,86); ökon. Reisegeschwindigkeit 890 km/h (Mach 0,83); Dienstgipfelhöhe 12500 m; Reichweite (-600/-500) mit normaler Passagierzahl 14800/16450 km.
Gewichte (-600/-500): Leergewicht 177000/170400 kg; max. Startgewicht 368000 kg, als Option 372000 kg.
Zuladung: Zwei Mann Cockpitbesatzung und in einer Dreiklassenbestuhlung (-600/-500) 12 Erstklasse-, 54/42 Businessklasse- und 314/259 Touristenklassepassagiere in Siebner-, Achter- und Neunerreihen, insgesamt also 380 bzw. 313 Passagiere; bei Einklassenbestuhlung in Neunerreihen 485/440, max. Nutzlast (-600) 67200 kg, (-500) 54100 kg.
Entwicklungsstand: Als aktuellste Ausführung hat die A340-600 ab 23. April 2001 die Flugerprobung aufgenommen, gefolgt von der ersten A340-500 am 11. Februar 2002. Die Auslieferungen der -600 begann Mitte 2002, die -500 folgt Anfang 2003. Von diesen beiden Ausführungen waren bis Ende 2003 rund 85 Maschinen bestellt und deren 20 abgeliefert.
Bemerkungen: Mit den Ausführungen A340-600 (siehe Dreiseitenriss) bzw. -500 (siehe Foto) erfuhr die A340-Familie eine wesentliche Weiterentwicklung. Die Variante -600 ist vorübergehend der längste Airliner der Welt. Die -500 setzt, bei nur gering grösserer Rumpflänge als die A340-300, auf grosse Reichweitenleistungen. Beide Modelle sind mit einem neuen Flügel sowie wesentlich leistungsfähigeren Triebwerken ausgestattet. Das Höhenleitwerk ist neu komplett aus Kohlefaser gefertigt. Im übrigen sind weite Teile von Struktur und Systemen mit der A330 identisch. Eine Ausführung der -600 mit auf 376000 kg erhöhtem Startgewicht wird ab 2006 erhältlich sein. Nebst leistungsfähigeren Triebwerken verstärkt man einzelne Teile des Rumpfes und des Fahrwerks.
Hersteller: Airbus Industrie, Blagnac, Frankreich, Werk Toulouse, Teil der EADS (European Aeronautic Defence and Space Company).

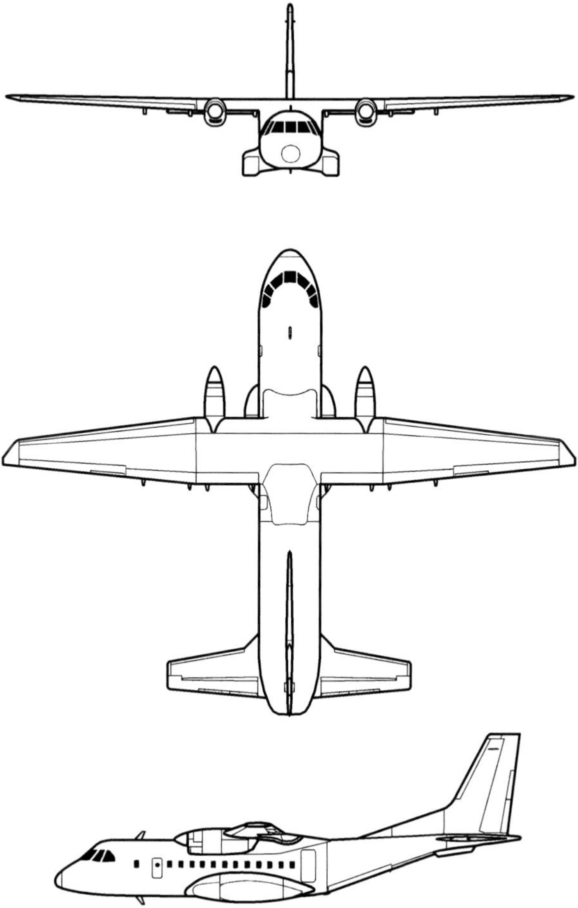

Abmessungen:
Spannweite 25,81 m
Länge 21,35 m
Höhe 8,18 m
Flügelfläche 59,10 m²

AIRTECH (CASA/IPTN) CN-235-200

Ursprungsland: Spanien und Indonesien.
Kategorie: Regionalverkehrsflugzeug und Mehrzwecktransporter, bzw. Militärfrachter (CN-235M) und Marine-Patrouillenflugzeug (CN-235MPA).
Triebwerke: Zwei Propellerturbinen General Electric CT7-9C von je 1750 WPS (1305 kW) Leistung.
Leistungen: Max. Reisegeschwindigkeit 460 km/h auf 4575 m; max. Anfangssteiggeschwindigkeit 7,75 m/Sek; Dienstgipfelhöhe 7620 m; Reichweite mit max. Nutzlast und 45 Min. Reserven 1773 km, mit 2400 kg und max. Treibstoffzuladung 3658 km.
Gewichte: Normales Rüstgewicht 9800 kg (CN-235M: 8600 kg); max. Startgewicht 15800 kg (CN-235M: 16500 kg).
Zuladung: Zwei Piloten und Standard-Innenausstattung für 40 oder 44 Passagiere in Viererreihen bzw. Nutzlast von 4300 kg, in der Kombiversion CN-235QC 18 Passagiere und zwei LD-3-Container. Als Militärtransporter (CN-235M) 53 Soldaten bzw. bis zu 6000 kg Fracht.
Entwicklungsstand: Der erste Prototyp flog erstmals am 11. November 1983. Beginn der Kundenablieferungen am 15. Dezember 1986. Bis Dezember 2003 waren von den zivilen und militärischen Varianten zusammen 257 Einheiten bestellt, etwa 215 davon ausgeliefert. Grösster Einzelkunde ist die Türkei mit 61 CN-235M (Lizenzbau). Neueste Nachbestellung: Frankreich 3 CN-235-200, nun total 20 Einheiten. 35 CN-235ER beschafft die US Coast Guard im Rahmen ihres «Deepwater»-Programms.
Bemerkungen: Die CN-235 wird in Gemeinschaftsarbeit zwischen der spanischen CASA und der indonesischen IPTN gebaut. Eine ASW/Marine-Patrouillenversion CN-235MPA mit einem 360°-Suchradar fliegt seit 1991 und wurde von Brunei, Indonesien, Irland, Spanien und der Türkei bestellt. Sie besitzt die Möglichkeit, bis zu zwei Antischiffs-Lenkwaffen AM-39 Exocet oder zwei Torpedos Mk. 46 mitzuführen. Die neueste Version ist die CN235-300 mit stärkeren CT7-9C3-Triebwerken von 1900 WPS (1400 kW) Leistung, Honeywell-Avionik und ARL-2002 EW-Selbstverteidigungssystem.
Hersteller: Airtech, Aircraft Technology Industries, Madrid, Spanien, Werke in Sevilla, Spanien und Bandung, Indonesien.

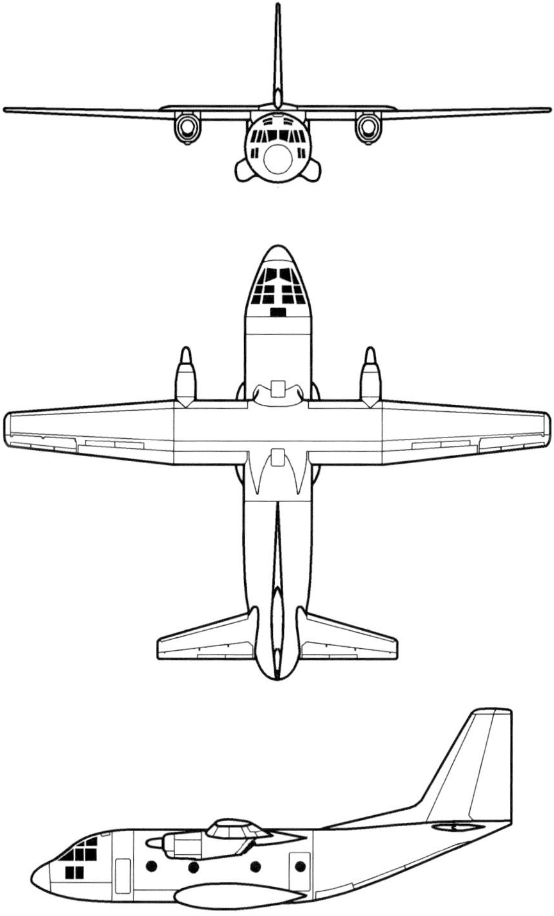

Abmessungen:
Spannweite 28,70 m
Länge 22,70 m
Höhe 9,70 m
Flügelfläche 82,00 m²

ALENIA C-27J SPARTAN

Ursprungsland: Italien und USA.
Kategorie: Militärischer Mehrzweck- und STOL-Transporter.
Triebwerke: Zwei Propellerturbinen Allison AE2100-D2 von je 4640 WPS (3460 kW) Leistung.
Leistungen: Max. Reisegeschwindigkeit 602 km/h, Langstrecken-Reisegeschwindigkeit 500 km/h auf 6000 m; Anfangssteiggeschwindigkeit 10+ m/Sek; Dienstgipfelhöhe 9150 m; Reichweite mit einer Nutzlast von 10000 kg 1770 km, mit 6000 kg 3850 km; Überführungsreichweite 5150 km.
Gewichte: Leergewicht 16500 kg; max. Startgewicht 31800 kg.
Zuladung: Zwei Mann Cockpitbesatzung und als Truppentransporter 53 voll ausgerüstete Soldaten, 46 Fallschirmjäger oder 36 Verwundete bzw. bis zu 11500 kg Fracht.
Entwicklungsstand: Der erste Prototyp der C-27J fliegt seit 25. September 1999, gefolgt vom ersten Serienmuster am 12. Mai 2000. Die italienische Luftwaffe hat bisher 5 (+ 7 Optionen) bestellt. Neu beschafft auch Griechenland 12 Einheiten. Von der Ursprungsausführung C-27A/G.222 wurden an zehn Luftwaffen 111 Exemplare ausgeliefert.
Bemerkungen: Die C-27J ist eine wesentlich weiterentwickelte Ausführung des Ursprungmodells G.222 (siehe Ausgabe 1995). In einem Joint-Venture von 50 : 50 mit Lockheed Martin entwickelt, weist sie viele Gemeinsamkeiten mit dem mittelschweren Transporter C-130J Hercules II auf (siehe Seiten 230/231). So sind Triebwerk, Sechsblattpropeller und Avionik weitgehend identisch. Damit verspricht man sich bei einem gemeinsamen Beschaffen beider Muster einen wesentlich wirtschaftlicheren Betrieb. Die C-27J wurde nach zivilen Grundsätzen im Juni 2001 zugelassen. Erste Auslieferungen erfolgten ab 2003. Eine AEW-Version mit einem APS-145-Radar befindet sich ebenfalls in Entwicklung.
Hersteller: Alenia, Rom, Italien und Lockheed Martin Marietta Corp., Marietta, Georgia, USA.

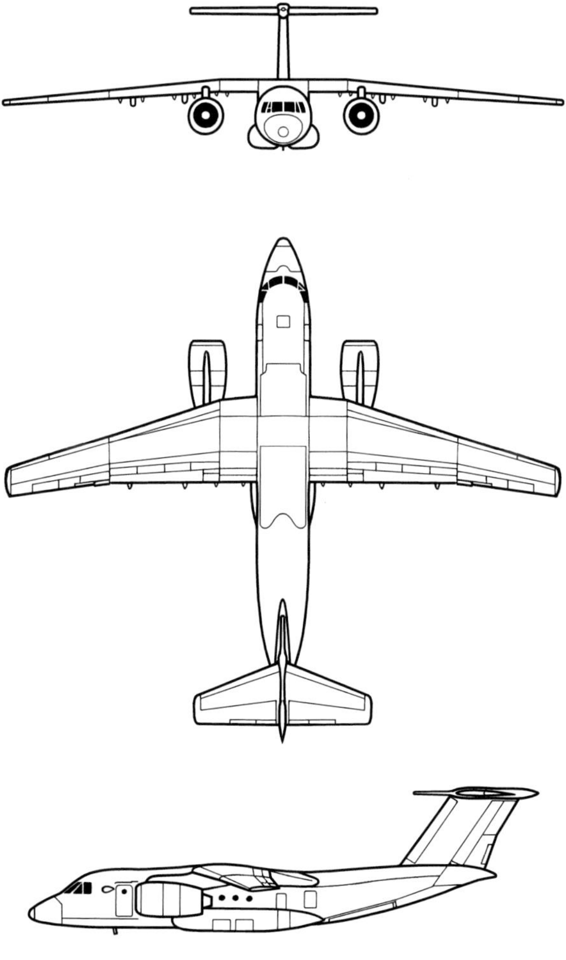

Abmessungen:
Spannweite 31,89 m
Länge 28,07 m
Höhe 8,65 m
Flügelfläche 98,62 m²

ANTONOW AN-74TK-300

Ursprungsland: Ukraine.
Kategorie: Ziviler und militärischer STOL-Transporter für Kurz- bis Mittelstrecken.
Triebwerke: Zwei Mantelstromtriebwerke ZMKB Progess/Ivchenko D-36A-4A von je 6500 kp (63,7 kN) Standschub.
Leistungen: Max. Reisegeschwindigkeit 725 km/h; Dienstgipfelhöhe 10100 m; Reichweite mit 52 Passagieren und üblichen Reserven 3700 km, max. Reichweite 5250 km.
Gewichte: Max. Startgewicht 37500 kg.
Zuladung: Zwei Mann Besatzung im Cockpit und je nach Einsatzzweck und Innenausstattung bis zu 68 Personen auf Klappsitzen entlang der Kabinenwände oder 57 Fallschirmspringer. Als Sanitätsflugzeug 24 Bahren, 12 sitzende Verletzte und ein Pfleger. Max. Nutzlast 10000 kg.
Entwicklungsstand: Der erste Prototyp der Version An-74TK-300 flog am 20. April 2001. Er erhielt die Zulassung am 9. September 2002. Zwei Maschinen sind bisher bestellt worden, für weitere 25 hat die Aeroflot eine Kaufabsicht unterzeichnet. Mit der Auslieferung ist 2003 begonnen worden. Von den Ausgangsmustern An-72/74 (siehe u.a. Ausgabe 2000), welche weiterhin angeboten werden, sind mehr als 170 Exemplare hergestellt worden.
Bemerkungen: Die als An-74TK-300 bezeichnete Weiterentwicklung verfügt als wesentliche Neuerung über zwei Triebwerke, die konventionell unter den Flügeln aufgehängt sind. Sie soll damit wesentlich ökonomischer im Betrieb sein. Nach Herstellerangaben ist der Treibstoffverbrauch um 29% reduziert. Obwohl sie nicht über die extremen Kurzstarteigenschaften der An-72/74 verfügt, kann die -300 trotzdem ab kurzen Pisten starten und landen. Geprüft wird, zusätzlich eine verlängerte Ausführung An-74-400 anzubieten, deren Rumpf um ca. 3,00 m länger wäre, ausgerüstet mit leistungsfähigeren Triebwerken Progress D-436T1.
Hersteller: Antonow Aeronautical Scientific Complex, Kiew, u.a. Werke Arsenyev, Omsk, Ukraine.

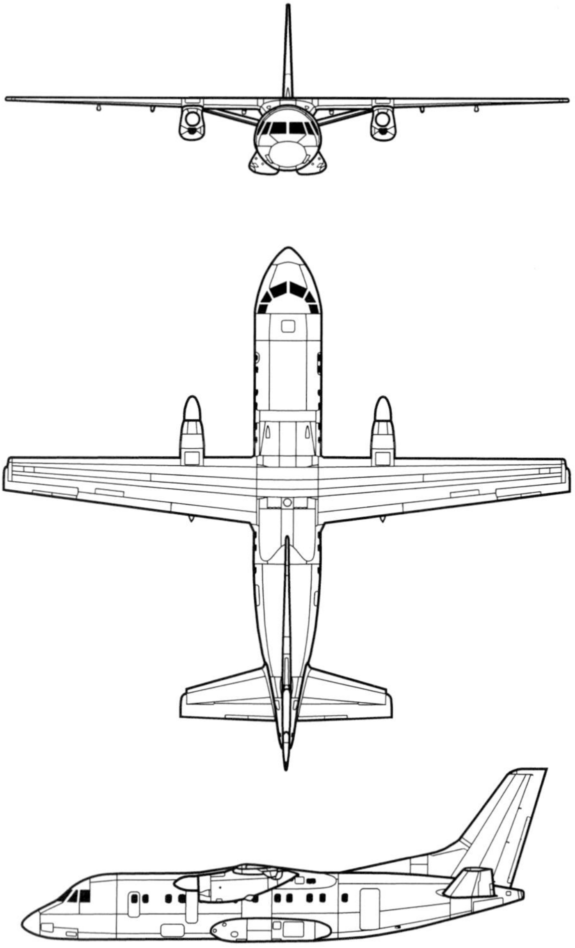

Abmessungen:
Spannweite (An-140) 24,50 m, (An-140-100) 25,50 m
Länge 22,46 m
Höhe 8,03 m

ANTONOW AN-140

Ursprungsland: Ukraine (Iran).
Kategorie: Ziviles und militärisches Kurzstrecken-Passagier- und Frachtflugzeug.
Triebwerke: Zwei Propellerturbinen Klimow NPP TV3-117VMA-SBM1 von je 2600 WPS (1838 kW) Leistung.
Leistungen: Max. Reisegeschwindigkeit 533 km/h auf 3960 m; Dienstgipfelhöhe 7200 m; Reichweite mit 52 Passagieren und 45 Min. Reserven 2100 km; Überführungsreichweite 3900 km.
Gewichte: Rüstgewicht 11800 kg; max. Startgewicht 19150 kg, später 21500 kg.
Zuladung: Zwei Piloten und (An-140) je nach Inneneinrichtung bis zu 52 Passagiere in Viererreihen mit Mittelgang oder (An-140TK) 20 Passagiere und 3650 kg Fracht. Als militärischer Frachter (An-140T) max. Nutzlast 6000 kg.
Entwicklungsstand: Der erste Prototyp nahm die Flugerprobung am 17. September 1997 auf, gefolgt vom ersten Serienflugzeug Anfang 2000. Mit der Auslieferung begann man im Sommer 2002. Bis Ende 2003 waren etwa 10 Maschinen gebaut. Der aktuelle Bestellungsstand ist nicht bekannt. Die iranische Regierung hat 80 An-140 bestellt (Lizenzbau), deren erstes Exemplar am 7. Februar 2001 erstmals flog.
Bemerkungen: Die An-140 ist ein robustes Passagier- und Frachtflugzeug, welches über gute STOL-Eigenschaften verfügt und auf unvorbereiteten Pisten starten und landen kann. Trotzdem soll sie einem gehobenen Passagierkomfort genügen. Auf einfache Wartung und kostengünstigen Betrieb wurde besonders geachtet. Zuerst begann die Produktion im Iran. Im 2004 soll die An-140-100 fliegen. Sie erbringt insbesondere bessere Start- und Landeeigenschaften auf hochgelegenen, heissen Flugplätzen. Dazu wird die Flügelspannweite um 1,00 m verlängert. Das Startgewicht steigt auf 21500 kg und ermöglicht eine um 300 km grössere Reichweite bei max. Nutzlast. Im Planungsstadium befinden sich eine um 3,80 m längere Ausführung für 68 Passagiere sowie die militärische An-140T mit Heckladerampe.
Hersteller: Antonow ASTC, Kiew, Ukraine; Werke Isfahan, Iran und Kharkow State Aircraft Production Company, Ukraine sowie bei Aviakor, Samara, Russland.

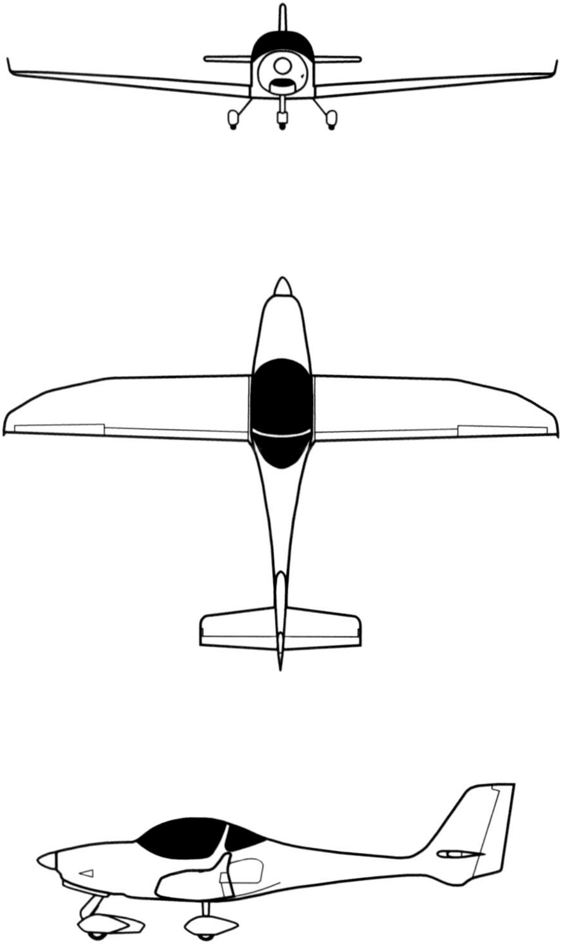

Abmessungen:
Spannweite 10,30 m
Länge 7,30 m
Höhe 2,30 m
Flügelfläche 10,50 m²

AQUILA A210

Ursprungsland: Deutschland.
Kategorie: Sport- und Reiseflugzeug.
Triebwerke: Ein luftgekühlter Vierzylinder-Boxermotor Bombardier Rotax 912S von 100 PS (73,5 kW) Leistung.
Leistungen: Höchstgeschwindigkeit 305 km/h; max. Reisegeschwindigkeit 240 km/h; Reisegeschwindigkeit bei 75 % Leistung 224 km/h; Anfangssteiggeschwindigkeit 3,8 m/Sek; Dienstgipfelhöhe 4450 m; max. Reichweite mit 45 Min. Reserven 990 km.
Gewichte: Leergewicht 490 kg; max. Startgewicht 750 kg.
Zuladung: Zwei Personen nebeneinander; max. Nutzlast 260 kg.
Entwicklungsstand: Am 5. März 2000 nahm das erste Muster die Flugerprobung auf. Die ersten Serienmuster dürften Mitte 2004 abgeliefert werden. Der aktuelle Bestellungsstand ist nicht bekannt.
Bemerkungen: Die Aquila A210 ist ein vollständig aus Faserverbundwerkstoff hergestelltes Modell für Reiseflug, Ausbildung und Schleppbetrieb von Segelflugzeugen. Der Tragflügel verfügt über ein sehr luftwiderstandsarmes Laminarprofil mit elektrisch betriebener Fowlerklappe. Das dreibeinige Festfahrwerk mit lenkbarem Bugfahrwerk ist eine robuste Stahlschwingenkonstruktion und lässt den Betrieb auf unebenen Graspisten zu. Auch grossgewachsene Passagiere finden in der Kabine bequem Platz. Dank der Vollverglasung verfügen sie über eine ausgezeichnete Rundumsicht. Mit der Standardausstattung kostet die A210 rund 140000 Euro.
Hersteller: Aquila Technische Entwicklungen, GmbH, Schönhagen, Deutschland.

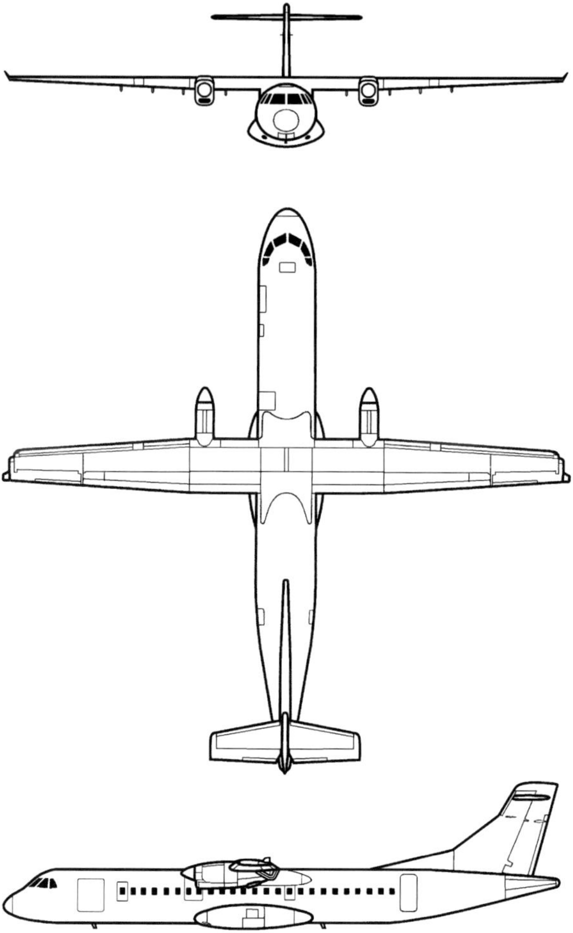

Abmessungen:
(ATR 42-500/ATR 72-500):
Spannweite 24,57/27,05 m
Länge 22,67/27,17 m, Höhe 7,59/7,65 m
Flügelfläche 54,50/61,00 m^2

ATR 42-500/ATR 72-500

Ursprungsland: Frankreich und Italien.
Kategorie: Regionalverkehrsflugzeug.
Triebwerke (ATR 42-500/ATR 72-500): Zwei Propellerturbinen Pratt & Whitney Canada PW127E von je 2400 WPS (1790 kW) bzw. PW127F von je 2750 WPS (2050 kW) Leistung.
Leistungen (ATR 42-500/ATR 72-500): Max. Reisegeschwindigkeit 555/511 km/h auf 7620 m; ökonom. Reisegeschwindigkeit 450 km/h auf 7620 m; Reichweite mit 48/68 Passagieren und max. Gepäckzuladung 1550/1650 km und ohne Nutzlast über 4000 km.
Gewichte (ATR 42-500/ATR 72-500): Rüstgewicht 11250/12950 kg; max. Startgewicht 18600/22500 kg.
Zuladung: Zwei Mann Cockpitbesatzung und verschiedene Innenausstattungen für (ATR 42-500, siehe Foto) max. 48 bzw. (ATR 72-500, siehe Silhouette) 64 bis 74 Passagiere in Viererreihen mit Mittelgang; Nutzlast (ATR 42-500) 5450 kg, als Frachter 5800 kg bzw. (ATR 72-500) 7350 kg.
Entwicklungsstand: Erstflug der neuesten Ausführung ATR 42-500 am 16. September 1994, die zweite folgte kurze Zeit später. Von allen Varianten waren bis Ende 2003 680 Einheiten (ATR-42 379, ATR-72 301) bestellt, rund 660 davon ausgeliefert.
Bemerkungen: Die bereits zahlreiche ATR-Familie wurde durch die ATR 42/72-500 bereichert. Bei gleichen Abmessungen wie die früheren ATR-42-Versionen, stellt sie eine leistungsstärkere Variante mit Sechsblatt-Propeller dar. Um den Lärmpegel weiter zu verringern, wurde das Kabineninterieur überarbeitet und mit einem «Active-Noise-Control-System» ausgerüstet. Bis auf die Länge und die Flügelspannweite ist die ATR 72-500 genau gleich wie die ATR 42-500. Unter der Bezeichnung ATR 42-400MP existiert eine Seeüberwachungsversion der ATR-42, versehen mit einem Raytheon SV2022-Radar unter dem Rumpf, FLIR und ESM-Ausrüstung. Die italienische Guardia di Finanza hat zwei Exemplare erhalten, die Küstenwache ebenfalls zwei. Neu wird die ATR-42/-72 als Frachter mit seitlichem Tor und verstärktem Kabinenboden angeboten. Die erste so umgebaute ATR-72-201F ging im Juli 2002 an Farnair.
Hersteller: Avions de Transport Regional (ATR): Aérospatiale Matra, Toulouse-Blagnac (Frankreich) und Alenia, Neapel (Italien).

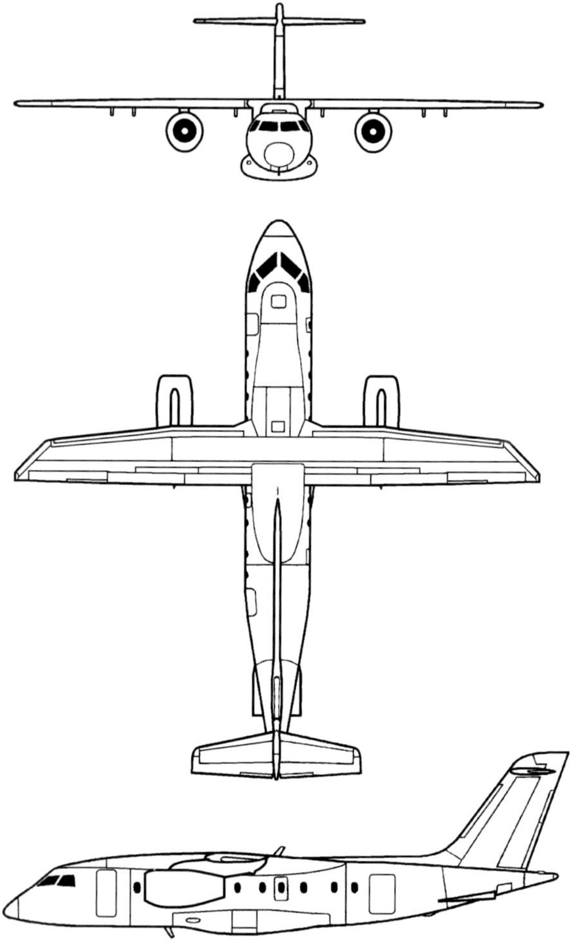

Abmessungen:
Spannweite 20,98 m
Länge 21,28 m
Höhe 7,24 m
Flügelfläche 40,00 m²

AVCRAFT AEROSPACE (FAIRCHILD DORNIER) 328JET

Ursprungsland: Deutschland/USA.
Kategorie: Regionalverkehrsflugzeug.
Triebwerke: Zwei Mantelstromtriebwerke Pratt & Whitney Canada PW306B von je 2742 kp (26,9 kN) Leistung.
Leistungen: Max. Reisegeschwindigkeit 756 km/h; Zeit um 9450 m zu erreichen 14,2 Min; Dienstgipfelhöhe 10670 m; Reichweite mit 34 Passagieren bis zu 1480 km, als Option 1650 km, mit max. Treibstoffzuladung 3700 km.
Gewichte: Rüstgewicht 9345 kg; max. Startgewicht 15200 kg, als Option 15700 kg.
Zuladung: Zwei Piloten und zwischen 32 und 34 Passagiere in Dreierreihen; max. Nutzlast 3260 kg.
Entwicklungsstand: Die Flugerprobung wurde am 20. Januar 1998 aufgenommen. Nach der Zulassung im Juli 1999 begann man mit den Auslieferungen. Bis Ende 2001 sind fast 100 328JET gebaut worden. Durch den Konkurs von Fairchild/Dornier wurde die Produktion eingestellt und soll im Laufe von 2004 durch die Käuferin AvCraft wieder aufgenommen werden.
Bemerkungen: Mit der 328JET wird eine schnellere Ausführung der 328 (siehe Ausgabe 2000) angeboten, um in diesem Sektor der Regionalflugzeuge konkurrenzfähig zu bleiben. Die Grundkonstruktion bleibt weitgehend gleich. Nur die Systeme im Zusammenhang mit dem Düsenantrieb (neue Triebwerksgondeln, Software) sind entsprechend angepasst worden. Das Fahrwerk ist verstärkt. Zudem hat man das Hydrauliksystem für die Radbremsen doppelt ausgelegt. Von der 328JET wird auch eine Geschäftsreiseversion Envoy 3 mit einer auf 4400 km erhöhten Reichweite angeboten. Normalerweise ist die Kabine für 12 bis 14 Passagiere ausgelegt. Vor der Produktionseinstellung plante man auch eine Seeüberwachungsversion, besonders geeignet für Küstenwachen.
Hersteller: AvCraft Aerospace, Wesseling, Werk Oberpfaffenhofen, Deutschland.

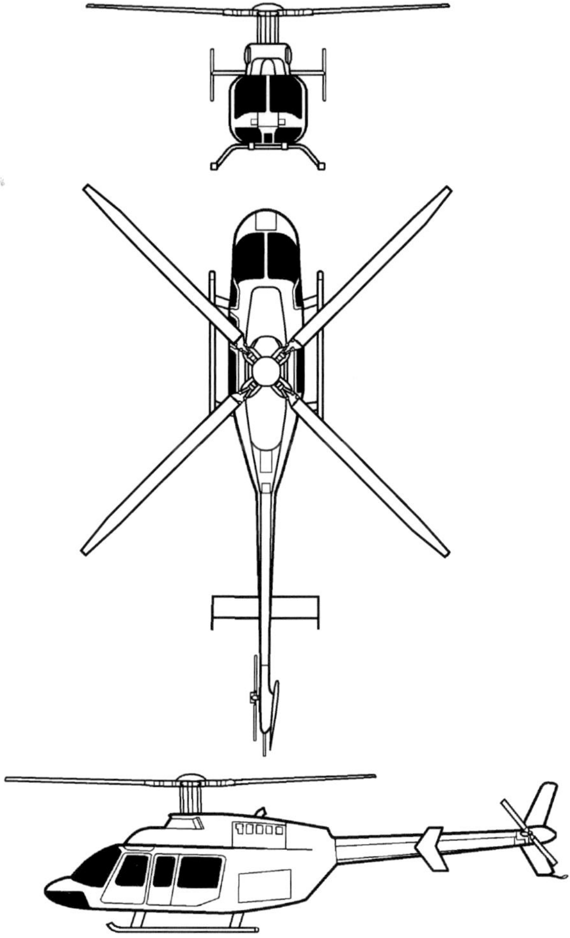

Abmessungen:
Rotordurchmesser 10,66 m
Rumpflänge 10,42 m
Höhe inkl. Rotorkopf 3,10 m

BELL 407

Ursprungsland: USA (Kanada).
Kategorie: Leichter Mehrzweckhubschrauber.
Triebwerke: Eine Gasturbine Allison 250-C47 von 674 WPS (503 kW) Leistung.
Leistungen: Höchstgeschwindigkeit 260 km/h, bei max. Nutzlast 240 km/h; max. Schrägsteiggeschwindigkeit 6,4 m/Sek; Dienstgipfelhöhe 4115 m; Schwebehöhe mit Bodeneffekt 3900 m, ohne Bodeneffekt 3200 m; Reichweite ohne Reserven 580 km.
Gewichte: Standard-Leergewicht 1178 kg; max. Startgewicht 2381 kg, mit externer Nutzlast 2722 kg.
Zuladung: Pilot und sechs Passagiere; max. externe Nutzlast 1200 kg.
Entwicklungsstand: Ein Erprobungsträger der 407 fliegt seit 21. April 1994. Der erste von zwei eigentlichen Prototypen nahm im Juni 1995 die Flugerprobung auf. Bell begann mit der Auslieferung noch 1995. Über 600 Maschinen sind bisher von etwa 80 Operators bestellt worden. Neuester Besteller: Pakistanische Armee (40). Das 500. Exemplar wurde Ende 2001 abgeliefert.
Bemerkungen: Die einmotorige Bell 407 ersetzte die Erfolgsmodelle 206 JetRanger und TwinRanger. Nebst deutlich stärkerem Triebwerk verfügt die 407 über einen von der OH-58D abgeleiteten Vierblattrotor aus Kunststoff. Auch das Dynamiksystem ist von diesem Muster übernommen. Schliesslich wird ein volldigitales Triebwerkmanagementsystem FADEC eingebaut. Dank dieser Massnahmen fliegt die 407 wesentlich vibrationsärmer und kostengünstiger. Gegenüber der Vorgängerin 206 ist die Kabine 18 cm breiter und verfügt über grössere Fenster und Türen. Die derzeit ausgelieferten Modelle weisen einige Verbesserungen auf, die besonders der Zuverlässigkeit und dem Komfort dienen, so u.a. neuer Heckausleger, überarbeitete Kühlung, Startgenerator, faltbare Rotorblätter, neue Sitze usw.
Hersteller: Bell Helicopter Textron Inc., Canadian Division, Mirabel, Montreal, Kanada.

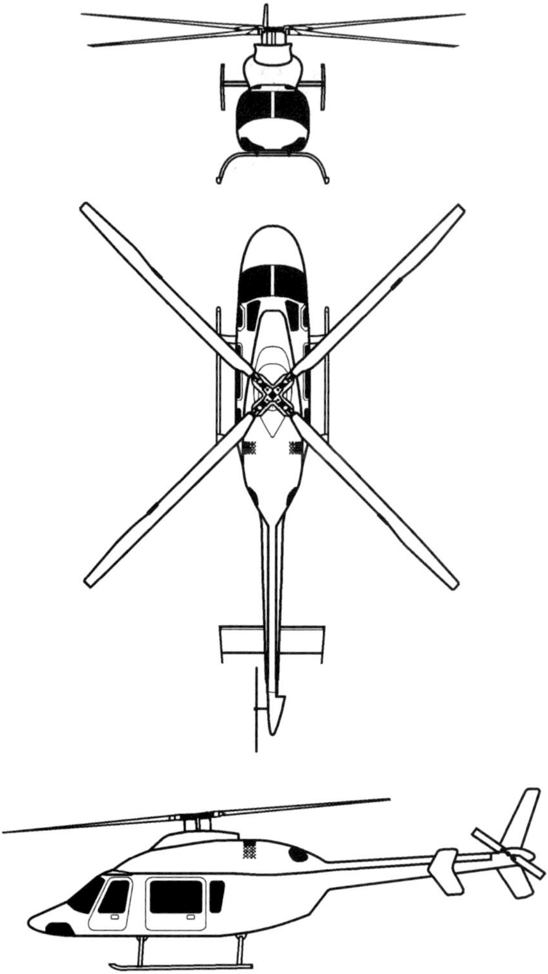

Abmessungen:
Rotordurchmesser 11,28 m
Rumpflänge 10,75 m
Höhe 3,49 m

BELL 427VFR

Ursprungsland: USA (Kanada, Südkorea).
Kategorie: Leichter Mehrzweckhubschrauber.
Triebwerke: Zwei Gasturbinen Pratt & Whitney PW207D von je 625 WPS (466 kW) Leistung.
Leistungen: Höchstgeschwindigkeit 256 km/h; normale Reisegeschwindigkeit 248 km/h; Dienstgipfelhöhe 5760 m; Schwebehöhe ohne Bodeneffekt 4230 m, mit Bodeneffekt 4930 m; Reichweite 722 km.
Gewichte: Leergewicht 1670 kg; max. Startgewicht mit interner Last 2880 kg, mit externer Last 2948 kg.
Zuladung: Pilot und bis zu sieben Passagiere oder Frachtzuladung von 1020 kg. Als Ambulanzhubschrauber zwei liegende Verletzte.
Entwicklungsstand: Der erste von zwei Prototypen fliegt seit Dezember 1997. Mit den Auslieferungen begann Bell Ende 1999. Bis Ende 2003 sind Bestellungen für 70 Exemplare eingegangen (rund 40 abgeliefert).
Bemerkungen: Die Bell 427VFR basiert auf der 407 (siehe Seiten 58/59) und wurde zusammen mit der Samsung Aerospace Industries Ltd., Korea, entwickelt. Das dynamische System (Rotorkopf, Getriebe und Rotoren) stammt von der 407, die Rotorblätter sind aber rund 40 cm länger und 25 mm breiter. Der aus Verbundwerkstoffen bestehende Rumpf wurde neu konstruiert und ist um etwa 33 cm länger als jener der 407. Die Kabine lässt sich für verschiedenste Zwecke umgestalten. Die grossen Türen erleichtern dabei den Ein- und Auslad von Fracht. Sämtliche Sitze sind «crash-resistent» konstruiert, die Cockpitinstrumente vollständig digitalisiert. Der Verkaufspreis liegt bei rund US$ 2,7 Mio. Samsung stellt die Kabine und den Heckteil aller 427 her, während das Rotorsystem durch Bell, Fort Worth, beigesteuert wird. Die Endmontage erfolgt in den Werken Mirabel, Kanada, sowie bei Samsung in Sachon für in Korea und China zu verkaufende Exemplare. Die Hersteller wollen neu für die 427 ein Avionikset für Einsätze unter Instrumentenflugbedingungen anbieten.
Hersteller: Bell Helicopter Textron Inc., Canadian Division, Mirabel, Montreal, Kanada.

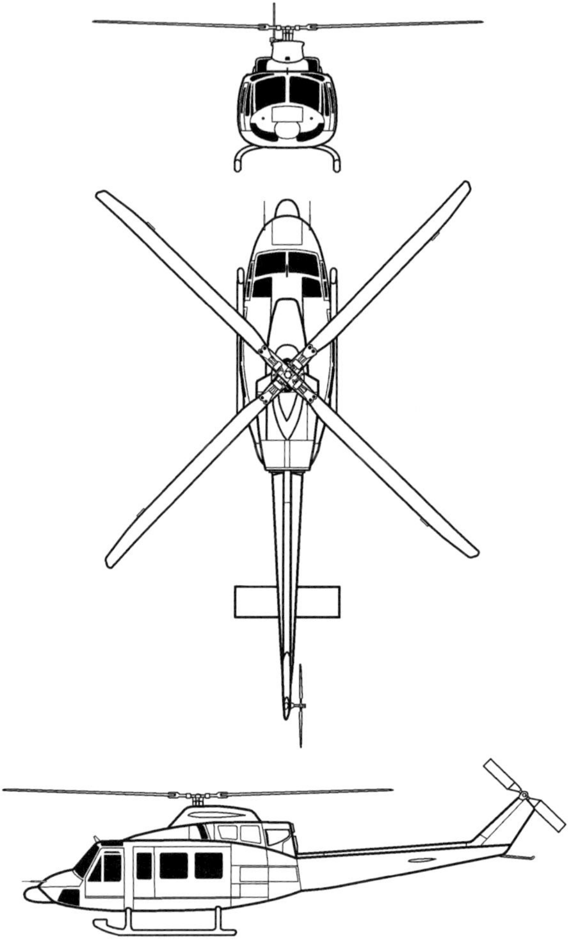

Abmessungen:
Rotordurchmesser 14,02 m
Rumpflänge 12,92 m
Höhe inkl. Rotorkopf 3,48 m

BELL 412EP/UH-1Y

Ursprungsland: USA (Kanada).
Kategorie: Mehrzweck- und Transporthubschrauber.
Triebwerke: Eine Gasturbine Pratt & Whitney Canada PT6T-3D-Turbo Twin Pac von 1800 WPS (1342 kW) Leistung.
Leistungen: Höchstgeschwindigkeit 259 km/h auf Meereshöhe; Reisegeschwindigkeit 230 km/h; max. Schrägsteiggeschwindigkeit 6,86 m/Sek; Dienstgipfelhöhe 5030 m; Schwebehöhe mit Bodeneffekt 3110 m bei 4762 kg, ohne Bodeneffekt 1585 m; max. Reichweite 745 km ohne Zusatztanks auf 1525 m.
Gewichte: Leer 3079 kg; max. Startgewicht 5397 kg.
Zuladung: Ein bis zwei Piloten und 13 bis 14 Passagiere; max. Nutzlast 2041 kg.
Entwicklungsstand: Die neueste Ausführung -EP erhielt die Zulassung im Februar 1991. Militärische Ausführungen der 412 von Bell bzw. Agusta haben 24 Länder erhalten. Darüber hinaus sind zivile 412 hergestellt worden, zusammen etwa 470. Die jährliche Produktionsrate beträgt rund 24 Einheiten. Die erste umgebaute UH-1Y nahm die Flugerprobung am 20. Dezember 2001 auf.
Bemerkungen: Die Bell 412EP ist die derzeit produzierte Ausführung des Modells 412. Sie verfügt über stärkere Triebwerke mit entsprechend angepasster Transmission und ein erhöhtes Abfluggewicht. Sie wird, abgesehen vom Bell-Werk in Mirabel, auch bei AgustaWestland, Italien, gebaut. Neu angeboten wird die ASW-Ausführung 412EP Sentinel mit einem Telephonic RDR1500 360°-Radar sowie einem Infrarot-Behälter in der Rumpfspitze. Sie kann bewaffnet werden, u.a. mit Torpedos und Antischiffslenkwaffen. 100 als UH-1Y bezeichnete UH-1N des USMC werden in den nächsten Jahren ganz erheblich leistungsgesteigert: Zwei GE T700-GE-401-Triebwerke, neuer Flexbeam-Rotorkopf mit lagerloser Befestigung und vierblättrigen Kunststoffrotoren, um ca. 50 cm verlängerter Rumpf, längerer Heckausleger mit neuem Vierblatt-Heckrotor usw.
Hersteller: Bell Helicopter Textron Inc., Canadian Division, Mirabel, Montreal, Kanada.

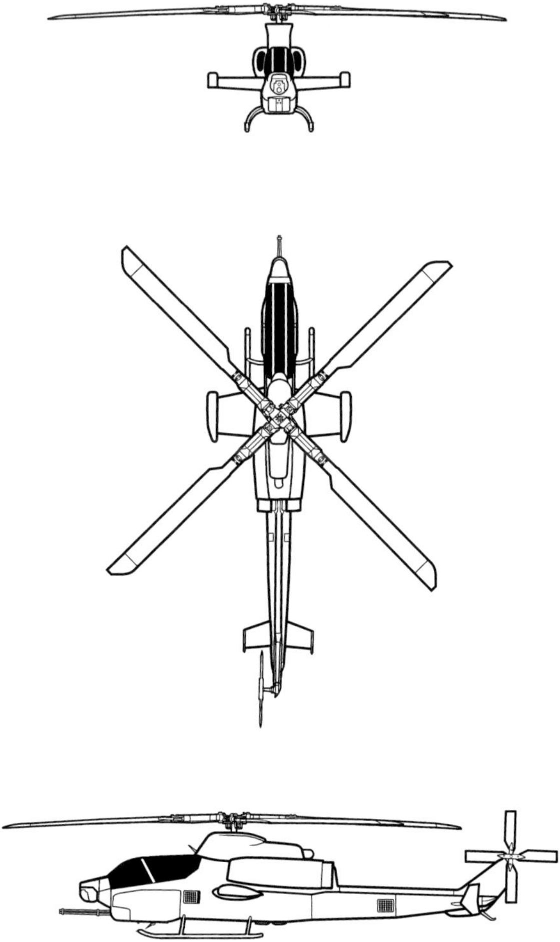

Abmessungen:
Rotordurchmesser 17,73 m
Rumpflänge 13,87 mm
Höhe über Heckrotor 3,78 m

BELL AH-1Z

Ursprungsland: USA.
Kategorie: Zweisitziger Kampfhubschrauber.
Triebwerke: Zwei Gasturbinen General Electric T700-401 von je 1773 WPS (1285 kW) Leistung.
Leistungen: Höchstgeschwindigkeit 298 km/h; typische Einsatzgeschwindigkeit bei 265 km/h; Aktionsradius mit einer Bewaffnung von 1134 kg 234 km; Reichweite mit max. interner Treibstoffzuladung und Bewaffnung 705 km, max. Flugdauer 3,7 Std.
Gewichte: Leergewicht 5580 kg; max. Startgewicht 8391 kg.
Bewaffnung: Eine dreiläufige 20-mm-Kanone General Electric M197 und an den Flügelstummeln z.B. vier Behälter für ungelenkte Raketen, acht bis sechzehn Panzerabwehrlenkwaffen AGM-114 Hellfire oder zwei Luft-Luft-Lenkwaffen AIM-9L Sidewinder.
Entwicklungsstand: Erstflug des Prototyps (eine umgebaute AH-1W) am 7. Dezember 2000. Mittlerweile fliegen drei Erprobungsträger. Das USMC soll insgesamt 180 Exemplare erhalten und zwar in jährlichen Tranchen von 12 bis 36 Einheiten. Nachdem aber erhebliche technische Schwierigkeiten aufgetreten sind, dürfte die Einsatzbereitschaft nicht vor 2007 erfolgen.
Bemerkungen: Gegenüber der AH-1W ist die AH-1Z in wesentlichen Punkten völlig neu und deutlich leistungsfähiger. Beispielsweise erhält diese Ausführung einen gelenklosen Rotorkopf mit einem vierblättrigen Rotor aus Verbundwerkstoffen. Nebst einem Glas-Cockpit gelangt ein völlig neues integriertes Navigationssystem von Northrop Grumman/Litton zum Einbau. Die AH-1Z ist zudem mit einem multifunktionellen Zielakquisitions-System Hawkeye in der Rumpfspitze ausgerüstet, welches u.a. FLIR-, TV- und Laser-Zielbezeichnungs-Funktionen umfasst. Sie ist in der Lage, wesentlich mehr Waffen als die AH-1W mitzuführen.
Hersteller: Bell Helicopter Textron Inc., Fort Worth, Texas, USA.

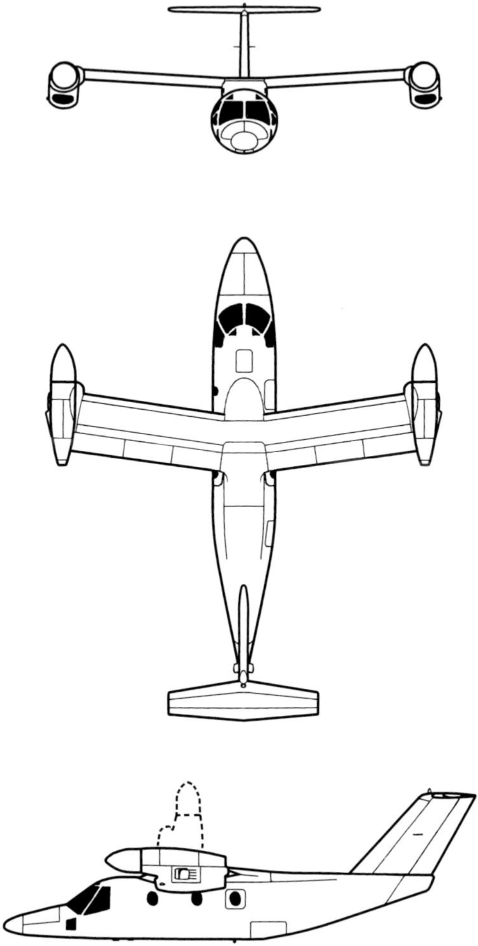

Abmessungen:
Spannweite inkl. drehende Rotoren 18,29 m
Flügelspannweite 10,00 m
Rotorendurchmesser 7,93 m, Länge 13,31 m
Höhe über Seitenleitwerk 4,50 m

BELL/AGUSTA WESTLAND BA 609

Ursprungsland: USA und Italien.
Kategorie: Ziviles Mehrzweck-Kipprotorflugzeug.
Triebwerke: Zwei Propellerturbinen Pratt & Whitney Canada PT6C-67A von je 1940 WPS (1447 kW) Leistung.
Leistungen: Max. Reisegeschwindigkeit 510 km/h; Langstrecken-Reisegeschwindigkeit 465 km/h; max. Steigrate 7,6 m/Sek; Dienstgipfelhöhe 7625 m; Schwebehöhe ohne Bodeneffekt 1525 m; Reichweite 1390 km, mit Zusatztanks 1880 km.
Gewichte: Rüstgewicht 4770 kg; max. Abfluggewicht 7260 kg.
Zuladung: Ein bis zwei Piloten und in einer Exekutivausführung sechs Passagiere, in engerer Bestuhlung bis zu neun Personen; bei SAR-Aufgaben zwei liegende Verletzte und drei Hilfspersonen; max. Nutzlast 2300 kg.
Entwicklungsstand: Der erste von vier Prototypen hat nach einigen technisch bedingten Verzögerungen die Flugerprobung am 7. März 2003 aufgenommen, der zweite soll Ende 2004 folgen. Mit der Ablieferung der ersten Serienflugzeuge wird 2007 gerechnet. Bisher sind Aufträge für rund 70 BA 609 von 42 Kunden eingegangen. Sie wird vorerst bei Bell, später aber auch bei Agusta hergestellt.
Bemerkungen: Die BA 609 soll das erste zivile Kipprotorflugzeug sein, welches in kommerziellen Betrieb geht. Dabei wird Technologie angewendet, welche von der V-22 Osprey (siehe Seiten 70/71) stammt. Von ihr hingegen nicht übernommen wird der drehbare Flügel mit faltbaren Rotoren. Nebst der zivilen Nutzung als Verbindungs- und VIP-Transporter sind auch Einsätze als Versorger für Ölbohrplattformen und Überwachungs- und Rettungsaufgaben für Küstenwachen vorgesehen. Die Arbeitsaufteilung zwischen Bell und Agusta beträgt 75 zu 25. Die BA 609 verfügt über eine Aluminium-Struktur, die mit Verbundwerkstoffen verkleidet ist, während der Flügel vollständig aus Kunststoffen besteht. Die Cockpitinstrumente ProLine 21 und das Flight Management System stammen von Rockwell Collins.
Hersteller: Bell Helicopter Textron Inc., Fort Worth, Texas, Werk Amarillo, USA und AgustaWestland, Cascina Costa, Gallarate, Italien.

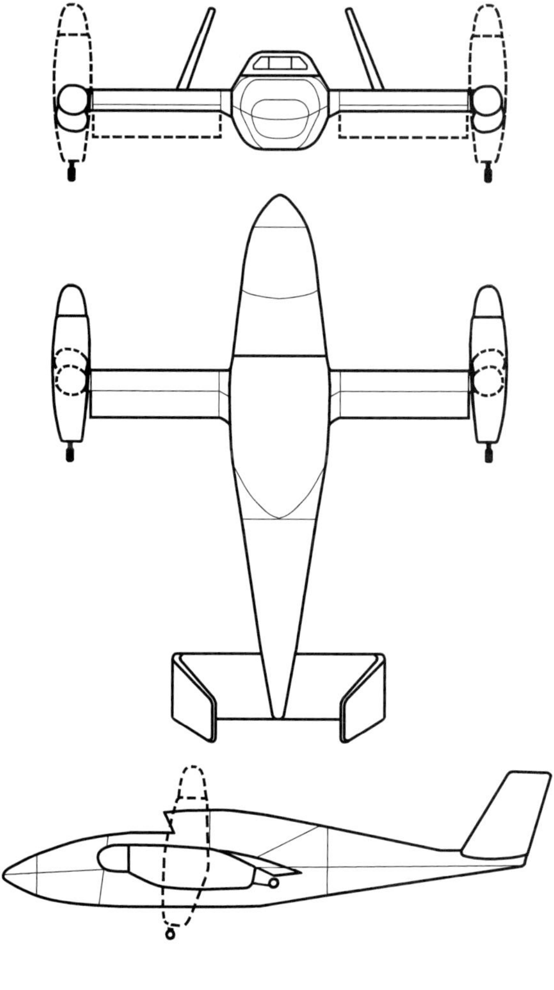

Abmessungen:
Spannweite 4,63 m
Länge 5,46 m
Höhe 1,73 m
Durchmesser jedes einzelnen Rotors 2,90 m

BELL HV-911 EAGLE EYE

Ursprungsland: USA.
Kategorie: Unbemannter Erprobungsträger mit Schwenkrotoren.
Triebwerke: Zwei Propellerturbinen von je 425 WPS (315 kW) Leistung.
Leistungen: Höchstgeschwindigkeit im Horizontalflug 410 km/h; Dienstgipfelhöhe 6100 m; max. Flugdauer 8 Std; Aktionsradius 200 km; Reichweite 515 km.
Gewichte: Leergewicht 590 kg; max. Startgewicht 1020 kg.
Zuladung: Nutzlast von 90 kg, bestehend hauptsächlich aus Aufklärungssystemen.
Entwicklungsstand: Bereits seit 1992 fliegt ein Erprobungsträger. Nach Jahren des Stillstands wird das Projekt nun vorangetrieben. Die USCG plant 69 Exemplare einer Serienversion als schiffsgestützte Aufklärungsdrone ab 2007 zu beschaffen. Ein entsprechender Prototyp der USCG-Version soll Ende 2004 erstmals fliegen.
Bemerkungen: Das bisher einzige mit Schwenkrotoren ausgerüstete unbemannte Flugzeug (VTUAV = VTOL unmanned air vehicle) ist vorwiegend für den Einsatz ab Schiffen vorgesehen. Dafür soll sie eigens mit einem neuartigen automatischen Bergungssystem zum Landen auf Kriegsschiffen ausgerüstet werden. Die Eagle Eye verfügt über ein einziehbares Fahrwerk. Sie kann sowohl in STOL- wie auch VTOL-Methode starten. Dieses Muster ist als kostengünstiges, einfaches und robustes Gerät zur Aufklärung, Überwachung und Zieldarstellung auf See konzipiert. Dazu ist es mit einem Datalink-System ausgerüstet, welches die Erkundungsresultate online an das Mutterschiff übertragen kann. Bei der USCG wären die Eagle Eyes für den Einsatz ab den neuen Offshore Patrol Cutters vorgesehen. Eine Serienausführung wird einen überarbeiteten Rumpf und voraussichtlich andere Triebwerke haben. Eventuell könnte sie auch Waffen mitführen.
Hersteller: Bell Helicopter Textron, Fort Worth, Texas, USA.

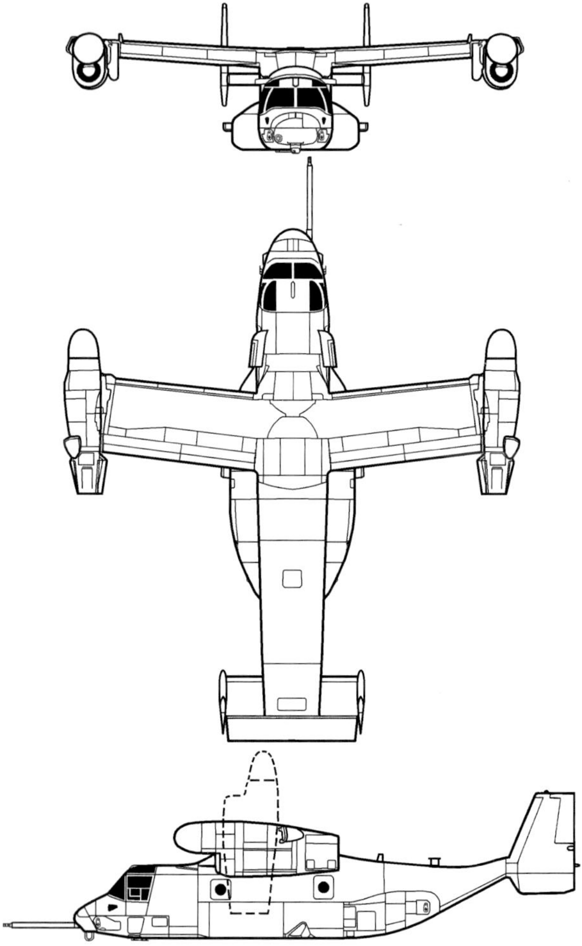

Abmessungen:
Spannweite inkl. Rotoren 25,77 m, ohne 15,52 m
Länge mit gefalteten Rotoren 19,20 m, ohne 17,47 m
Höhe über alles 6,73 m

BELL-BOEING CV-22B OSPREY

Ursprungsland: USA.
Kategorie: Schwenkrotorflugzeug für militärische Spezialeinsätze.
Triebwerke: Zwei Propellerturbinen Rolls Royce AE1107C von je 6150 WPS (4590 kW) Leistung.
Leistungen: Max. Reisegeschwindigkeit als Flächenflugzeug 550 km/h auf optimaler Höhe, in Helikopterkonfiguration 185 km/h auf Meereshöhe; max. Geschwindigkeit mit einer Aussenlast von 6804 kg 370 km/h; max. Schrägsteiggeschwindigkeit 5,53 m/Sek; Dienstgipfelhöhe 7925 m; Reichweite bei Senkrechtstart und einer Nutzlast von 5443 kg 2224 km, bei Kurzstart und einer Nutzlast von 9072 kg 3336 km; Überführungsreichweite 3892 km.
Gewichte: Rüstgewicht 15032 kg; normales Startgewicht unter VTO-Bedingungen 23855 kg, max. unter STO-Bedingungen 27442 kg.
Zuladung: Drei Mann Besatzung und bis zu 24 ausgerüstete Soldaten oder 12 Tragbahren für Verletzte plus Pfleger, max. Nutzlast 9072 kg.
Entwicklungsstand: Der erste von sechs Prototypen nahm die Flugerprobung am 9. März 1989 auf. Vier weitere, weitgehend dem Serienstandard entsprechende Ospreys folgten ab Ende 1996. Rund 30 Einheiten sind bisher hergestellt worden. Die US-Streitkräfte beschaffen voraussichtlich 458 V-22: USMC 360 MV-22B, USN 48 HV-22B, USAF 50 CV-22B für Spezialmissionen. Die wegen aufgetretenen Schwierigkeiten vorübergehend eingestellte Einführung wird nach Vornahme von erheblichen Modifikationen in reduziertem Umfang 2004 weitergeführt.
Bemerkungen: Als neueste Ausführung wurde die für Spezialeinsätze vorgesehene CV-22B fertiggestellt. Von der CV-22 unterscheidet sie sich hauptsächlich durch zusätzliche Avionik und Kommunikationssysteme. So wurde neu das Terrainfolgeradar Raytheon APQ-186 sowie ein Elektronikabwehrsystem ITT ALQ-211 eingebaut. Zur Erhöhung des Aktionsradius auf 925 km sind in den Flügeln acht zusätzliche Tanks und seitlich am Rumpf zwei Treibstoffbehälter vorhanden. Derzeit wird geprüft, die MV- bzw. CV-22 mit einer 12,7 mm-Kanone vorne am Rumpf auszurüsten.
Hersteller: Bell Helicopter Textron Inc., Fort Worth, Texas, USA, und Boeing Helicopter Company, Philadelphia, USA, Werk Amarillo, Texas, USA.

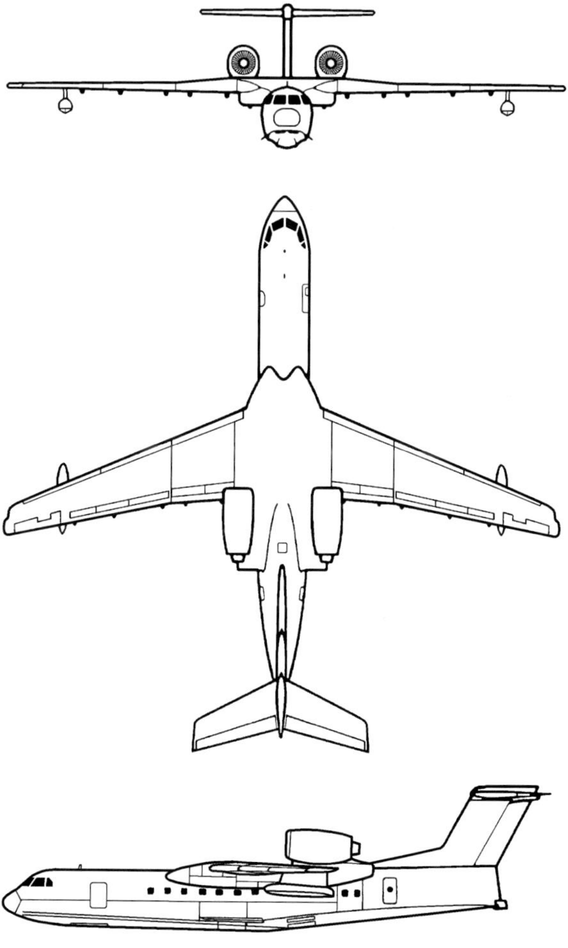

Abmessungen:

Spannweite 32,78 m
Länge 32,05 m
Höhe 8,90 m
Flügelfläche 117,44 m^2

BERIEW BE-200

Ursprungsland: Russland.
Kategorie: Mehrzweck-Amphibienflugzeug.
Triebwerke: Zwei Mantelstromtriebwerke ZMKB Progress D-4367 von je 7500 kp (73,60 kN) Standschub.
Leistungen (geschätzt): Höchstgeschwindigkeit auf 7000 m 750 km/h; max. Reisegeschwindigkeit auf 8000 m 710 km/h; Anfangssteiggeschwindigkeit 14 m/Sek; Dienstgipfelhöhe 11000 m; Reichweite mit einer Nutzlast von 3000 kg 2500 km, max. 3600 km.
Gewichte: Rüstgewicht 25120 kg; max. Startgewicht 36000 kg bzw. für Löscheinsätze bis zu 43000 kg.
Zuladung: Zwei Piloten und bis zu 72 Passagiere in der Touristenklasse oder bis 8000 kg Nutzlast als Frachter.
Entwicklungsstand: Der erste Prototyp nahm die Flugerprobung am 24. September 1998 auf, der zweite folgte am 27. August 2002. Mitte 2002 erhielt die Be-200 die russische Zulassung. Offiziell ist bisher die Bestellung von sieben Exemplaren (+ 8 Optionen) für das russische Zivilschutz-Ministerium für Rettungs- und Waldbrandeinsätze bekanntgegeben worden; Auslieferung ab 2003. Auch im EU-Raum stösst dieses Muster in der Feuerwehrversion auf zunehmendes Interesse.
Bemerkungen: Bei der Be-200 handelt es sich um eine erheblich überarbeitete und deutlich kleinere Ausführung des Ausgangsmusters Beriew Be-42/A-40 Mermaid (siehe Ausgabe 1995). Im übrigen übernimmt die Be-200 alle wesentlichen Elemente des erwähnten Vorgängers. Mehrere Ausführungen werden angeboten: Eine Feuerwehrversion mit einer abwerfbaren Wasserlast von 12000 kg, Varianten als reiner Passagiertransporter oder Frachter sowie eine Version für Such-, Rettungs- und Evakuationseinsätze. Für eine allfällige Exportausführung würden Triebwerke vom Typ BMW Rolls-Royce BR715 oder Allison GMA-2100 angeboten. EADS und NPK prüfen die gemeinsame Vermarktung.
Hersteller: OKB Georgi Beriew, Werk Tavia, Taganrog, Russland.

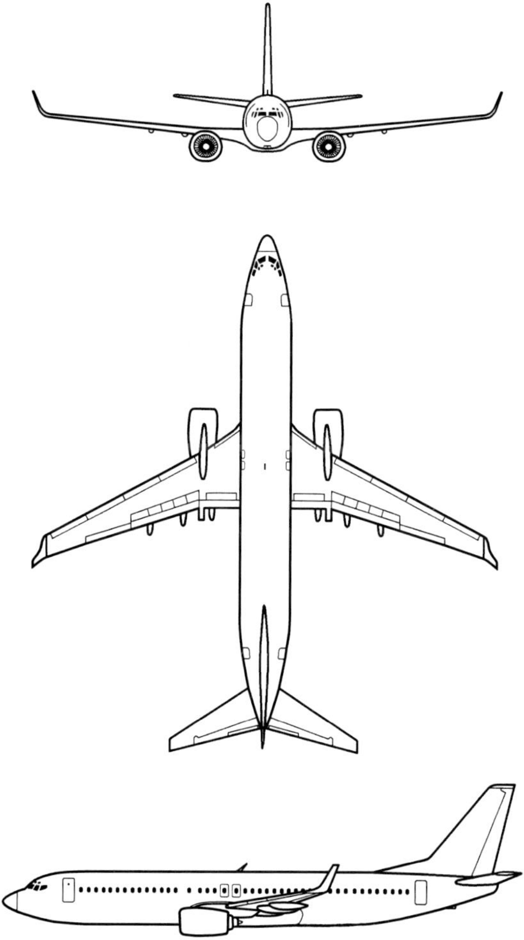

Abmessungen:
Spannweite 34,30 m
Länge 33,60 m
Höhe 12,50 m
Flügelfläche 124,60 m²

BOEING 737BBJ/BBJ2

Ursprungsland: USA.
Kategorie: Langstrecken-Geschäftsflugzeug.
Triebwerke: Zwei Mantelstromtriebwerke CFM International CFM56-7B24 von je 10886 kp (106,75 kN) Standschub.
Leistungen (geschätzt): Max. Reisegeschwindigkeit 912 km/h (Mach 0,82), norm. Reisegeschwindigkeit 835 km/h; Dienstgipfelhöhe 12500 m; max. Reichweite 11400 km.
Gewichte: Rüstgewicht 40640 kg; max. Startgewicht 77560 kg.
Zuladung: Zwei Mann Cockpitbesatzung und je nach Innenausstattung zwischen 20 und 100 Personen.
Entwicklungsstand: Das Erprobungsmuster fliegt seit 4. September 1998. Bisher sind 74 BBJ und 11 BBJ2 bestellt worden, darunter auch eine für Boeing selber. Die ersten Auslieferungen folgten Anfang 1999. Fast alle sind mittlerweile ausgeliefert worden.
Bemerkungen: Mit der BBJ entwickelte Boeing erstmals eine ausschliesslich für Geschäftsreisen konzipierte Ausführung der B737. Sie verbindet die Rumpflänge der Version -700 mit dem Flügel und dem Fahrwerk der schwereren -800. Um eine höhere Reichweite zu erzielen, sind alle mit Winglets mit einer Höhe von 2,60 m ausgerüstet. Die BBJ2 übernimmt den um 5,80 m längeren Rumpf der B737-800 und bietet entsprechend mehr Passagierraum und fast das doppelte Frachtvolumen. Boeing liefert jeweils das Flugzeug im «Rohzustand» zum Preis ab US$ 32 Mio. an spezialisierte Inneneinrichter (z.B. Jet Aviation, Basel; Lufthansa Technik, Hamburg). Diese bauen das Interieur nach den unterschiedlichsten Wünschen der Besteller aus. Basierend auf der BBJ entwickelt Boeing eine Seeaufklärungs- und ASW-Version MMA (**M**ultimission-**M**aritime **A**ircraft). Weitere Militärausführungen sowie die zivile Boeing 737-600/-700/-800/-900 sind in früheren Ausgaben beschrieben.
Hersteller: The Boeing Company, Commercial Airplane Group, Seattle, Werk Renton, Washington, USA.

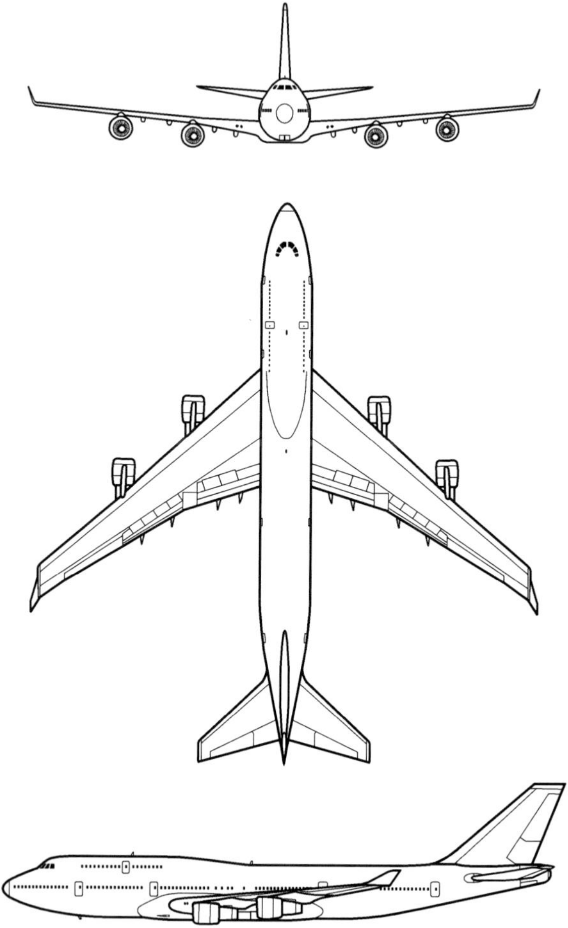

Abmessungen:
Spannweite 64,44 m
Länge 70,67 m
Höhe 19,41 m
Flügelfläche 541,16 m^2

BOEING 747-400ER

Ursprungsland: USA.
Kategorie: Langstrecken-Verkehrsflugzeug und Frachter.
Triebwerke: Vier Mantelstromtriebwerke beispielsweise von General Electric CF60-80C2B5F von je 28165 kp (276,27 kN) Standschub.
Leistungen: Langstrecken-Reisegeschwindigkeit 912 km/h auf 10668 m; Reichweite mit max. Nutzlast als Frachter 8100 km; Reichweite mit max. Treibstoffzuladung 14212 km.
Gewichte: Max. Startgewicht 412800 kg.
Zuladung: Zwei Mann Cockpitbesatzung und 450 Passagiere in drei Klassen. Als Frachter -400F 113000 kg Nutzlast.
Entwicklungsstand: Erstflug der Version 747-400ER am 31. Juli 2002. Bisher sind Aufträge für 13 Einheiten (Quantas 6, Air France 2, Korean 5) eingegangen, Ablieferungen ab Oktober 2002. Von allen 747 wurden bis Dezember 2003 1375 Einheiten von 85 Gesellschaften bestellt (1338 abgeliefert), davon 537 der Ausführung -400 und 114 Frachter -400F. Die Produktion beläuft sich derzeit auf fast zwei Flugzeuge pro Monat.
Bemerkungen: Die bisher als Long Ranger, neu aber als 747-400ER bezeichnete neueste Ausführung weist bei gleichen Aussenabmessungen der -400 (siehe Ausgabe 2002) einige erhebliche Verbesserungen auf. Sie ist sowohl als Passagier- wie auch als Frachtflieger erhältlich und verfügt über Verstärkungen an den Aussenflügeln sowie am Höhen- und Seitenleitwerk. In den Hauptflügeln ist zudem die Tankkapazität (neu 241140 l) erhöht. Dadurch und dank einem robusteren Fahrwerk ist das max. Startgewicht deutlich höher als bei der -400. Diese Massnahmen führen dazu, dass grössere Nutzlasten über längere Distanzen transportiert werden können. Zudem wurden das Cockpit sowie der Komfort in der Passagierkabine jenem der Boeing 777 angeglichen. Ein weiteres Mal prüft Boeing verlängerte Ausführungen der Passagierversion wie auch des Frachters. Der Rumpf wäre um rund 5 m länger, die Spannweite leicht grösser und das Abfluggewicht um ca. 22500 kg höher. Zudem würde sie die Verbesserungen der derzeit entwickelten lärmärmeren Variante 747-400XQLR (= **Q**uiet **L**ong **R**ange) übernehmen, die sich primär durch aerodynamische Verfeinerungen an Flügeln und Triebwerkgondeln auszeichnet.
Hersteller: The Boeing Company, Commercial Airplane Group, Seattle, Werk Everett, Washington, USA.

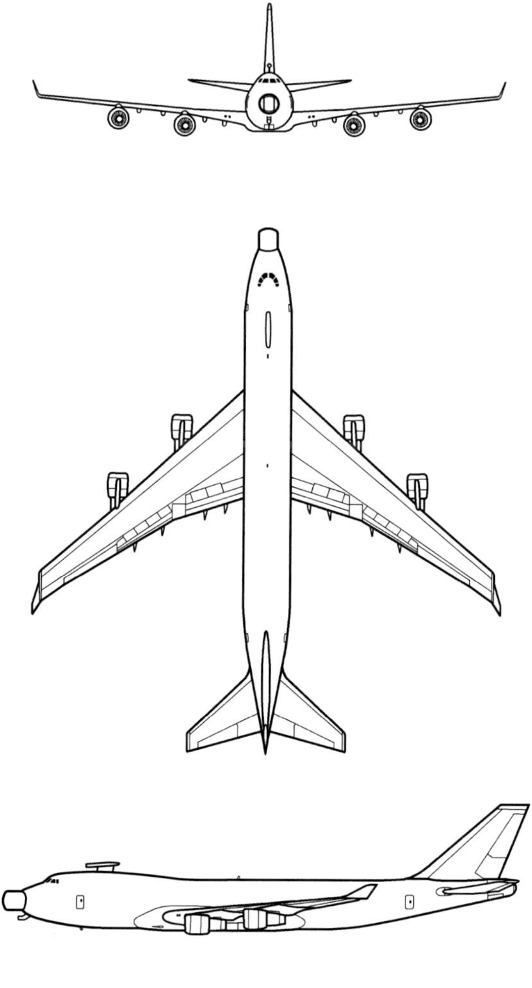

Abmessungen:
Spannweite 64,44 m
Länge 70,70 m
Höhe 19,41 m
Flügelfläche 541,16 m²

BOEING YAL-1A AIRBORNE LASER

Ursprungsland: USA.
Kategorie: Strategisches Raketenabwehrsystem.
Triebwerke: Vier Mantelstromtriebwerke General Electric CF60-80C2 von je 28644 kp (280,97 kN) Standschub.
Leistungen (prov. Daten): Normale Patrouillengeschwindigkeit 939 km/h; max. Reichweite 15570 km.
Gewichte: Rüstgewicht 181120 kg; max. Startgewicht 396900 kg.
Zuladung: Sechs Mann Besatzung, zwei Piloten und vier Operators und «Betriebsstoff» für 20 Laser-Schüsse. Das gesamte Lasersystem einschiesslich der mitgeführten Chemikalien wiegt etwa 81000 kg.
Bewaffnung: Ein auf chemischer Basis operierender Oxygen-Iodine-Laser im hinteren Teil des Rumpfes mit Austritt durch eine bewegliche Optik in der Rumpfnase.
Entwicklungsstand: Der erste teilweise ausgerüstete Prototyp YAL-1A begann die Flugerprobung am 18. Juli 2002. Bis Mitte 2003 waren alle Systeme eingebaut. 2004 beginnen die Schiessversuche mit dem Laser. Sieben Einheiten will die USAF ab 2007 beschaffen.
Bemerkungen: Die YAL-1A ist ein Element des Raketenabwehrsystems der USA. Als Basis dient eine wesentlich modifizierte 747-400F. Das Kernstück ist ein im Rumpf eingebauter chemischer Oxygen-Iodine-Laser der Megawatt-Klasse. Durch eine in der Rumpfspitze eingebaute «Kanone» lassen sich vor allem feindliche Mittel- und Langstreckenraketen bis zu 600 km weit bekämpfen. Gleichzeitig sollen bis zu 30 Ziele angegriffen werden können. Gegenüber dem Ausgangsmuster 747-400F weist die YAL-1A einige wesentliche Veränderungen auf. So ist beispielsweise das normal im Rumpfbug platzierte Wetterradar in einem Behälter unter dem Rumpf angebracht. Angesichts des hohen Gewichts des Gesamtsystems und der heissen Abgase der Waffe sind Teile der Struktur mit Titanium verstärkt sowie im Innenraum der Kommandostand vom Laser durch einen Druckspant getrennt. Hinter dem Cockpit oben am Rumpf ist ein Laser-Entfernungsmesser zur Zielverfolgung installiert.
Hersteller: The Boeing Company, Defense & Space Group, Seattle, Washington, USA.

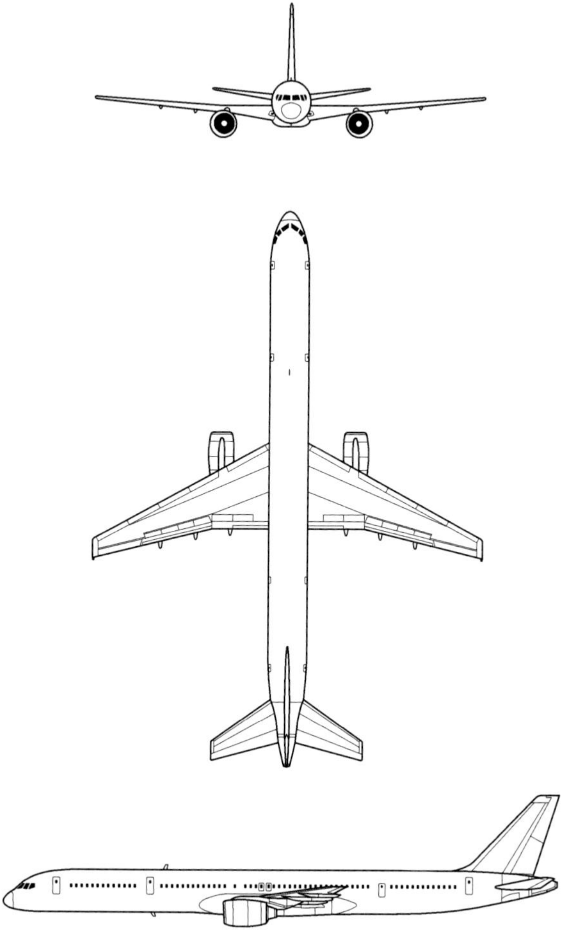

Abmessungen:
Spannweite 38,05 m
Länge 54,40 m
Höhe 13,56 m
Flügelfläche 185,25 m^2

BOEING 757-300

Ursprungsland: USA.
Kategorie: Mittelstrecken-Verkehrsflugzeug.
Triebwerke: Wahlweise zwei Mantelstromtriebwerke Rolls-Royce RB.211-535E4B von 19470 kp (191 kN) oder zwei Pratt & Whitney PW2040 von 18860 kp (185 kN) Standschub.
Leistungen: Max. Reisegeschwindigkeit 935 km/h (Mach 0,86) auf 9150 m; ökonom. Reisegeschwindigkeit 850 km/h auf 11900 m; Dienstgipfelhöhe 12810 m; max. Reichweite 6400 km.
Gewichte: Rüstgewicht 64105 kg; max. Startgewicht 122470 kg.
Zuladung: Zwei Piloten und (757-300) bei typischer Innenausstattung 240, max. 289 Passagiere, als Frachter (757-200) 30400 kg.
Entwicklungsstand: Erstflug der Boeing 757-300 am 2. August 1998. Von allen Versionen sind bis Ende 2003 1048 Exemplare von rund 60 Operators in Auftrag gegeben und 1035 abgeliefert worden. Von der -300 sind 55 Exemplare bestellt. Angesichts fehlender neuer Aufträge hat Boeing die Monatsproduktion stark zurückgefahren und plant diese 2005 ganz einzustellen. Viele ältere 757 werden zu Frachtern umgebaut (u.a. 84 für DHL).
Bemerkungen: Die Ausführung 757-300 zeichnet sich durch einen um 7,11 m (4,06 vor und 3,05 m hinter dem Flügel) verlängerten Rumpf aus. Wegen der höheren Gewichte sind Höhenruder, Teile der Flächenstrukturen sowie das Fahrwerk entsprechend verstärkt worden. Nebst höherer Passagierzahl ist auch die Frachtkapazität um 40 % grösser. Boeing lancierte eine Langstreckenausführung 757-200ERX mit höherer Treibstoffkapazität, welche den Rumpf der -200 aufweist, aber den verstärkten Flügel und andere Komponenten der -300 übernimmt. Bei einem maximalen Abfluggewicht von 123500 kg und zwei Zusatztanks im Frachtraum kann sie 9250 km weit fliegen. Sie ist ab sofort lieferbar, Aufträge sind bisher jedoch keine eingegangen.
Hersteller: The Boeing Company, Commercial Airplane Group, Seattle, Werk Renton, Washington, USA.

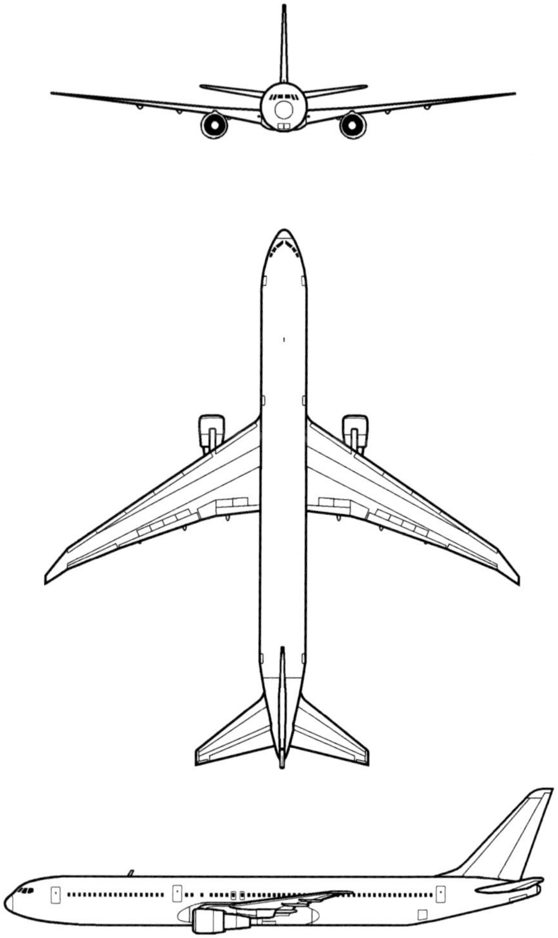

Abmessungen:
Spannweite 51,92 m
Länge 61,37 m
Höhe 16,87 m
Flügelfläche 290,70 m²

BOEING 767-400ER

Ursprungsland: USA.
Kategorie: Mittel- bis Langstrecken-Verkehrsflugzeug.
Triebwerke: Zwei Mantelstromtriebwerke Pratt & Whitney PW4062 von je 30890 kp (303 kN) oder zwei General Electric CF6-80C2 von je 27830 kp (273 kN) Standschub.
Leistungen: Reisegeschwindigkeit 850 km/h (Mach 0,80); Dienstgipfelhöhe 13145 m; max. Reichweite 10450 km, (-300ER) 12200 km.
Gewichte: Rüstgewicht 103100 kg; max. Startgewicht 204120 kg, (-300ER) 179170 kg.
Zuladung: Zwei Piloten und (-400ER) mit typischer Mehrklassen-Innenausstattung, 245 Passagiere, max. 375 Passagiere in Achterreihen, (-300ER) 216, max. 290 Passagiere. Die Frachtausführung -300F kann eine Nutzlast von 57756 kg mitführen.
Entwicklungsstand: Erstflug der Basisausführung Boeing 767 am 26. September 1981. Die neueste Version -400ER nahm die Flugerprobung am 9. Oktober 1999 auf. Sie wird seit August 2000 abgeliefert. Bis Ende 2003 belief sich der Auftragsbestand auf 941 Einheiten aller Versionen für fast 80 Kunden (916 ausgeliefert). Von der -400ER sind derzeit 37 Maschinen von Continental, Delta und Kenya Airways fest bestellt. Zurzeit werden monatlich vier 767 produziert.
Bemerkungen: Unter der Bezeichnung 767-400ER wird die derzeit grösste Ausführung mit einer um 15 bis 20 % erhöhten Sitzkapazität und geringeren Betriebskosten angeboten. Sie ist um 6,7 m länger und weist einen leicht vergrösserten Flügel auf. Angesichts des deutlich höheren Gesamtgewichts wurde das Fahrwerk verstärkt und mit den Rädern der B777 versehen. Die kürzere Variante 767-300 wird in der Basisversion als auch in der Langstreckenausführung -300ER weiterhin gebaut.
Hersteller: The Boeing Company, Commercial Airplane Group, Seattle, Werk Everett, Washington, USA.

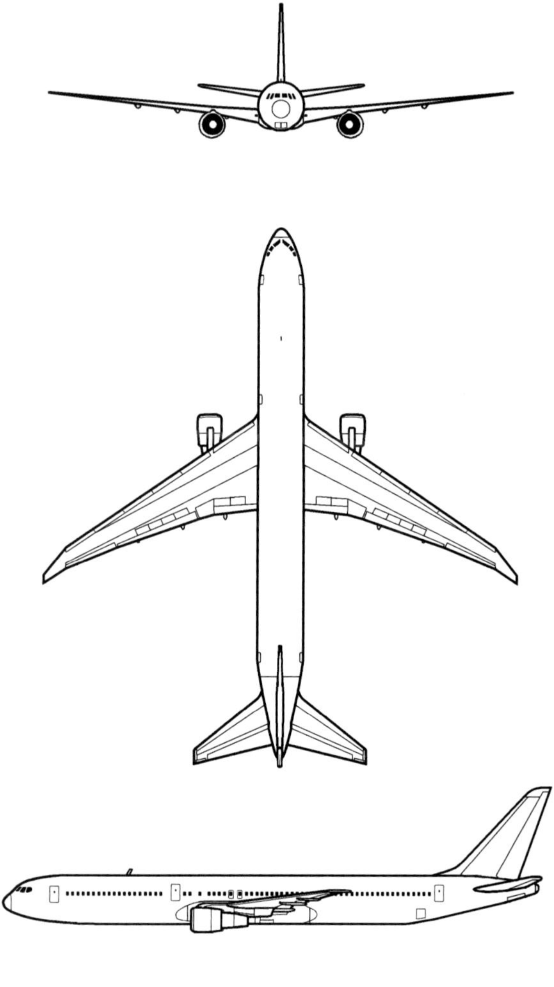

Abmessungen:
Spannweite 47,57 m
Länge 48,51 m
Höhe 15,85 m
Flügelfläche 283,30 m²

BOEING KC-767

Ursprungsland: USA.
Kategorie: Militärischer Transporter, Tanker und Führungsflugzeug.
Triebwerke: Zwei Mantelstromtriebwerke, beispielsweise Pratt & Whitney PW4060 von je 27100 kp (267 kN) oder zwei General Electric CF6-80C2 von je 27830 kp (273 kN) Standschub.
Leistungen (767-200ER): Reisegeschwindigkeit 850 km/h (Mach 0,80); Dienstgipfelhöhe 13145 m; max. Reichweite 10450 km.
Gewichte: Max. Startgewicht 175540 kg.
Zuladung: Zwei Piloten und ein Betankungsoperateur; als Frachter max. 50000 kg, als Tanker eine Zuladung von 124205 l.
Entwicklungsstand: Eine erste E-767T-T/KC-767 noch ohne Tankerausrüstung nahm am 16. Juli 2003 die Flugerprobung auf. Erstbesteller ist die italienische Luftwaffe (4 + 2 Optionen; Ablieferung ab 2005). Die USAF erhält ab 2007 100 KC-767A. Japan beschafft deren vier.
Bemerkungen:. Die 767 wird zunehmend für eine Mehrzahl von militärischen Aufgaben nachgefragt und entsprechend weiterentwickelt. Im Vordergrund steht dabei der kombinierte Militärtransporter und Tanker E-767T-T bzw. KC-767, der auf der 767-200ER basiert. Er ist mit einem Flying Boom unten am Heck und zwei Betankungspods unter den Flügeln ausgerüstet. Die Kabine kann sowohl für Passagier- als auch Frachteinsätze ausgelegt werden. Vorne links am Rumpf befindet sich eine grosse Frachttüre. Eine weitere Ausführung ist das Radarfrühwarn- und Kommandoflugzeug E-767T/AWACS (siehe Ausgabe 1997). Neu ist die E-10A lanciert worden. Einen Prototyp dieser für so genannte MC2A-Aufgaben (**M**ulti-sensor **C**ommand and **C**ontrol **A**ircraft; Bodenüberwachung, Abwehr von Cruise Missiles, Einsatzleitung) vorgesehenen Variante hat die USAF 2003 bestellt. Er soll als E-10A erstmals 2008 fliegen und basiert auf der 767-400ER. Hauptaufgaben werden Bodenüberwachung, Abwehr von Cruise Missiles und Einsatzleitung bei militärischen Operationen sein.
Hersteller: The Boeing Company, Boeing Integrated Defense Systems, St. Louis, Missouri, Werke Everett und Wichita, USA.

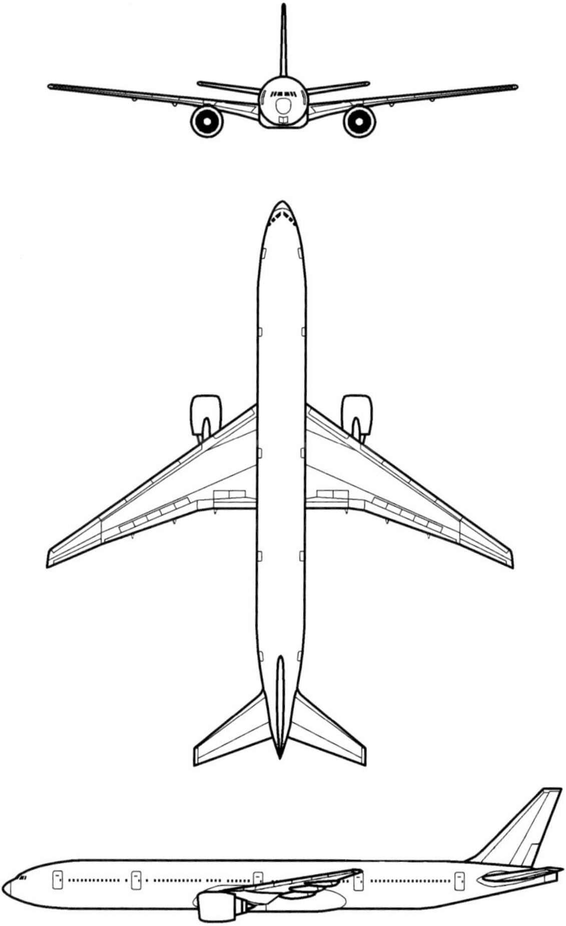

Abmessungen:
Spannweite (-300) 60,93 m, (-200LR/300ER) 64,80 m
Länge (-300/-300ER) 73,80 m, (-200LR) 63,70 m
Höhe 18,44 m
Flügelfläche (-300) 427,80 m²

BOEING 777-300

Ursprungsland: USA.
Kategorie: Mittel- bis Langstecken-Verkehrsflugzeug.
Triebwerke: Zwei Mantelstromtriebwerke Rolls-Royce Trent 892 oder Pratt & Whitney PW4090/4098 von zwischen 41700 und 44460 kp (409 bis 436 kN) Standschub.
Leistungen: Max. Reisegeschwindigkeit 950 km/h (Mach 0,87); Langstrecken-Reisegeschwindigkeit 895 km/h (Mach 0,84); Dienstgipfelhöhe 13100 m; Reichweite mit 368 Passagieren bis zu 10400 km.
Gewichte (-300ER): Rüstgewicht 167829 kg; max. Startgewicht 340195 kg.
Zuladung: Zwei Piloten und in normaler Dreiklassenbestuhlung 368 bis 394 Passagiere, max. 550 Passagiere. Max. Nutzlast 54600 kg.
Entwicklungsstand: Die erste 777-300 nahm die Flugerprobung am 16. Oktober 1997 auf, die 777-300ER (bisher 71 von sechs Airlines bestellt, siehe Foto) folgte am 24. Februar 2003. Von allen Varianten sind bis Ende 2003 631 Einheiten von 36 Kunden bestellt, davon 62 der Version -300. Bei einer derzeitigen Monatsproduktion von fünf 777 sind bisher rund 465 Einheiten ausgeliefert worden.
Bemerkungen: Die 777-300 ist gegenüber dem Ausgangsmuster (siehe Ausgabe 1998) um ca. 10 m verlängert. Eine Langstreckenausführung 777-300ER wird ab 2004 an den Erstbesteller Air France abgeliefert. Die Spannweite ist um 3,96 m grösser, das Abfluggewicht beläuft sich auf 340000 kg. Sie soll Reichweiten von 13400 km erzielen. In die Konstruktion werden die neuesten technologischen Errungenschaften eingegliedert: Fly-by-wire-System, neu entwickeltes Flügelprofil, eine Alu-Legierung mit besten Druck- und Ermüdungseigenschaften, Seitenleitwerk weitestgehend aus Verbundmaterialien und modernste Avionik. Die für Ultralangstrecken von Boeing geplante 777-200LR (bisher nur fünf bestellt) wird nun doch realisiert (Erstflug für 2004 geplant). Mit 250 Passagieren erzielt sie Reichweiten bis 16330 km. Als Option ist ein Schlafraum für bis zu 40 Personen im Frachtraum und einer für die Besatzung oberhalb des Passagierraumes erhältlich. Neu wird auch eine Frachtervariante in Erwägung gezogen.
Hersteller: The Boeing Company, Commercial Airplane Group, Seattle, Werk Everett, Washington, USA.

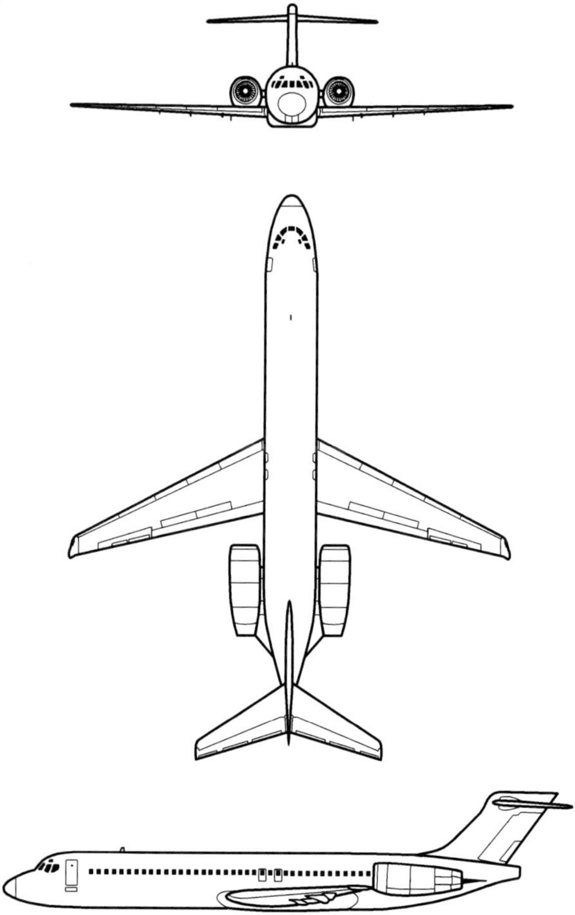

Abmessungen:
Spannweite 28,45 m
Länge 37,81 m
Höhe 8,92 m
Flügelfläche 92,97 m^2

BOEING (MDD) 717-200

Ursprungsland: USA.
Kategorie: Kurz- bis Mittelstrecken-Verkehrsflugzeug.
Triebwerke: Zwei Mantelstromtriebwerke BMW/Rolls Royce BR715 mit wahlweise 8390 kp (82,3 kN) oder 9073 kp (89,0 kN), als Option 9525 kp (93,4 kN) Standschub.
Leistungen: Reisegeschwindigkeit 812 km/h auf 10670 m (Mach 0,76); Dienstgipfelhöhe 11285 m; Reichweite mit voller Passagierzuladung (-200) 2905 km (-200HGW) 3700 km.
Gewichte: Rüstgewichte (-200) 31675 kg, (-200HGW) 32110 kg; max. Abfluggewichte (-200) 51710 kg, (-200HGW) 54885 kg.
Zuladung: Zwei Mann Cockpitbesatzung und 106 Passagiere in einer Zweiklassenbestuhlung bzw. max. 129 Passagiere in Fünferreihen mit Mittelgang; max. Nutzlast 12231 kg.
Entwicklungsstand: Der Erstflug des Prototyps fand am 2. September 1998 statt. Mit den Ablieferungen an den Erstbesteller ValuJet/AirTran wurde am 23. September 1999 begonnen. Bis Ende 2003 hat sich der Auftragsbestand auf 161 Einheiten (davon 125 abgeliefert) erhöht. Hauptabnehmer sind Air Tran (Aufstockung der Bestellung um 23 B717), Pembroke Capital, Hawaian und Midwest.
Bemerkungen: Als vorläufig letzte Version einer bereits langen Liste von DC-9-Ableitungen wurde die 717 lanciert. Ausgerüstet mit einer besonders abgasarmen und leisen Ausführung von BMW/Rolls-Royce BR.715-Triebwerken, verfügt sie über einen kürzeren Rumpf als die MD-80-Familie. Das Cockpit ist mit sechs flachen Flüssigkristallbildschirmen neuester Bauart ausgestattet. Derzeit scheint sich die Entwicklung einer verlängerten Variante 717-300X (siehe Fotomontage) zu konkretisieren. Der Rumpf würde um 4,6 m verlängert und könnte bei einer Zweiklassenbestuhlung normalerweise bis zu 130 Passagiere aufnehmen. Die maximale Reichweite dagegen würde sich auf 3000 km reduzieren.
Hersteller: The Boeing Company, Commercial Airplane Group, Seattle, Washington, Werk Long Beach, Kalifornien, USA.

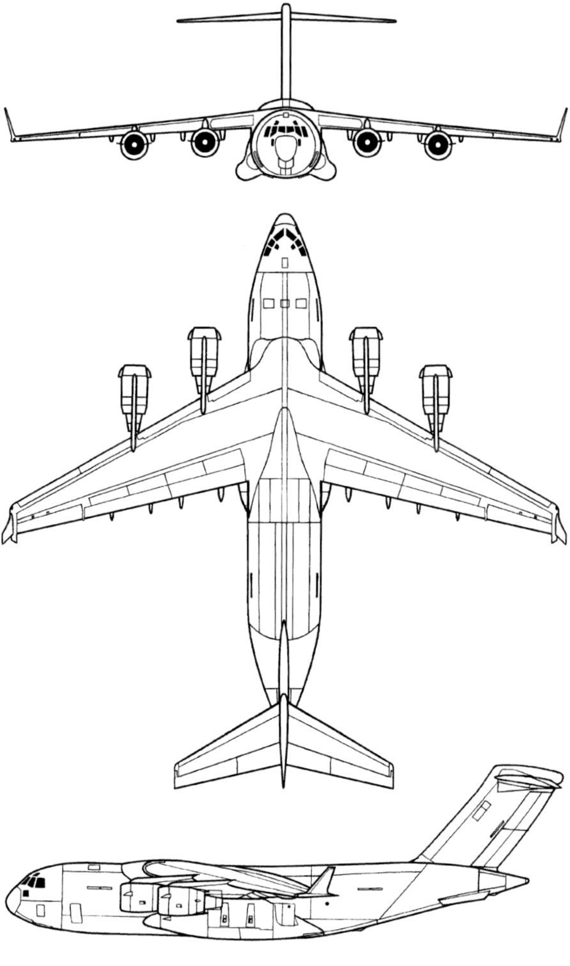

Abmessungen:
Spannweite einschliesslich Winglets 51,76 m
Länge 53,04 m
Höhe 16,79 m
Flügelfläche 353 m^2

BOEING (MDD) C-17A GLOBEMASTER III

Ursprungsland: USA.
Kategorie: Schwerer Militärfrachter.
Triebwerke: Vier Mantelstromtriebwerke Pratt & Whitney F117-PW-100 von je 18914 kp (185,5 kN) Standschub.
Leistungen: Max. Reisegeschwindigkeit 818 km/h auf 10975 m (Mach 0,77), 650 km/h in niedriger Höhe; Dienstgipfelhöhe 13700 m; Reichweite mit einer Nutzlast von 58605 kg 5190 km, 5000 km mit einer solchen von 71895 kg sowie 4445 km mit 75750 kg.
Gewichte: Rüstgewicht 122016 kg; max. Startgewicht 263083 kg.
Zuladung: Zwei Piloten und zwei Lademeister. Im 26,82 m langen, 5,49 m breiten und 4,11 m hohen Frachtraum können Nutzlasten bis zu 75750 kg mitgeführt werden. Typische Lasten: Drei Kampfhubschrauber AH-64 oder ein vollausgerüsteter Kampfpanzer M-1 Abrams, bis zu 102 Fallschirmspringer. Einzellasten von 27215 kg oder mehrere Paletten von max. 49895 kg können im Flug abgeworfen werden.
Entwicklungsstand: Der Prototyp flog erstmals am 15. September 1991; erste Ablieferungen an die USAF im Juni 1993. Die USAF hat die Bestellung auf 180 Einheiten erhöht (davon rund 120 gebaut), die bis 2007 abzuliefern sind. Eine letzte Nachbestellung von weiteren 42 wird derzeit in Erwägung gezogen. Die RAF hat im 2001 vier geleaste C-17 erhalten.
Bemerkungen: Das besondere an der C-17A ist die Fähigkeit, schwere Lasten auf strategischen Distanzen direkt in die Nahkampfzone fliegen zu können. Für diese Aufgabe wurde sie sehr robust ausgelegt und ist beispielsweise in der Lage, Lande- und Startbahnen mit einer Länge von nur 915 m zu benützen. Das superkritische Tragwerk mit einer Pfeilung von 25° ist mit Winglets und einem angeblasenen Klappensystem ausgerüstet. Das stabile Fahrwerk erlaubt ein Manövrieren mit eigener Kraft am Boden. Seit 2001 erhalten alle C-17 einen Zusatztank von 39000 l im Flügelkasten. Damit sind deutlich grössere Reichweitenleistungen möglich. Die Entwicklung einer Zivilversion BC-17X, welche dank vereinfachter Ausrüstung eine Nutzlast von 78600 kg mitführen könnte, ist derzeit mangels Nachfrage eingestellt.
Hersteller: The Boeing Company, Defense & Space Group, Seattle, Washington, Werk Long Beach, Kalifornien, USA.

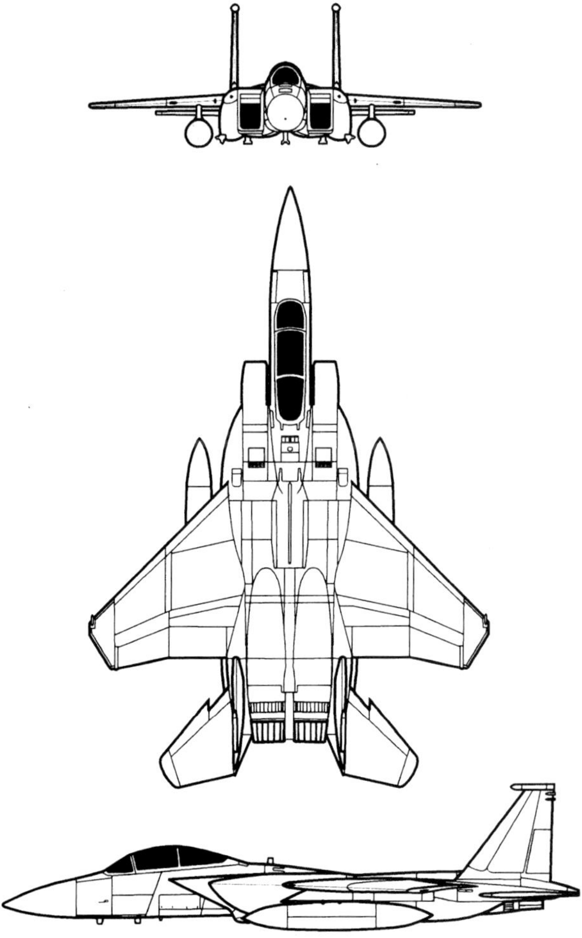

Abmessungen:
Spannweite 13,05 m
Länge 19,43 m
Höhe 5,63 m
Flügelfläche 56,50 m²

BOEING (MDD) F-15E EAGLE

Ursprungsland: USA.
Kategorie: Zweisitziger Luftüberlegenheitsjäger und Erdkämpfer.
Triebwerke: Zwei Mantelstromtriebwerke Pratt & Whitney F100-PW-229 von je 8073 kp (79,20 kN) Standschub ohne und 13200 kp (129,40 kN) mit Nachbrenner.
Leistungen: Kurzzeitig erreichbare Spitzengeschwindigkeit 2698 km/h oder Mach 2,54 auf 12190 m; längerdauernde Höchstgeschwindigkeit 2443 km/h oder Mach 2,4 auf 12190 m; Dienstgipfelhöhe 18300 m; max. Aktionsradius 1270 km; Überführungsreichweite mit Zusatztanks 4445 km.
Gewichte: Rüstgewicht 14379 kg; max. Startgewicht 36741 kg.
Bewaffnung: Eine sechsläufige 20-mm-Revolverkanone M61A1 und bis zu 11113 kg Aussenlasten (Erdkampf) bzw. je vier Luft-Luft-Lenkwaffen AIM-7F Sparrow und AIM-9L Sidewinder oder bis zu acht AIM-120 (Luftüberlegenheitsseinsatz).
Entwicklungsstand: Die erste F-15E begann mit den Testflügen am 11. Dezember 1986. Ablieferungen in einer Stückzahl von 245 an die USAF ab 1988. Sie wird in kleinen Stückzahlen weiter gebaut. Der F-15E ähnliche Ausführungen bestellten Israel (25 F-15I) und Saudi Arabien (99 F-15S, Beschreibung siehe Ausgabe 2002). Neu erhält Südkorea 40 F-15K.
Bemerkungen: Die F-15E ist eine für den Erdkampfeinsatz optimierte Ausführung der F-15C (siehe Ausgabe 1986) mit verstärkter Struktur, höheren Beschleunigungslimiten, dreifacher elektrischer Steuerung und für den Allwettereinsatz im Tiefflug ergänzter Avionik (Hughes APG-70-Radar, Infrarotausrüstung FLIR, LANTIRN-Tiefflug-Navigations- und Nachtfluggerät). Die Ausführung F-15K für Südkorea unterscheidet sich vom Ausgangsmuster u.a. durch General Electric-Triebwerke F-110-GE-129, neues Cockpit, verbesserte Sensoren und Avionik. Das ebenfalls neue APG-63V1 oder V-2-Radar erlaubt, bewegte Ziele auf dem Land wie auch im Meer zu verfolgen. Die Ablieferungen beginnen 2005. Neu wird eine Variante F-15T in Erwägung gezogen, ausgerüstet mit einer neuen Version des AGP-63-Radars.
Hersteller: The Boeing Company, Defense & Space Group, Seattle, Washington, Werk St. Louis, Missouri, USA.

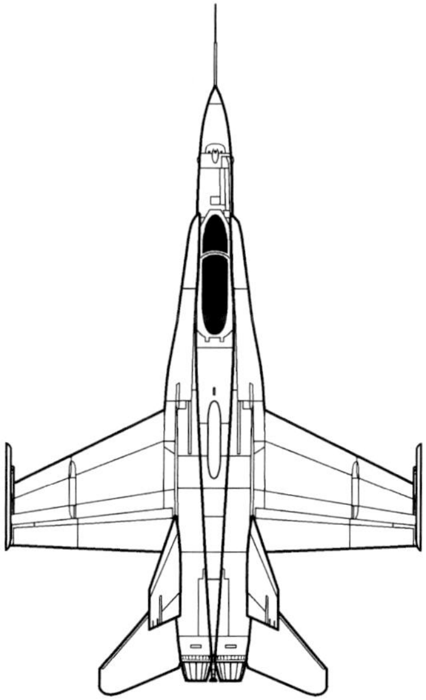

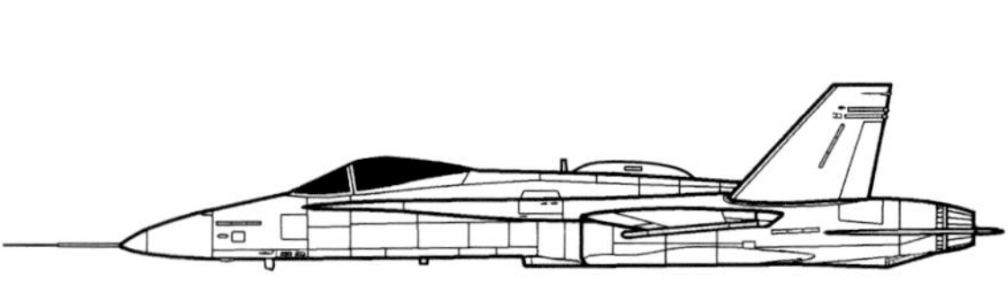

Abmessungen:
Spannweite 11,43 m
Länge 17,07 m
Höhe 4,67 m
Flügelfläche 36,79 m²

BOEING F/A-18A ACTIVE AEROLASTIC WING

Ursprungsland: USA.
Kategorie: Forschungsflugzeug.
Triebwerke: Zwei Mantelstromtriebwerke General Electric F404-GE-400 von je 4810 kp (47,2 kN) Standschub ohne und 7167 kp (70,3 kN) mit Nachbrenner.
Leistungen: Höchstgeschwindigkeit 1915 km/h oder Mach 1,80 auf 12150 m; Anfangssteiggeschwindigkeit 304,6 m/Sek; Dienstgipfelhöhe 15000 m; Überführungsreichweite mit max. internem Kraftstoff 3700 km.
Gewichte: Rüstgewicht 10450 kg; Startgewicht ca. 16600 kg.
Bewaffnung: Keine.
Entwicklungsstand: Nach einer dreijährigen Vorbereitungszeit startete der aus einer F/A-18A umgebaute Erprobungsträger am 25. November 2002 zum Erstflug. Es sind, verteilt auf mehrere Phasen, rund 100 Flüge vorgesehen.
Bemerkungen: In einem dreijährigen Forschungsprogramm soll eine eigentlich alte Idee der Luftfahrt, die Steuerung mittels Verwindung der Ruder zu ermöglichen, neu aufgenommen werden. Bei diesem Erprobungsmuster wechselte man die standardmässigen Flügelhinterkanten und Klappen gegen solche aus dünneren und flexibleren Materialien aus. Diese elastischen Flächen aus Verbundwerkstoffen werden mittels eines neuartigen Bordcomputers für eine aktive Flugregelung genützt. Sofern sich diese Methode bewährt, könnten in Zukunft insbesondere Kampfflugzeuge mit wesentlich dünneren Flügeln ausgerüstet werden. Damit liesse sich nebst geringerem Flugwiderstand auch das Strukturgewicht senken. Denkbar sind Gewichtseinsparungen von bis zu 20 %. Ein weiterer Vorteil dieses Konstruktionsprinzips wären deutlich bessere Manövriereigenschaften.
Hersteller: The Boeing Company, Military Aircraft and Missile Systems, Phantom Works, St. Louis, Missouri, USA.

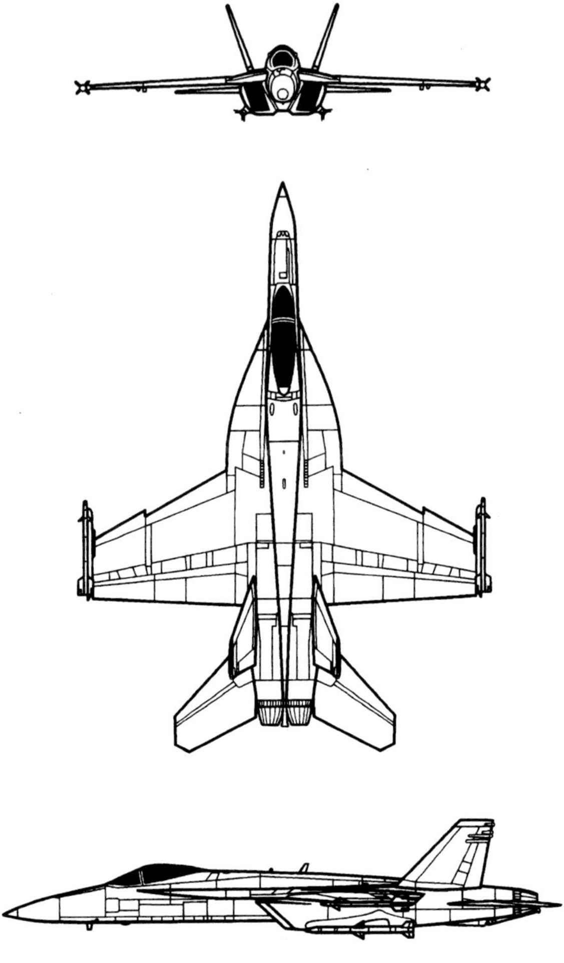

Abmessungen:
Spannweite 13,70 m
Länge 18,40 m
Höhe 4,88 m
Flügelfläche 46,45 m²

BOEING (MDD) F/A-18E/F SUPER HORNET

Ursprungsland: USA.
Kategorie: Einsitziges und zweisitziges bord- und landgestütztes Mehrzweck- und Elektronikkampfflugzeug.
Triebwerke: Zwei Mantelstromtriebwerke General Electric F414-GE-400 von je 6470 kp (63,4 kN) Standschub und 9978 kp (97,86 kN) mit Nachverbrennung.
Leistungen: Höchstgeschwindigkeit auf optimaler Höhe Mach 1,8 +; Dienstgipfelhöhe 15240 m; Radius als Abfangjäger mit je zwei Luft-Luft-Lenkwaffen Sidewinder und AMRAAM 760 km, bei Tiefangriffseinsätzen mit vier 450-kg-Bomben, zwei Sidewinders und zwei 1818-l-Aussentanks (hoch-tief-tief-hoch) 722 km.
Gewichte: Leergewicht 13835 kg; max. Startgewicht 29964 kg.
Bewaffnung: Eine 20-mm-Revolverkanone M61A2 und eine Waffenlast verschiedenster Auslegung von 8050 kg.
Entwicklungsstand: Der erste von sieben Prototypen flog erstmals am 29. November 1995. USN und USMC zusammen haben 482 F/A-18E/F bestellt, aufgeteilt in verschiedene Ausführungen (150 abgeliefert).
Bemerkungen: Die F/A-18E/F Super Hornet ist eine leistungsfähigere Weiterentwicklung der F/A-18C/D Hornet. Die Hauptflügel sind grösser, der Rumpf wurde um eine zusätzliche Sektion von 86 cm verlängert. Rund ein Drittel der Zelle besteht aus Verbundwerkstoffen, vorwiegend Karbonfaser. Die Triebwerkeinläufe sind rechteckig gestaltet. Gegenüber dem Ausgangsmuster ist die Super Hornet um rund 25 % grösser. Im übrigen sind alle Konturen möglichst reflektionsarm ausgelegt, um die Radarsignatur klein zu gestalten. Dank um rund 35 % stärkeren Triebwerken und einer um einen Drittel erhöhten Treibstoffkapazität resultieren in allen Bereichen wesentlich bessere Flugleistungen und insbesondere eine deutlich erhöhte Reichweite. Bereits ist eine Weiterentwicklung in Erprobung, welche in der neu konfigurierten Rumpfnase ein leistungsfähigeres Radar vom Typ APG-79 ASEA beherbergt. Als Ersatz der EA-6B Prowler entwickelt Boeing eine Ausführung EA-18 Growler für die elektronische Kriegsführung. Ein entsprechender Erprobungsträger fliegt seit 15. November 2001. 90 Maschinen sollen ab 2007 in Dienst gestellt werden.
Hersteller: The Boeing Company, Defense & Space Group, Seattle, Washington, Werk St. Louis, Missouri, USA.

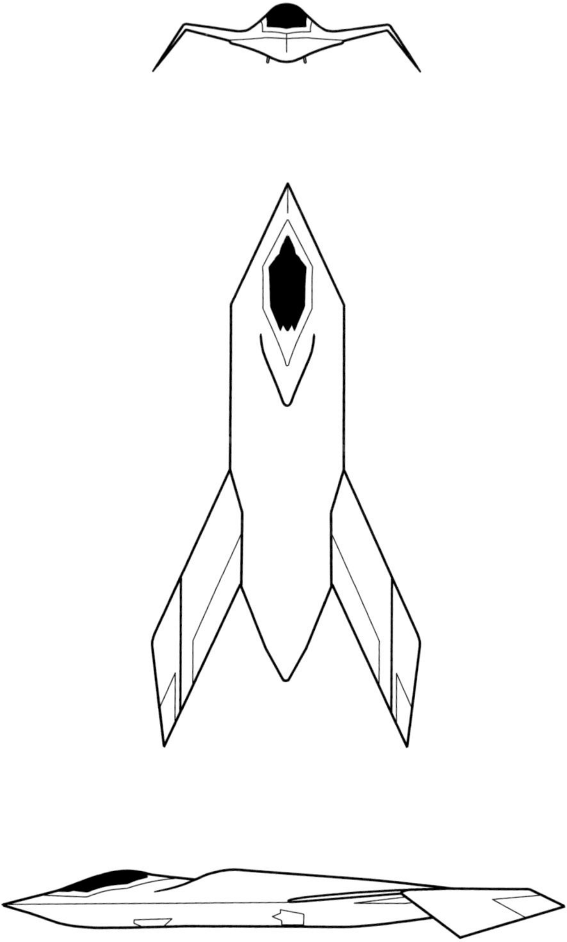

Abmessungen:
Spannweite ca. 7,00 m
Länge 14,30 m
Höhe 2,80 m

BOEING BIRD OF PREY

Ursprungsland: USA.
Kategorie: Forschungsflugzeug.
Triebwerke: Ein Mantelstromtriebwerk Pratt & Whitney JT15D-5C von 1440 kp (14,1 kN) Standschub.
Leistungen: Höchstgeschwindigkeit 465 km/h; Dienstgipfelhöhe 6100 m.
Gewichte: Max. Startgewicht 3380 kg.
Entwicklungsstand: Die Existenz dieses Forschungsprogramms wurde erst Ende 2002 bekannt gegeben, obwohl die «Bird of Prey» (= Raubvogel) ihren Erstflug schon 1996 absolviert hat. Entwickelt in den berühmten «Phantom Works» von Boeing, wurde nur ein Muster gebaut. 1999 war das Programm nach 38 Flügen abgeschlossen.
Bemerkungen: Dieses in der Form sehr ungewöhnliche Erprobungsmuster wurde unter strenger Geheimhaltung seit 1992 entwickelt. Das Programm verfolgte mehrere Ziele. Eine Absicht war zu beweisen, dass es gelingt, einen Prototyp durch neue Verfahren in vergleichsweise äusserst kurzer Zeit und mit geringen Kosten zu entwickeln. Das radikale Äussere verhalf der Konstruktion zu sehr guten Stealth-Eigenschaften. Ein Merkmal dafür ist die oberhalb des Rumpfes befindliche Lufteinlassöffnung. Dieses Prinzip und andere Elemente wurden dann bei der Boeing X-45A (siehe Seiten 100/101) übernommen. Der Hauptflügel mit dem nach oben geknickten Innen- und dem nach unten abgewinkelten Aussenflügel verhalf der Bird of Prey nebst geringer Radarabstrahlung zu sehr guten Auftriebswerten. Dank der Vektorsteuerung war dieser Typ im Flug äusserst agil. Im Übrigen handelt es sich um eine recht konventionelle Konstruktion.
Hersteller: The Boeing Company, Military Aircraft and Missile Systems, Phantom Works, St. Louis, Missouri, USA.

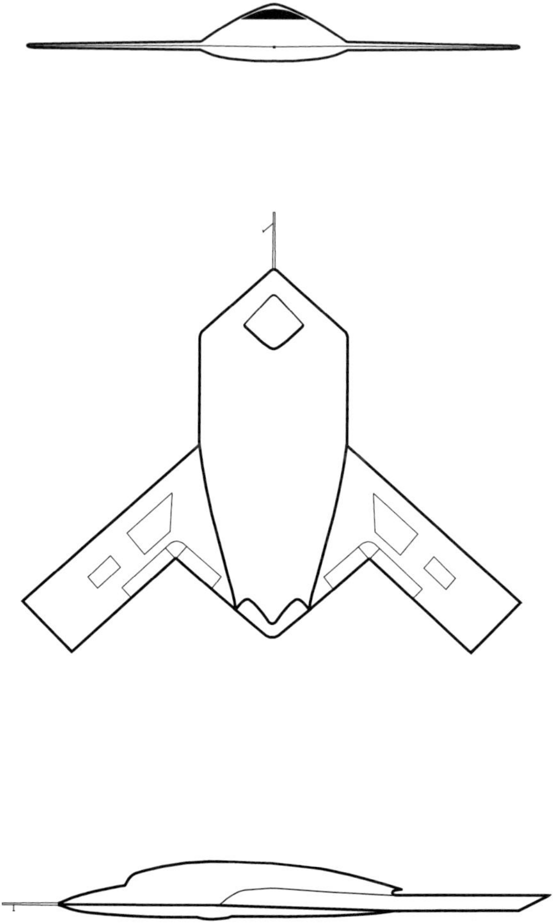

Abmessungen:
Spannweite 10,20 m
Länge 8,00 m
Höhe ca. 1,15 m ohne Fahrwerk

BOEING X-45A SPIRAL 0

Ursprungsland: USA.
Kategorie: Unbemannter Erprobungsträger für Kampfeinsätze.
Triebwerke: Ein Mantelstromtriebwerk Allied Signal F124 mit Vektorsteuerung.
Leistungen (sehr provisorische Angaben): Höchstgeschwindigkeit knapp unter Mach 1,0; Aktionsradius von rund 1200 km.
Gewichte: Leergewicht 3628 kg; max. Startgewicht 6804 kg.
Zuladung: In zwei internen Schächten können Testgeräte und Erprobungswaffen bis zu einem Gewicht von 900 kg mitgeführt werden.
Entwicklungsstand: Der Technologie-Demonstrator X-45A flog erstmals am 22. Mai 2002. Ein zweites Modell nahm die Flugerprobung am 21. November 2002 auf.
Bemerkungen: Dieses UCAV (= **U**nmanned **C**ombat **A**ir **V**ehicle, unbemanntes Kampfflugzeug) eröffnet eine neue Dimension in dieser Kategorie. Die X-45A ist das erste für eigentliche Kampfaufgaben vorgesehene Modell. Bisherige Muster waren hauptsächlich auf Aufklärungs- und Störungseinsätze ausgelegt. Die Erprobung konzentriert sich auf die Machbarkeit von Kampfmissionen unter kriegsnahen Bedingungen. Es soll beispielsweise auch untersucht werden, wie weit die beiden X-45A Einsätze in Formation erfolgreich durchführen können. 2004 wird Boeing eine etwas grössere Ausführung X-45B Spiral 1 in zwei Exemplaren herstellen. Sie erhalten General Electric-Triebwerke F404-102D. Zur eigentlichen Waffenerprobung sind sie mit einem voll integrierten Avionik- und Waffensystem, einem synthetischen Aperturradar sowie elektronischen Abwehrgeräten bestückt. Konturen von Rumpf und Flügel, Öffnungen und Antennen werden nach dem Stealth-Prinzip ausgelegt. Ein vorläufig als A-45 Spiral 2 bezeichnetes Serienmuster soll 2008 einsatzbereit sein.
Hersteller: The Boeing Company, Military Aircraft and Missile Systems, Phantom Works, St. Louis, Missouri, USA.

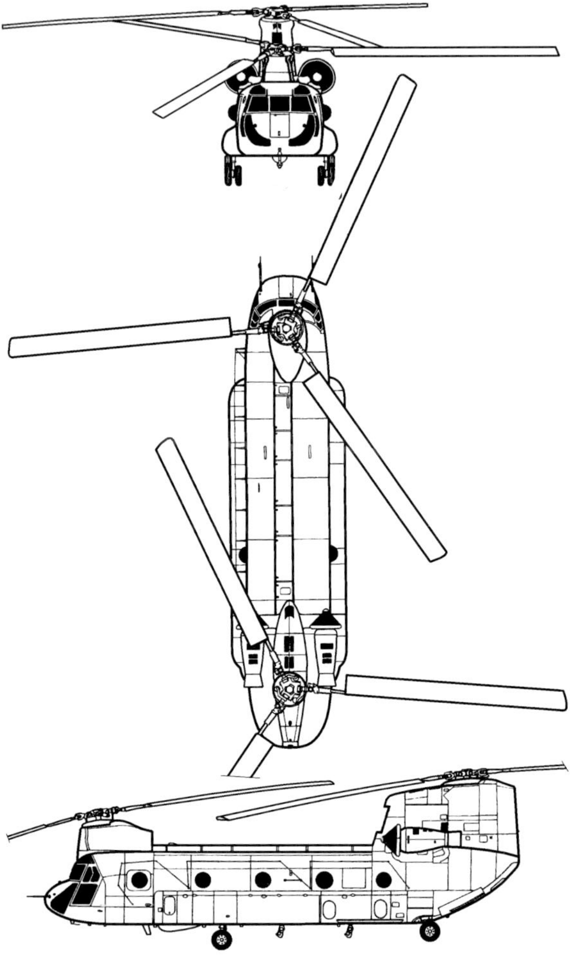

Abmessungen:
Durchmesser jedes der beiden Rotoren 18,29 m
Rumpflänge ohne Betankungsrohr 15,84 m
Rumpfhöhe ohne Rotor 5,20 m

BOEING CH-47SD/F CHINOOK

Ursprungsland: USA.
Kategorie: Schwerer Transporthubschrauber.
Triebwerke: Zwei Gasturbinen AlliedSignal T55-714A von je 4733 WPS (3529 kW) Leistung.
Leistungen: Höchstgeschwindigkeit 298 km/h auf Meereshöhe; Durchschnittsgeschwindigkeit 245 km/h; max. Schrägsteiggeschwindigkeit 9,38 m/Sek; Schwebehöhe mit Bodeneffekt 1837 m, ohne Bodeneffekt 1675 m; max. Flughöhe 3383 m; max. Einsatzradius 600 km.
Gewichte: Leer 11550 kg; max. Startgewicht 24495 kg.
Zuladung: Zwei Piloten und 45 Personen; als Ambulanzhubschrauber 24 Patienten plus zwei Pfleger. Max. 12700 kg Aussenlasten.
Entwicklungsstand: Der Erstflug der neuesten Ausführung CH-47SD fand am 25. August 1999 statt. Stand der Bestellungen für diese Version: Singapur 6, Taiwan 9. Von der MH-47 für die US Special Operations will die US Army weitere 25 Einheiten einer der CH-47F angeglichenen Version MH-47G beschaffen und insgesamt 16 bisherige MH-47D/F in die MH-47G umbauen. 300 Umbauten (+ 7 Neubestellungen) will die US Army insgesamt durchführen. Japan erhält weitere 5 CH-47 der Version J.
Bemerkungen: Die CH-47SD (= «**S**uper» **D**) ist eine wesentlich weiterentwickelte Ausführung. Das Äquivalent der US Army heisst CH-47F. Die wichtigsten Neuerungen sind: Stark verbesserte Avioniksysteme mit einem MIL-STD-1553-Databus und ein voll integriertes Glascockpit, welches für NVG-Einsätze geeignet ist. Die Triebwerke erzeugen eine um rund 22 % höhere Leistung. Zudem werden grössere Treibstofftanks eingebaut. Zur Erhöhung der Lebensdauer und zur Senkung des Vibrationspegels ist die Zelle verstärkt und versteift. Schliesslich gelangen neue Elastomerlager an den Rotorköpfen zur Anwendung. Damit steigt die Zuverlässigkeit und sinkt der Wartungsaufwand. Die US Army will rund 300 CH-47D bis 2013 in die Version CH-47F umbauen. Mit Ausnahme des Rumpfes sind dann alle anderen Komponenten praktisch neu.
Hersteller: The Boeing Company, Helicopters Division, Philadelphia, Pennsylvania, USA.

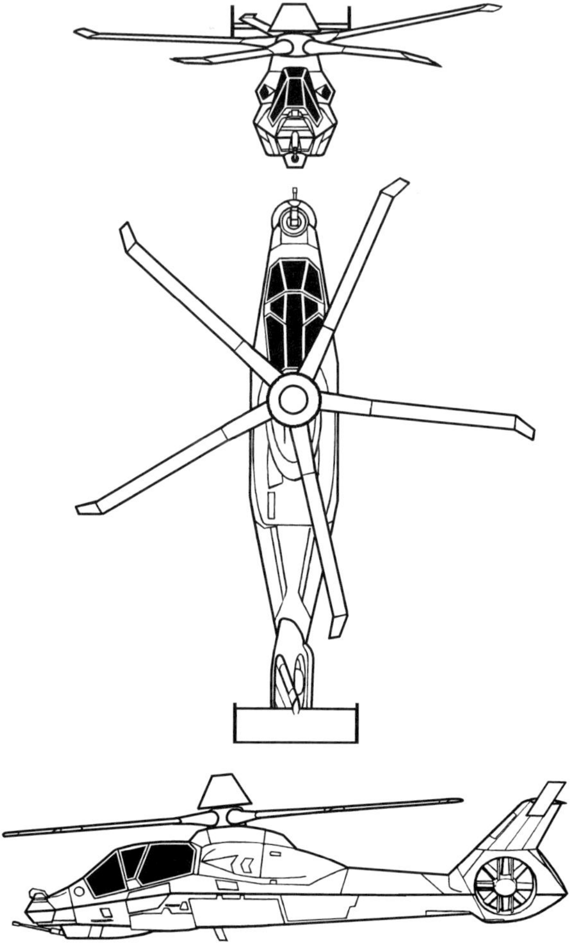

Abmessungen:
Rotordurchmesser 12,20 m
Länge ohne Kanone 13,22 m
Höhe über Heckleitwerk 3,37 m

BOEING/SIKORSKY RAH-66 COMANCHE

Ursprungsland: USA.
Kategorie: Zweisitziger Stealth-Kampfhubschrauber.
Triebwerke: Zwei Gasturbinen LHTEC T800-LHT-802 von je 1550 WPS (1156 kW) Leistung.
Leistungen: Höchstgeschwindigkeit ohne Radar 324 km/h, mit Radar 307 km/h; vertikale Steiggeschwindigkeit 4,55 m/Sek; Überführungsreichweite 2226 km; normale Flugdauer mit internem Kraftstoff 2 Std. 30 Min.
Gewichte: Leer 5012 kg; normales Startgewicht nur mit Kanonenmunition 5603 kg; max. Startgewicht für Überführungen 7790 kg.
Bewaffnung: Eine dreiläufige 20-mm-Revolverkanone General Electric/Giat in einem Turm unter der Rumpfnase und bis zu sechs Antitank-Lenkwaffen Hellfire bzw. zwölf Flab-Lenkwaffen Stinger in zwei geschlossenen Waffenschächten. Weitere Waffen können an montierbaren Flügelstummeln angebracht werden.
Entwicklungsstand: Der erste von zwei Prototypen YRAH-66A hat die Flugerprobung am 4. Januar 1996 aufgenommen. Danach werden fünf Vorserienmaschinen hergestellt; Erstflug für 2005 vorgesehen. Der Gesamtbedarf der US Army beläuft sich nur noch auf 650 Comanches, 13 davon sind bestellt. Der Produktionsbeginn ist 2005.
Bemerkungen: Für die Hauptaufgabe der bewaffneten Aufklärung ist die Comanche vollständig aus Radarstrahlen-absorbierenden Verbundwerkstoffen hergestellt. Zudem ist die Silhouette nach sog. Stealth-Kriterien ausgelegt. So wird beispielsweise die Bewaffnung in internen, nach aussen klappbaren Waffenschächten mitgeführt. Das Fahrwerk ist vollständig einziehbar. Die Aufklärungselektronik umfasst u.a. ein vorwärtsgerichtetes Infrarot-Nachtsicht-Navigationsgerät der zweiten Generation, kombiniert mit einer TV-Kamera im Rumpfbug, ein Millimeterwellen-Radar und diverse Sensoren. In späteren Produktions-Tranchen sollen auch ein Longbow-Feuerkontroll-Radar und Infrarot-Jammers eingebaut werden.
Hersteller: Boeing Helicopters und Sikorsky Aircraft, LH Program Office, Philadelphia, Pennsylvania, USA.

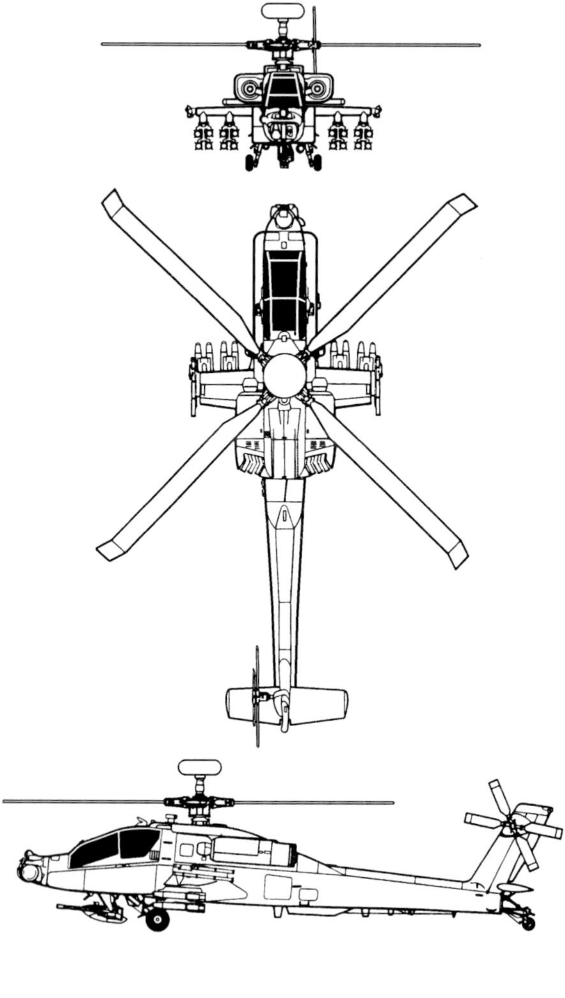

Abmessungen:
Rotordurchmesser 14,63 m
Rumpflänge 14,70 m
Höhe inkl. Mastvisier 4,90 m

BOEING (MDD) AH-64D LONGBOW APACHE

Ursprungsland: USA.
Kategorie: Zweisitziger Kampfhubschrauber.
Triebwerke: Zwei Gasturbinen General Electric T700-GE-701C von je 1890 WPS (1409 kW) Leistung.
Leistungen (bei 6552 kg): Höchstgeschwindigkeit 296 km/h; typische Einsatzgeschwindigkeit bei 7158 kg 272 km/h; max. Schrägsteiggeschwindigkeit 12,7 m/Sek; Schwebehöhe mit Bodeneffekt 5246 m, ohne Bodeneffekt 4124 m; Aktionsradius mit max. interner Treibstoffzuladung 407 km, Überführungsreichweite 1701 km.
Gewichte: Leergewicht 5352 kg; max. Startgewicht 9525 kg.
Bewaffnung: Eine einläufige 30-mm-Kanone unter dem Vorderrumpf sowie bis zu 16 lasergelenkte Hellfire-Panzerabwehrraketen oder 76 ungelenkte 70-mm-Raketen. Als Defensivbewaffnung können Luft-Luft-Lenkwaffen wie Stinger, Sidewinder oder Mistral mitgeführt werden.
Entwicklungsstand: Der erste AH-64D Longbow Apache startete am 15. April 1992 zum Erstflug. Die US Army bringt 504 AH-64A auf diesen Standard. Die ersten Einheiten sind seit Mitte 1998 im Einsatz. Von allen AH-64-Varianten sind derzeit ca. 1097 (+ Optionen) von 12 Luftwaffen bestellt (642 der Variante AH-64D). Neueste Bestellungen: Griechenland (weitere 12), Kuwait 16.
Bemerkungen: Im Vergleich zu den früheren Ausführungen (siehe Ausgabe 1992/93) weist die AH-64D zusätzlich ein Mastvisier (Longbow millimetre-wave = Millimeterwellenradar) zur Rundumgefechtsfeldbeobachtung auf. Die Longbow ist in der Lage, mehr als ein Dutzend Ziele gleichzeitig zu entdecken. Zur Verarbeitung der anfallenden Daten ist ein stärkerer MIL-Std-1553B-Databus eingebaut. Die AH-64D ist zudem mit leistungsfähigeren Triebwerken ausgerüstet und kann die neuesten radiogesteuerten Hellfire-Lenkwaffen mitführen. Ab 2003 werden neue Umbauten mit faltbaren Rotoren ausgerüstet. Die britischen WAH-64D (Erstflug 25. September 1998, Lizenzbau bei Westland, 67 bestellt), werden mit Rolls-Royce/Turboméca RTM322-Triebwerken ausgestattet.
Hersteller: The Boeing Company, Helicopters Division, Philadelphia, Pennsylvania, Werk Mesa, Arizona, USA.

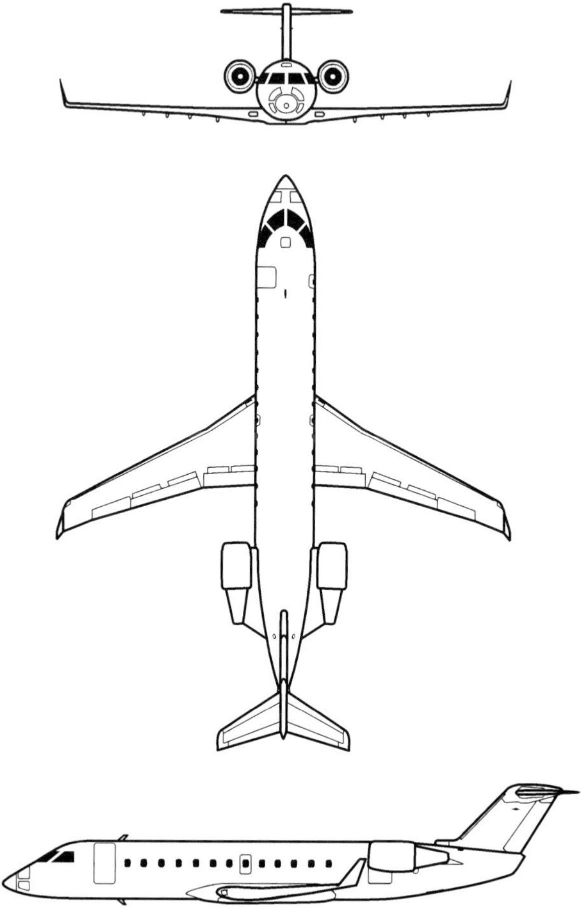

Abmessungen:
Spannweite 21,22 m
Länge 26,77 m
Höhe 6,22 m
Flügelfläche 48,31 m²

BOMBARDIER (CANADAIR) REGIONAL JET CRJ200/440

Ursprungsland: Kanada.
Kategorie: Regionalverkehrsflugzeug.
Triebwerke: Zwei Mantelstromtriebwerke General Electric CF34-3B1 von je 3959 kp (38,83 kN) Leistung oder 4182 kp (41,0 kN) inkl. automatischem Reserveschub.
Leistungen: Max. Reisegeschwindigkeit 851 km/h auf 10975 m oder Mach 0,8; Langstrecken-Reisegeschwindigkeit 786 km/h auf 10975 m oder Mach 0,74; Anfangssteiggeschwindigkeit 17,8 m/Sek; Steigzeit auf 10670 m 23 Min; Dienstgipfelhöhe 12497 m; Reichweite mit max. Nutzlast 1566 km; max. Reichweite 2628 km, Version -200 ER 3045 km.
Gewichte: Leergewicht 13655 kg; max. Startgewicht (RJ100) 21635 kg, (RJ200 ER) 23245 kg.
Zuladung: Zwei Piloten und in der Standardausführung 50 Passagiere in Viererreihen. Max. Nutzlast von 6124 kg.
Entwicklungsstand: Die erste Vorserienmaschine nahm die Flugerprobung am 10. Mai 1991 auf. Mit den Auslieferungen begann man im vierten Quartal 1992. Bis Ende 2003 waren von der CRJ100/200/440 etwa 1040 (+ Optionen) bestellt und davon rund 880 gebaut. Die Monatsproduktion beläuft sich auf etwa zwölf Einheiten.
Bemerkungen: Der **R**egional **J**et oder kurz RJ ist eine Abwandlung des Firmenflugzeugs Challenger (siehe Ausgabe 1997). Nebst Verlängerung des Rumpfes waren verschiedene weitere Änderungen nötig, um aus einem Geschäftsreiseflugzeug ein Regionalverkehrsflugzeug zu machen. Die Grundausführung wird als Series 100, diejenige mit grösserer Reichweite als Series 200 ER bezeichnet. Ebenfalls erhältlich sind eine Geschäftsreiseversion der 200 ER sowie seit 1994 die Ausführung 200 LR (Long Range) mit einem auf 23995 kg angehobenen Abfluggewicht und einer maximalen Reichweite von 3500 km. Auch eine leichtere Ausführung CRJ440 ist im Angebot, welche bei gleichen Dimensionen für nur 44 Passagiere ausgelegt ist. Northwest Airlines hat bisher 75 Einheiten bestellt (Ablieferungen ab drittem Quartal 2002).
Hersteller: Bombardier (Canadair), Station Centreville, Montreal, Quebec, Werk Montreal-Dorval, Quebec, Kanada.

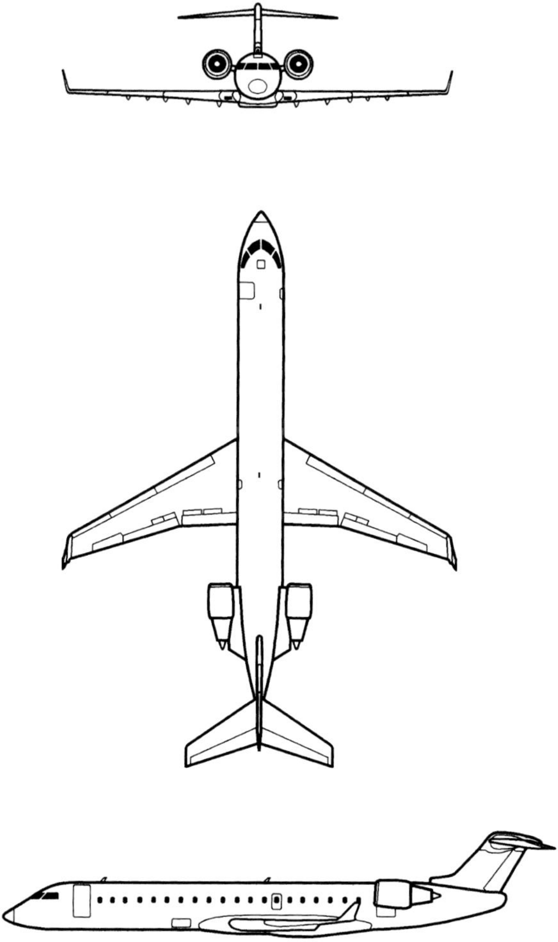

Abmessungen:
Spannweite 23,24 m
Länge 32,51 m
Höhe 7,51 m
Flügelfläche 68,63 m²

BOMBARDIER (CANADAIR) REGIONAL JET CRJ700

Ursprungsland: Kanada.
Kategorie: Regionalverkehrsflugzeug.
Triebwerke: Zwei Mantelstromtriebwerke General Electric CF34-8C1 von je 6250 kp (61,30 kN) Standschub.
Leistungen: Max. Reisegeschwindigkeit 860 km/h (Mach 0,81); normale Reisegeschwindigkeit 818 km/h (Mach 0,77); Dienstgipfelhöhe 12500 m; Reichweite (700) 3150 km, (700ER) 3600 km.
Gewichte: Rüstgewicht 19731 kg; max. Startgewicht (700) 32885 kg, (700ER) 34019 kg.
Zuladung: Zwei Piloten und bis zu 70 Passagiere in Viererreihen; max. Nutzlast 8527 kg.
Entwicklungsstand: Die Flugerprobung begann am 27. Mai 1999. Insgesamt fünf Maschinen waren an den Tests beteiligt. Bisher sind Aufträge für 220 CRJ700 (+ Optionen) von sechs Fluggesellschaften eingegangen. Die ersten Auslieferungen begannen im 1. Quartal 2001. Bis Ende 2003 sind 125 Einheiten gebaut worden. Von der ganzen Familie CRJ, begonnen mit der 100 bis zur 900 sind mittlerweile rund 1300 Einheiten bestellt (+ Optionen), über 1000 davon wurden abgeliefert.
Bemerkungen: Die CRJ700 ist eine konsequente Weiterentwicklung der CRJ200 (siehe Seiten 108/109). Der Rumpf wurde um 4,72 m verlängert, die Spannweite nahm um 1,82 m zu und die Flügelfläche ist gegenüber dem Ausgangsmuster um rund 40 % grösser. Zudem erhielt die CRJ700 einige aerodynamische Optimierungen. Zur Verbesserung des Auftriebs sind an der ganzen Flügelvorderseite sog. Slats angebracht. Weiter verfügt die CRJ700 über die leistungsstärkeren Triebwerke CF34-8C1. Wegen der höheren Gewichte ist ein neues Fahrwerk von Menasco eingebaut. Zwei Ausführungen werden angeboten: Die Normalausführung CRJ700 und die schwerere CRJ700 ER mit grösseren Reichweitenleistungen. Alle ab Mitte 2003 gebauten CRJ700 erhalten den Flügel der grösseren CRJ900, was u.a. ein höheres Abfluggewicht von 36320 kg ermöglicht. Zudem erfährt die Avionik ein Aufdatierungsprogramm.
Hersteller: Bombardier (Canadair), Montreal, Quebec, Werk Montreal-Mirabel, Quebec, Kanada.

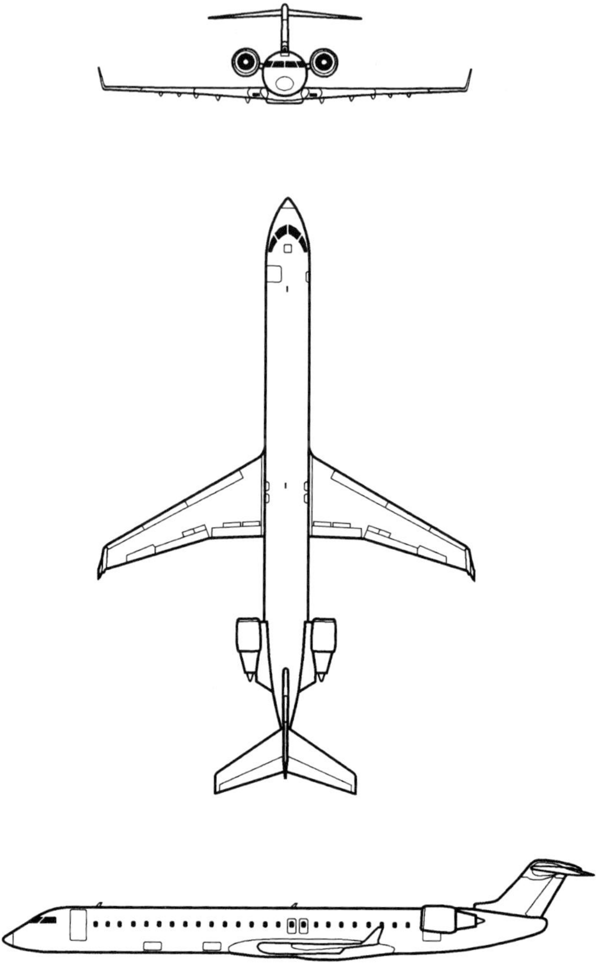

Abmessungen:
Spannweite 23,24 m
Länge 36,40 m
Höhe 7,51 m
Flügelfläche 68,63 m²

BOMBARDIER (CANADAIR) REGIONAL JET CRJ900

Ursprungsland: Kanada.
Kategorie: Regionalverkehrsflugzeug.
Triebwerke: Zwei Mantelstromtriebwerke General Electric CF34-8C5 von je 6575 kp (64,5 kN) Standschub.
Leistungen: Max. Reisegeschwindigkeit 860 km/h (Mach 0,81); normale Reisegeschwindigkeit 829 km/h (Mach 0,78); Dienstgipfelhöhe 12496 m; Reichweite mit 86 Passagieren 2774 km, -ER 3208 km.
Gewichte: Rüstgewicht 21546 kg; max. Startgewicht (900) 36514 kg, (900 ER) 37421 kg.
Zuladung: Zwei Piloten und bis zu 86 Passagiere in Viererreihen; max. Nutzlast 10206 kg.
Entwicklungsstand: Das erste Erprobungsmuster (Umbau des CRJ700-Prototyps) flog erstmals am 21. Februar 2001. Ein zweiter, völlig neu erstellter Prototyp folgte Mitte 2002. Die ersten Serienmuster gelangten ab Februar 2003 in Einsatz. Bis Ende 2003 reduzierten sich die Festbestellungen auf 25 Einheiten (+ Optionen). 10 davon wurden abgeliefert.
Bemerkungen: Obwohl Bombardier die Weiterentwicklung CRJ900 möglichst nahe an das Ausgangsmuster CRJ700 anlehnte, sind doch einige wesentliche Unterschiede vorhanden. Durch Einsatz von je einem Abschnitt vor und hinter dem Flügel erfuhr der Rumpf eine Verlängerung um insgesamt 3,86 m. Der Flügel mit gleicher Spannweite wird strukturell verstärkt. Ebenso ist das Fahrwerk robuster ausgelegt, um die höheren Gewichte aufzufangen. Schliesslich hat man vorne eine weitere Gepäcktüre und über den Flügeln einen zweiten Notausgang vorgesehen. Das Cockpit ist mit einer Avionik Collins Pro Line4 mit sechs EFIS-Bildschirmen ausgestattet. Wie bei den Ausgangsmustern sind zwei Versionen vorgesehen, eine Standard- und eine Langstreckenausführung CRJ900 ER. Ende 2003 hat man das maximale Abfluggewicht auf 38300 kg angehoben. Dadurch erhöht sich die mögliche Reichweite auf 3590 km.
Hersteller: Bombardier (Canadair), Montreal, Quebec, Werk Montreal-Mirabel, Quebec, Kanada.

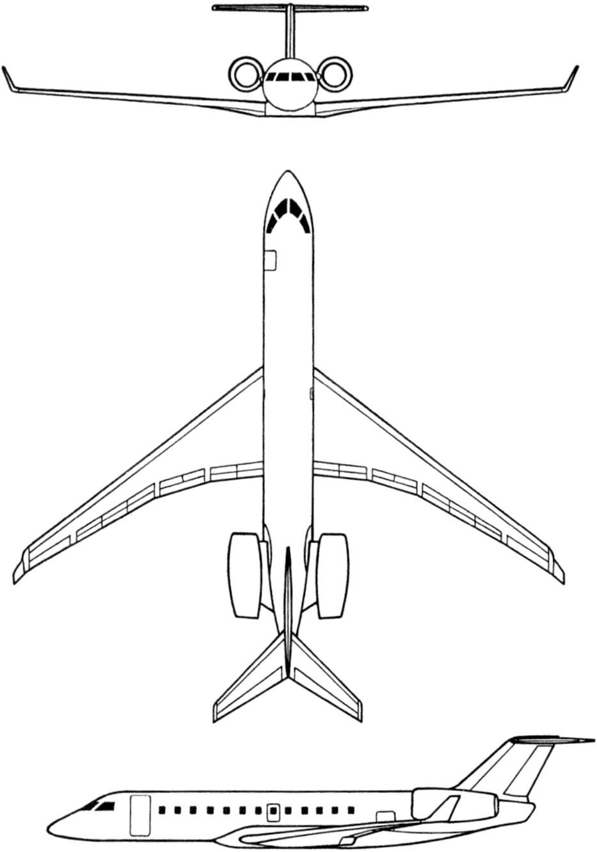

Abmessungen:
Spannweite inkl. Winglets 28,65 m
Länge 30,30 m
Höhe 7,57 m
Flügelfläche 94,94 m²

BOMBARDIER (CANADAIR) GLOBAL EXPRESS

Ursprungsland: Kanada.
Kategorie: Firmenflugzeug.
Triebwerke: Zwei Mantelstromtriebwerke BMW/Rolls-Royce BR710-48A2-20 von je 6690 kp (65,6 kN) Standschub.
Leistungen: Max. Reisegeschwindigkeit 935 km/h (Mach 0,88); Langstrecken-Reisegeschwindigkeit 880 km/h; max. Anfangssteiggeschwindigkeit 18,3 m/Sek; Dienstgipfelhöhe 15545 m; Reichweite mit acht Passagieren 11700 km, max. Reichweite 12408 km.
Gewichte: Rüstgewicht 22785 kg; max. Startgewicht 43035 kg.
Zuladung: Zwei Piloten und je nach Innenausstattung 8, 15 oder 19 Passagiere; Innenmasse der Kabine: 14,74 m lang, 2,49 m breit und 1,91 m hoch; max. Nutzlast 3266 kg.
Entwicklungsstand: Der erste von vier Prototypen begann mit der Flugerprobung am 13. Oktober 1996. Die Auslieferungen starteten Ende 1998. Bisher sind etwa 110 Einheiten (fast alle ausgeliefert) bestellt worden, u.a. von VW und Deutsche Telekom.
Bemerkungen: Mit der Global Express deckt Bombardier das oberste Segment der jetgetriebenen Firmenflugzeuge ab. Nebst gegenüber der Challenger (siehe Ausgabe 1997) grösserer Kabine und Zuladung, wurde besonderes Gewicht auf bisher unübertroffene Reichweitenleistungen bei hoher Reisegeschwindigkeit gelegt. So kann beispielsweise die Strecke Buenos Aires - London non-stop zurückgelegt werden. Ein völlig neu konstruierter superkritischer Flügel mit einer Pfeilung von 35 Grad und einem sog. Walfischprofil, zusammen mit weiteren Verfeinerungen am Rumpf verhelfen der Global Express zu besonders guter Aerodynamik. Im Cockpit ist ein vollintegriertes Multifunktionssystem Honeywell Primus 2000XP eingebaut. Ab 2006 ist unter der Bezeichnung XRS eine verbesserte Ausführung erhältlich, die dank zusätzlichem Treibstofftank besonders bei hohen Reisegeschwindigkeiten grössere Reichweiten erzielt und kürzere Startstrecken benötigt. Die militärische fliegende Radarstation Astor wurde in der Ausgabe 2003 beschrieben.
Hersteller: Bombardier (Canadair), Montreal, Quebec, Werk Montreal-Mirabel, Quebec, Kanada.

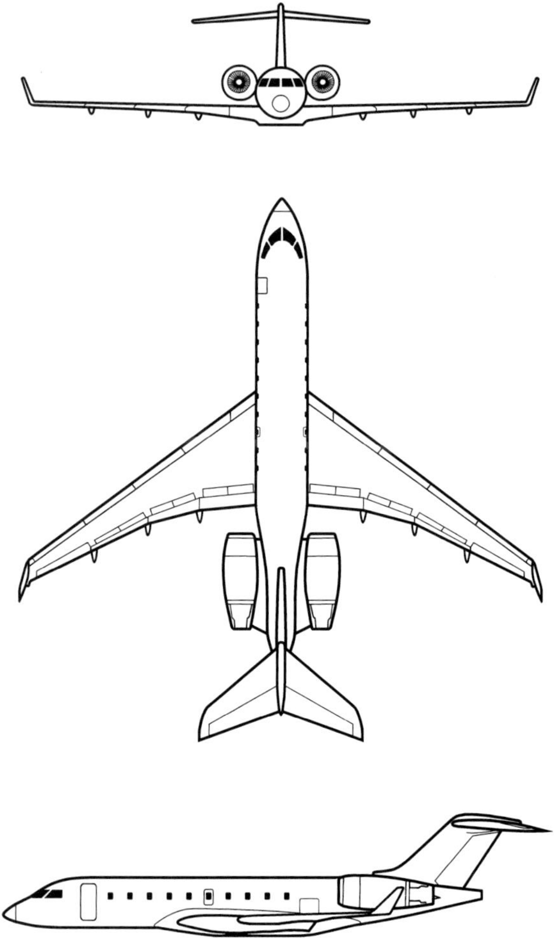

Abmessungen:
Spannweite inkl. Winglets 28,65 m
Länge 29,49 m
Höhe 7,57 m
Flügelfläche 94,94 m²

BOMBARDIER GLOBAL 5000

Ursprungsland: Kanada.
Kategorie: Firmenflugzeug.
Triebwerke: Zwei Mantelstromtriebwerke BMW/Rolls-Royce BR710-A2-20 von je 6690 kp (65,6 kN) Standschub.
Leistungen: Maximale Reisegeschwindigkeit 950 km/h (Mach 0,89); normale Reisegeschwindigkeit 904 km/h (Mach 0,85); Zeit um 13106 m zu erreichen 25 Min; Dienstgipfelhöhe 15545 m; max. Reichweite bei Mach 0,85 8889 km.
Gewichte: Leergewicht 22838 kg; max. Startgewicht 39780 kg.
Zuladung: Zwei Piloten und je nach Innenausstattung acht, bei enger Bestuhlung bis zu 19 Passagiere; max. Nutzlast 2563 kg, bei vollen Tanks 726 kg.
Entwicklungsstand: Zwei Prototypen wurden gebaut, welche erstmals am 7. März 2003 bzw. im Dezember 2003 flogen. Die Auslieferungen beginnen anfangs 2004. Der Auftragsbestand ist im Moment unbekannt.
Bemerkungen: Die Global 5000 basiert auf der Global Express (siehe Seiten 114/115) und entspricht dem Ausgangsmuster weitgehend. Jedoch wurde der Rumpf um 81 cm gekürzt. Durch Weglassen des Treibstofftanks im Seitenleitwerk und Beschränkung der Tankkapazität in den Flügeln ist sie für geringere Reichweiten als die Global Express ausgelegt. Synergieeffekte soll die Global 5000 vor allem jenen Kunden bringen, welche das Ausgangsmuster bereits einsetzen und nun eine kleinere Ausführung für kontinentale Einsätze benötigen. Sie stellt ein Konkurrenzmuster zur Gulfstream 450 (siehe Seiten 202/203) dar. Der anfängliche Kaufpreis für eine durchschnittlich ausgerüstete Variante beläuft sich auf US$ 33 Mio.
Hersteller: Bombardier (Canadair), Montreal, Quebec, Werk Montreal-Mirabel, Quebec, Kanada.

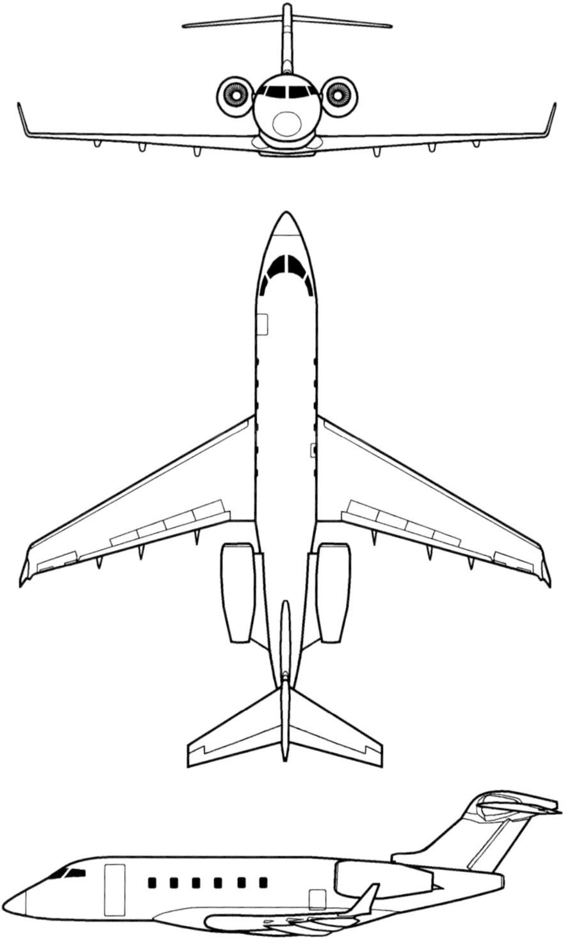

Abmessungen:
Spannweite 19,46 m
Länge 20,93 m
Höhe 6,20 m
Flügelfläche 48,50 m²

BOMBARDIER CHALLENGER 300

Ursprungsland: Kanada.
Kategorie: Firmenflugzeug.
Triebwerke: Zwei Mantelstromtriebwerke Honeywell AS907 von je 2950 kp (28,91 kN) Standschub.
Leistungen: Max. Reisegeschwindigkeit 870 km/h (Mach 0,82); normale Reisegeschwindigkeit 850 km/h (Mach 0,80); Dienstgipfelhöhe 13716 m; Reichweite mit acht Passagieren und IFR-Reserven 5750 km.
Gewichte: Leergewicht 10138 kg; max. Startgewicht 17010 kg.
Zuladung: Zwei Piloten und je nach Innenausstattung 8 bis 16 Passagiere; max. Nutzlast 1360 kg.
Entwicklungsstand: Der erste noch als BD-100 Continental bezeichnete Prototyp nahm die Flugerprobung am 14. August 2001 auf, gefolgt vom zweiten von insgesamt fünf am 8. Oktober 2001. Die Zulassung erfolgte rund ein Jahr später als vorgesehen Mitte 2003. Bei einer Auftragslage von rund 125 Einheiten, darunter 25 für die Bombardier-eigene FlexJet, sind die ersten Auslieferungen Ende 2003 angelaufen.
Bemerkungen: Bombardier's neuestes mittlerweile zu Challenger 300 umbenanntes Mittelstrecken-Firmenflugzeug ist gedacht, die Lücke zwischen der Learjet 60 (siehe Ausgabe 1997) und der Challenger 604 (siehe Ausgabe 1997) zu schliessen. Technisch ist die Challenger 300 auf dem neuesten Stand. Sie weist für ihre Klasse einen sehr grossen Rumpfquerschnitt auf (Innenmasse 7,22 m lang, 2,18 m breit, 1,85 m hoch), so dass durchgehend Stehhöhe ermöglicht wird. Normalerweise umfasst die Innenausstattung acht Einzelsitze, eine kleine Küche vorne und hinten eine Toilette sowie direkten Zugang zum Gepäckraum. Die Avionik Pro Line 21 stammt von Rockwell-Collins. Mit einem Preis von US$ 17,40 Mio. soll sie für ihre Klasse günstig sein und steht vor allem in Konkurrenz zur Raytheon Horizon (siehe Seiten 276/277).
Hersteller: Bombardier, Montreal, Quebec, Werk Montreal-Dorval, Quebec, Kanada.

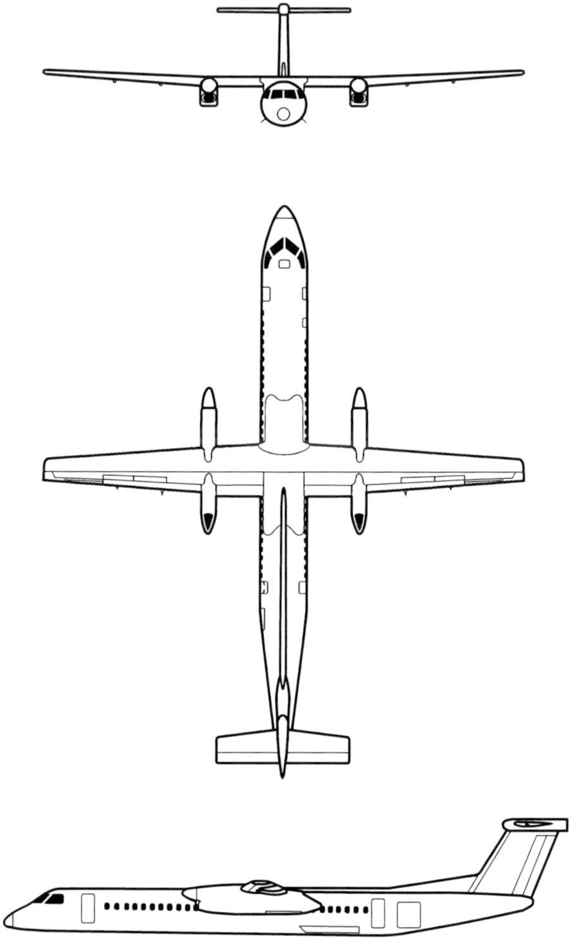

Abmessungen:
Spannweite 28,42 m
Länge 32,84 m
Höhe 8,36 m
Flügelfläche 63,08 m²

BOMBARDIER (DE HAVILLAND CANADA) DASH 8 Q400

Ursprungsland: Kanada.
Kategorie: Regionalverkehrsflugzeug.
Triebwerke: Zwei Propellerturbinen Pratt & Whitney Canada PW150A von je 4580 WPS (3415 kW) Leistung.
Leistungen: Max. Reisegeschwindigkeit 667 km/h; ökonom. Reisegeschwindigkeit 565 km/h; Dienstgipfelhöhe 7620 m; Reichweite mit max. Nutzlast 1596 km, mit 70 Passagieren 2522 km.
Gewichte: Rüstgewicht 17108 kg; max. Startgewicht 29257 kg.
Zuladung: Zwei Piloten und Standard-Innenausstattung für 70 Passagiere in Viererreihen. Max. Nutzlast 8747 kg.
Entwicklungsstand: Die erste Dash 8-400 (neu als Dash 8 Q400 bezeichnet) startete Ende 1997 zum Erstflug, Ablieferung im Januar 2000. Ende 2003 waren 708 Dash 8 bestellt (+ Optionen) und etwa 670 an über 70 Kunden ausgeliefert. Von der -400 sind bisher 101 Einheiten (+ Optionen) in Auftrag gegeben, 78 davon bereits hergestellt worden. Bisher grösste Besteller dieser Ausführung sind die Flybe mit 21 und die SAS.
Bemerkungen: Die Dash 8 Q400 ist eine nochmals vergrösserte Ausführung des Grundmusters Dash 8. Gegenüber der Dash 8-300 (siehe Ausgabe 1996) unterscheidet sie sich durch den 4,60 m längeren Rumpf, leistungsfähigere Triebwerke und ein verstärktes Flügelmittelstück. Dadurch vergrössert sich die Spannweite um rund 1 m. Neue, besonders lärmarme Sechsblattrotoren von Dowty sind rund 20 cm weiter vom Rumpf entfernt platziert worden. Zur weiteren Lärmreduktion ist ein sog. «active cabin-noise control system» (= aktives Lärmunterdrückungssystem) eingebaut, welches den in die Kabine eindringenden Lärm erheblich auf 77 dB abdämpft, weshalb der Name des Musters auf Q400 (**Q** = quiet/ruhig) abgeändert wurde.
Hersteller: Bombardier (The de Havilland Aircraft of Canada Ltd.), Downsview, Ontario, Kanada.

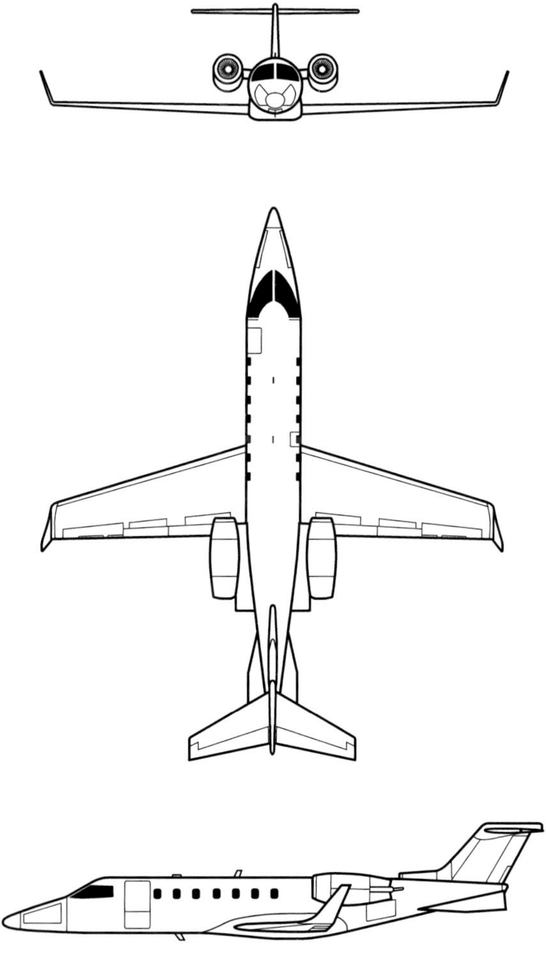

Abmessungen:
Spannweite einschliesslich Winglets 14,57 m
Länge (45XR) 17,56 m, (40) 16,91 m
Höhe 4,30 m
Flügelfläche 28,95 m²

BOMBARDIER LEARJET 45 XR/40

Ursprungsland: USA.
Kategorie: Firmenflugzeug.
Triebwerke: Zwei Mantelstromtriebwerke Garrett (45 XR) TEF731-20BR, (40) TEF731-20AR von je 1590 kp (15,5 kN) Leistung.
Leistungen: Max. Reisegeschwindigkeit 847 km/h; norm. Reisegeschwindigkeit 770 km/h; Dienstgipfelhöhe 15545 m; max. Reichweite mit vier Passagieren (45 XR) 3885 km, (40) 3339 km.
Gewichte (45 XR): Leergewicht 5307 kg; max. Startgewicht 9160 kg.
Zuladung (45 XR): Zwei Piloten und in der Kabine normalerweise acht, maximal neun Passagiere; max. Nutzlast 1030 kg. (40): Zwei Piloten und max. sieben Passagiere; max. Nutzlast 1166 kg.
Entwicklungsstand: Erstflug der Learjet 40 am 31. August 2002. Von der 45 XR wird es keinen eigentlichen Prototypen geben. Mit den Auslieferungen beider Varianten wird 2004 begonnen. Der Bestellungsstand ist nicht bekannt. Von der Learjet 45, die weiter produziert wird, waren bis Ende 2003 über 235 Einheiten abgeliefert.
Bemerkungen: 2002 lancierte Bombardier gleich zwei Weiterentwicklungen des Ausgangsmusters Learjet 45, die 45 XR (siehe Silhouette) sowie die 40 (siehe Foto). Während die -XR leistungsmässig oberhalb der 45 angesiedelt ist, ergänzt die Learjet 40 das Angebot nach unten. Mittelfristig soll sie die immer noch produzierte Learjet 31A ablösen. Bei gleichen Aussenabmessungen weist die 45 XR gegenüber der 45 ein besseres Reichweiten-/Nutzlastverhältnis auf. Die neuen Triebwerke entsprechen zwar leistungsmässig jenen der 45, verfügen jedoch über eine höhere kurzfristige Startleistung. Bisherige Learjet 45 können in diese Variante umgebaut werden. Der wesentlichste Unterschied der neuesten Ausführung Learjet 40 zur 45 XR ist der um 60 cm gekürzte Rumpf. Dank geringerem Gewicht und Nutzlast kommt sie bereits mit einer Startbahn von 1125 m aus. Sie kostet ab US$ 7,3 Mio. Bei beiden Varianten ist eine neue Inneneinrichtung eingebaut.
Hersteller: Bombardier (Learjet Inc.), Wichita, Kansas, USA.

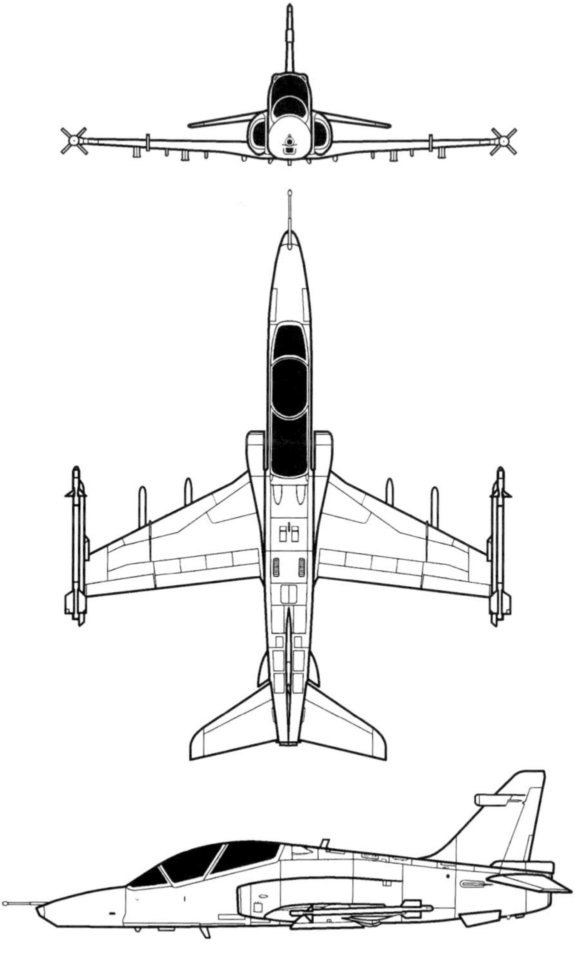

Abmessungen:
Spannweite inkl. Lenkwaffen 9,94 m
Länge (100): 12,43 m, (200): 11,35 m
Höhe 4,16 m
Flügelfläche 16,69 m²

BRITISH AEROSPACE HAWK LIFT 100/200

Ursprungsland: Grossbritannien.
Kategorie: Zweisitziger Fortgeschrittenentrainer und leichter Erdkämpfer.
Triebwerke: Ein Mantelstromtriebwerk Rolls-Royce/Turboméca Adour 871 von 2650 kp (26,0 kN) Standschub bzw. (LIFT) Adour 951 von 2950 kp (28,89 kN) Standschub.
Leistungen: Höchstgeschwindigkeit 1021 km/h oder Mach 0,83; max. Reisegeschwindigkeit 1019 km/h auf Meereshöhe; ökonom. Reisegeschwindigkeit 796 km/h auf 12500 m; max. Anfangssteiggeschwindigkeit 58,5 m/Sek; Dienstgipfelhöhe 15250 m; taktischer Einsatzradius 322 km mit acht 227-kg-Bomben; Überführungsreichweite mit zwei 860-l- und einem 590-l-Zusatztank 3606 km, ohne Zusatztank 892 km.
Gewichte: Leergewicht 3970 kg; max. Startgewicht 8500 kg.
Bewaffnung: Zwei 25-mm-Aden- oder zwei 27-mm-Mauser-Kanonen und maximal 3100 kg externe Waffenlasten, verteilt auf sieben Stationen unter Flügeln und Rumpf.
Entwicklungsstand: Erstflug des Prototypen der Version 200 am 19. Mai 1986, des technisch gleichwertigen, bereits dem Serienstandard entsprechenden Doppelsitzers 100 1990. Ein Erprobungsträger der neuesten Ausführung LIFT (siehe Foto) fliegt seit 1998. Insgesamt sind bisher (ohne T-45 der USN, siehe Ausgabe 2003) über 600 Maschinen aller Versionen für 17 Luftwaffen bestellt und zum grössten Teil ausgeliefert worden. Neuester Besteller: Grossbritannien 20 (+ 24 Optionen) Mk. 128, Indien 66 (z.T. Lizenzbau).
Bemerkungen: Die als LIFT (Lead-In-Fighter-Trainer) bezeichnete aktuellste Ausführung der Hawk weist, besonders was die Avionik angeht, einige bedeutende Verbesserungen auf: MIL-Std-1553B-Databus, überarbeitetes Cockpit mit drei Flachbildschirmen und HUD, Nachtsichtgeräte, INS/GPS und weitere elektronische Hilfen. Die Zelle wurde für eine längere Lebensdauer verstärkt, das Bugfahrwerk kann aktiv gesteuert werden. Zudem ist ein APU (= **A**uxiliary **P**ower **U**nit = Starthilfstriebwerk) installiert. Seit Mitte August 2002 fliegt eine neue Ausführung Mk.120 mit voll digitalisiertem Cockpit und Adour 951-Triebwerken.
Hersteller: British Aerospace PLC, Military Aircraft Division, Warton, Preston, Lancashire, Grossbritannien.

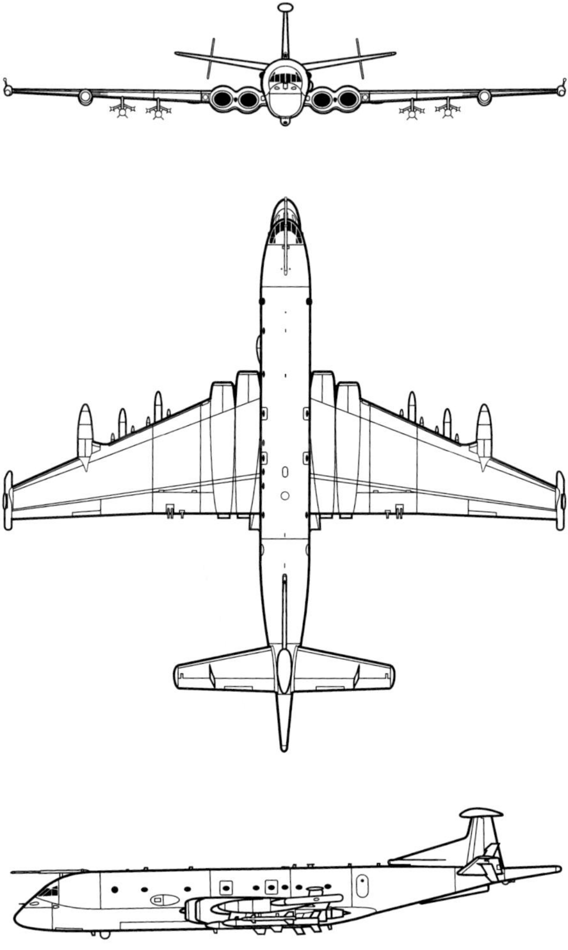

Abmessungen:
Spannweite inkl. Pods an den Flügelenden 38,71 m
Länge ohne Betankungssonde 38,63 m
Höhe 9,29 m
Flügelfläche 235,80 m²

BRITISH AEROSPACE NIMROD MRA.4 (NIMROD 2000)

Ursprungsland: Grossbritannien.
Kategorie: Seeaufklärungs- und Angriffsflugzeug.
Triebwerke: Vier Mantelstromtriebwerke BMW Rolls-Royce BR710 von je 7030 kp (68,95 kN) Standschub.
Leistungen: Höchstgeschwindigkeit Mach 0,77; Dienstgipfelhöhe 12800 m; Reichweite mit max. internem Treibstoff 11200 km; max. Flugzeit bis zu 15 Stunden.
Gewichte: Leergewicht 46500 kg; max. Startgewicht 104885 kg.
Zuladung: Zwei Piloten und sieben Systemoperateure, zwei Reservepersonen und Platz für weitere 13 Passagiere.
Bewaffnung: Luft-Luft- und Luft-Boden-Lenkwaffen, Torpedos, Minen und Bomben im internen Waffenschacht und an vier Flügelstationen von mehr als 5500 kg.
Entwicklungsstand: Der Erstflug des ersten von zwei vollständig umgebauten Erprobungsmustern steht nach Auftreten von erheblichen Konstruktionsproblemen immer noch aus. Neuesten Informationen zufolge ist er für Anfang 2004 vorgesehen. Die RAF erhält ab 2005 18 Einheiten, welche aus den übriggebliebenen Beständen von ursprünglich 46 MRA. Mk.1/2 umgebaut werden.
Bemerkungen: Vom Ausgangsmuster bleibt fast nur der Rumpf übrig. Dieser wird aber strukturell überarbeitet und verstärkt, um eine Lebensdauer von weiteren 25 Jahren zu ermöglichen. Zu 80 % handelt es sich bei der MRA.4 um ein neues Flugzeug. So gelangt ein vollständig neuer Flügel grösserer Spannweite zum Einbau. Die Missionsavionik ist ebenfalls neu und sehr leistungsfähig. Das Überwachungsradar Searchwater 2000MR stammt von Racal-Thorn. Neu ist auch das Cockpit für nur noch zwei Piloten, ausgerüstet mit Flachbildschirmen. Als Hauptzulieferer ist Boeing für die wichtigsten Teile der Aufklärungs- und Waffenelektronik verantwortlich. Das neue Fahrwerk wird durch Messier-Dowty hergestellt.
Hersteller: British Aerospace PLC, Military Aircraft Division, Warton, Preston, Lancashire, Grossbritannien.

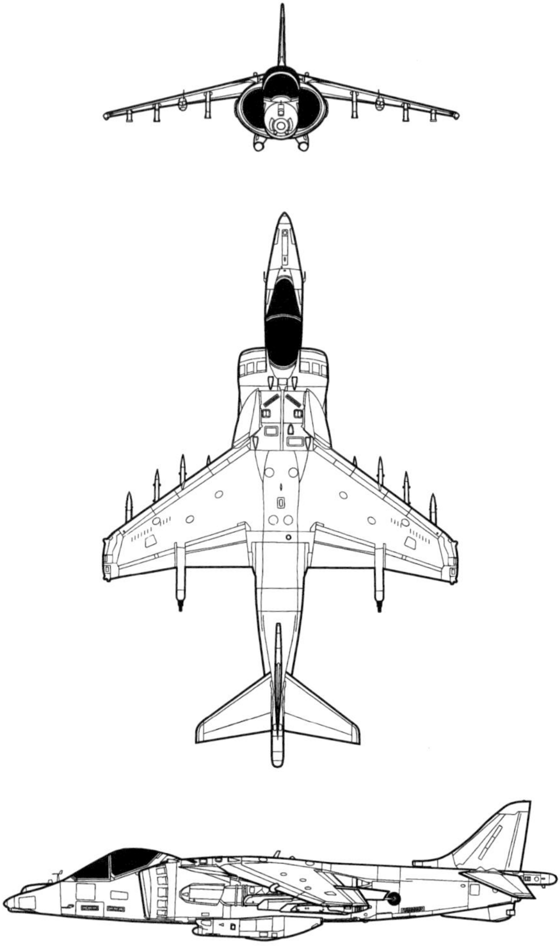

Abmessungen:
Spannweite 9,24 m
Länge 14,12 m
Höhe 3,55 m
Flügelfläche 22,18 m²

BRITISH AEROSPACE HARRIER GR.9

Ursprungsland: Grossbritannien.
Kategorie: Einsitziges V/STOL-Erdkampfflugzeug und taktischer Aufklärer.
Triebwerke: Ein Schwenkdüsen-Mantelstromtriebwerk Rolls-Royce Pegasus Mk. 107 von 11225 kp (98,7 kN) Standschub.
Leistungen: Höchstgeschwindigkeit ohne Aussenlasten 1065 km/h oder Mach 0,87 auf Meereshöhe bzw. 966 km/h oder Mach 0,91 auf 10970 m; taktischer Einsatzradius mit 12 Mk.82-Bomben und einer Stunde Aufenthalt im Zielgebiet 167 km (Einsatzprofil hoch-tief-hoch), mit zwei 1136-l-Zusatztanks und sieben Mk. 82-Bomben 889 km; Überführungsreichweite mit vier 1136-l-Zusatztanks 3243 km.
Gewichte: Rüstgewicht 6350 kg; max. Startgewicht für Senkrechtstart 8595 kg, für Kurzstart 14061 kg.
Bewaffnung: Zwei 25-mm-Kanonen in Behältern unter dem Rumpf und beispielsweise bis zu 16 Mk.82- oder sechs Mk.83-Bomben. Max. Waffenladung 4173 kg.
Entwicklungsstand: Die neueste Ausführung GR.9, eine umgebaute GR.7, flog erstmals am 30. Mai 2003. 59 Harrier GR.7 und 11 T10 sollen ab 2005 auf diesen Stand gebracht werden.
Bemerkungen: Die Harrier wird kontinuierlich weiterentwickelt. Ausgehend von der Harrier GR.5 über die GR.7 bzw. 7A entstand durch erneute Umbauten die GR.9. Diese unterscheidet sich zu den Vorgängern (siehe Ausgabe 1996) hauptsächlich durch den Einbau von neuen Systemen. Nebst einem MIL-STD-1760-Databus erhält die Harrier GR.9 ein neues Navigationssystem mit GPS und ein **G**round **P**roximity **W**arning **S**ystem (GPWS). Zudem werden neue Softwarepakete installiert, welche die Integration von modernen Waffen, wie die Brimstone- oder Paveway IV-Lenkbomben, die AGM-65 Maverik Luft-Boden-Lenkwaffe usw. ermöglichen. Zu einem späteren Zeitpunkt soll zudem der hintere Teil des Rumpfes wegen struktureller Ermüdung durch neue, vollständig aus Verbundwerkstoffen hergestellte Teile ersetzt werden.
Hersteller: British Aerospace PLC, Military Aircraft Division, Warton, Preston, Lancashire, Grossbritannien und Boeing, Defense and Space Group, St. Louis, Missouri, USA.

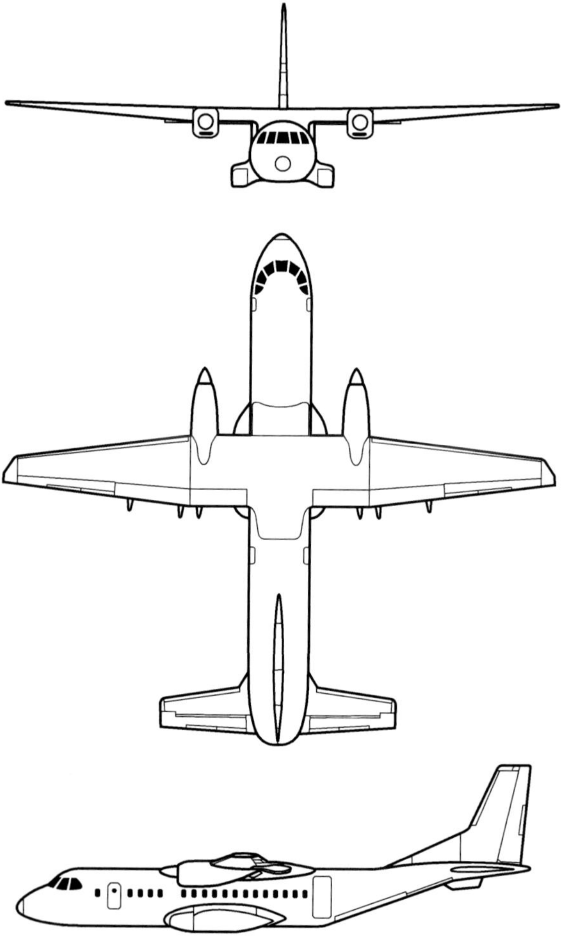

Abmessungen:
Spannweite 25,81 m
Länge 24,45 m
Höhe 8,60 m
Flügelfläche 59,10 m^2

CASA C-295

Ursprungsland: Spanien.
Kategorie: Mehrzwecktransporter.
Triebwerke: Zwei Propellerturbinen Pratt & Whitney Canada PW127G von je 2645 WPS (1972 kW) Leistung.
Leistungen: Max. Reisegeschwindigkeit 474 km/h auf 7620 m; Steigzeit auf Dienstgipfelhöhe von 7620 m 12 Min; Reichweite mit max. Nutzlast 1445 km, max. Reichweite 5278 km.
Gewichte: Leergewicht 11000 kg; max. Startgewicht 23200 kg.
Zuladung: Zwei Piloten und normalerweise 69 oder bis zu 78 voll ausgerüstete Soldaten; für Evakuationseinsätze 27 liegende Personen und vier Helfer; als Frachter fünf Standard-Containers oder drei leichte Fahrzeuge; max. Nutzlast 9250 kg.
Entwicklungsstand: Der erste, bereits dem Serienstandard entsprechende Prototyp, nahm die Flugerprobung am 22. Dezember 1998 auf. Im Oktober 2001 begann CASA mit den Auslieferungen. Folgende Luftwaffen haben bisher Bestellungen aufgegeben: Algerien 10, Brasilien 12, Jordanien 2, Polen 8, Spanien 9.
Bemerkungen: Basierend auf der CN-235 (siehe Seiten 44/45) wurde die C-295 von CASA alleine entwickelt. Von Grösse und Leistungsfähigkeit her ist sie eine Klasse höher und kann als direkter Konkurrent zur Alenia C-27J (siehe Seiten 46/47) angesehen werden. Durch Einfügen von Rumpfsegmenten vor und hinter dem Flügel wurde die Aussenlänge um 3,10 m, die Kabinenlänge um 3,00 m vergrössert. Stärkere Triebwerke gelangen zum Einbau, verbunden mit Sechsblatt-Propellern neuester Technologie von Hamilton. Weiter mussten wegen der höheren Gewichte Flügel und Fahrwerk verstärkt werden. Dank dieser Massnahmen steigt die Ladekapazität gegenüber dem Ausgangsmuster um rund 50 %. Schliesslich verfügt die C-295 über eine neue Avionik Topdeck von Sextant und ist für Luftbetankungen ausgelegt. Eine Seeüberwachungs- und U-Bootbekämpfungsversion «Persuader» wird ebenfalls angeboten. Die Vereinigte Arabische Republik hat vier Einheiten bestellt.
Hersteller: CASA, Werk Sevilla, Madrid, Spanien.

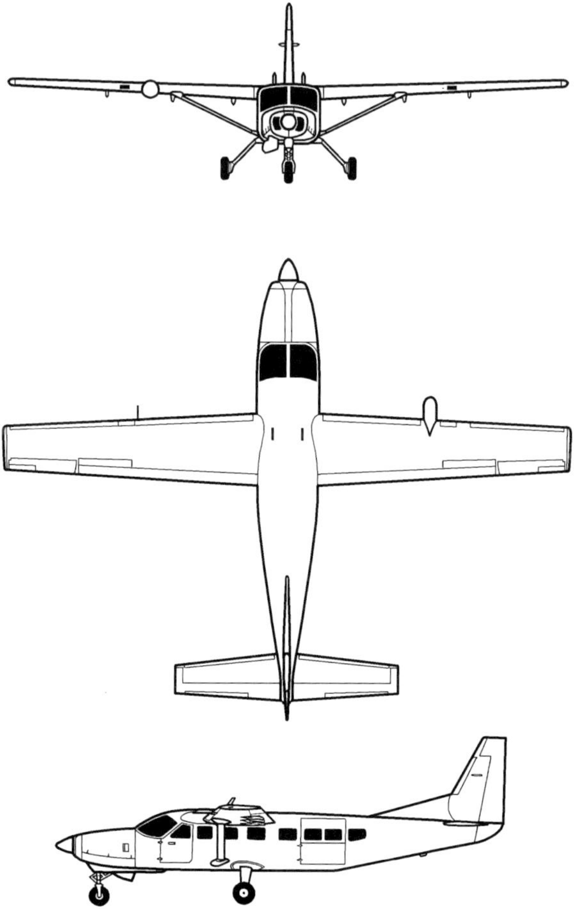

Abmessungen:
Spannweite 15,87 m
Länge (Caravan) 11,50 m, (Grand Caravan) 12,67 m
Höhe (Caravan) 4,52 m, (Grand Caravan) 4,70 m
Flügelfläche 25,96 m^2

CESSNA 208B GRAND CARAVAN

Ursprungsland: USA.
Kategorie: Mehrzweckflugzeug.
Triebwerke: Eine Propellerturbine Pratt & Whitney Canada PT6A-114A von 675 WPS (503 kW) Leistung.
Leistungen: Max. Reisegeschwindigkeit 340 km/h auf 3050 m, 295 km/h auf 6095 m; Anfangssteiggeschwindigkeit 4,9 m/Sek; Dienstgipfelhöhe 7620 m; max. Reichweite mit 45 Min. Reserven 1680 km auf 3050 m.
Gewichte: Leergewicht 1861 kg; max. Startgewicht (Caravan) 3629 kg, (Grand Caravan) 3969 kg.
Zuladung: Ein bis zwei Piloten und in der Standardausführung neun Passagiere, maximal jedoch 14 Passagiere oder (Caravan) 1758 kg, (Grand Caravan) 1933 kg Fracht.
Entwicklungsstand: Der Prototyp der 208 flog erstmals am 9. Dezember 1982; Beginn der Kundenablieferungen im Februar 1985. Die militärische Variante U-27A wurde 1986 eingeführt. Die verbesserte Version 208B nahm am 3. März 1986 die Flugerprobung auf, gefolgt von der Grand Caravan 1991. Bisher sind über 1300 Caravan aller Versionen ausgeliefert worden, etwa 1000 der Version 208B. Hauptabnehmerin ist die Federal Express mit 309 Einheiten (davon 299 der Version 208B Super Cargomaster). Nebst der 208B werden derzeit angeboten: Caravan 675, Caravan Amphibian, Grand Caravan und Super Cargomaster.
Bemerkungen: Die neueste Variante der um 1,22 m verlängerten Cessna 208B, die Grand Commander, verfügt über ein stärkeres Triebwerk und entsprechend verbesserte Flugleistungen. Auch eine Ausführung mit Schwimmern ist erhältlich. Besonders für diese Variante offeriert Aero Twin einen Umbausatz mit dem leistungsstärkeren Triebwerk Honeywell TPE331-12 von 850 WPS (633 kW) Leistung und einem Vierblattpropeller. Damit verbessern sich insbesondere die Startleistungen. Als eigentliches «Arbeitspferd» ist die Caravan für die verschiedensten Aufgaben eingesetzt, sei es als Frachter bis zum Passagierflugzeug mit VIP-Einrichtung.
Hersteller: Cessna Aircraft Company, Wichita, Kansas, USA.

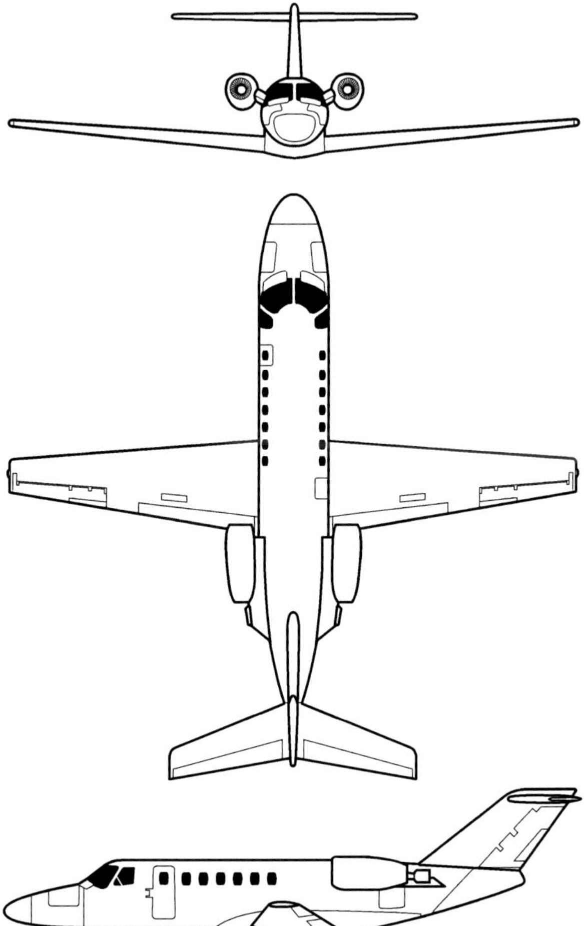

Abmessungen:
Spannweite (CJ2) 15,09, (CJ3) 16,13 m
Länge (CJ2) 14,30 m, (CJ3) 14,90 m
Höhe (CJ2) 4,24 m, (CJ3) 4,62 m

CESSNA 525 CITATION CJ3

Ursprungsland: USA.
Kategorie: Firmenflugzeug.
Triebwerke: Zwei Mantelstromtriebwerke Williams Rolls-Royce FJ44-3A von je 1250 kp (12,36 kN) Leistung.
Leistungen: Max. Reisegeschwindigkeit 772 km/h; Dienstgipfelhöhe 13716 m; max. Reichweite 3518 km.
Gewichte: Leergewicht 3701 kg; max. Startgewicht 6291 kg.
Zuladung: Pilot und Copilot/Passagier im Cockpit und bis zu sechs Passagiere; Nutzlast bei voller Treibstoffzuladung 363 kg, max. Nutzlast 884 kg.
Entwicklungsstand: Der Prototyp CJ3 flog erstmals am 17. April 2003. Anfangs 2004 starten die Auslieferungen. Bereits wurden über 160 Einheiten bestellt. Von der CJ1 und CJ2 hat Cessna mittlerweile über 600 Einheiten gebaut.
Bemerkungen: Die Familie der CitationJet wird kontinuierlich erweitert. Nach dem Ausgangsmuster CJ1 (siehe Ausgabe 2002) und der verlängerten CJ2 (siehe Ausgabe 2003) lancierte Cessna nun die CJ3. Der Rumpf wurde abermals um 60 cm verlängert. Gleichzeitig mussten Spannweite und Höhe des Seitenruders vergrössert werden. Zudem gelangen leistungsstärkere Triebwerke zum Einbau. Obwohl es sich um ein kleines Firmenflugzeug handelt, ist die Passagierkabine mit einer Länge von 6,35 m, einer Breite von 1,43 m und einer Höhe von 1,45 m recht geräumig. Die Verlängerung des Rumpfes wurde nicht zum Einbau zusätzlicher Passagiersitze verwendet, sondern um mehr Platz bzw. Stauraum zu schaffen und serienmässig eine Toilette einzubauen. Die Avionik, ausgehend vom bereits in den früheren Varianten eingebauten Pro-Line-21-System, wurde in Details verbessert. Cessna gibt als Kaufpreis US$ 5,9 Mio. an.
Hersteller: Cessna Aircraft Company, Wichita, Kansas, USA.

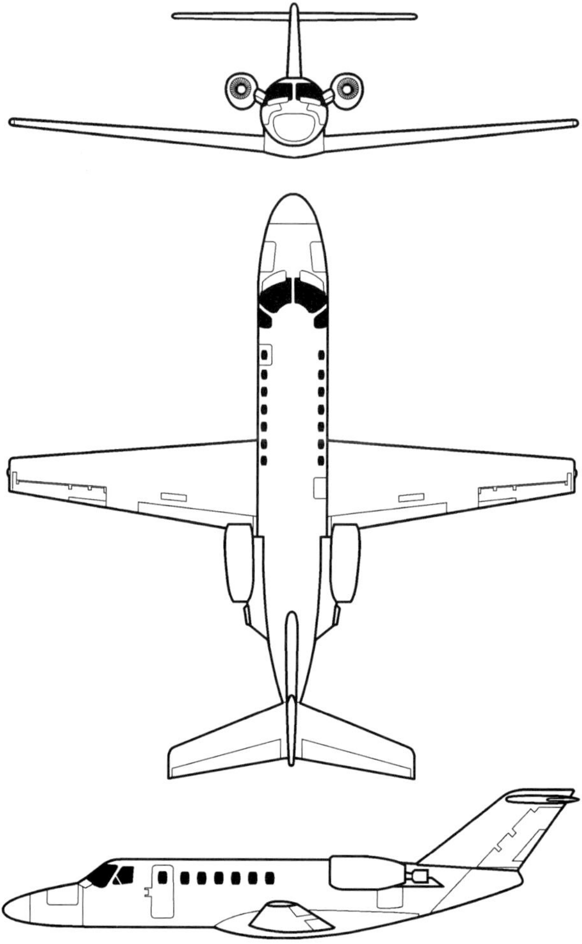

Abmessungen:
Spannweite 16,98 m
Länge 15,78 m
Höhe 5,24 m
Flügelfläche 34,35 m²

CESSNA 561 CITATION XLS

Ursprungsland: USA.
Kategorie: Firmenflugzeug.
Triebwerke: Zwei Mantelstromtriebwerke Pratt & Whitney Canada PW545B von je 1810 kp (17,75 kN) Leistung.
Leistungen (nach Angaben des Herstellers): Max. Reisegeschwindigkeit 792 km/h (Mach 0,75) auf 10700 m; Steigzeit auf 13715 m 25 Min; Dienstgipfelhöhe 13715 m; Reichweite mit fünf Passagieren 3600 km.
Gewichte: Leergewicht ca. 5880 kg; max. Startgewicht 9162 kg.
Zuladung: Zwei Mann Cockpitbesatzung und normalerweise sechs Passagiere in Einzelsitzen, bei enger Bestuhlung bis zu zehn Personen. Nutzlast bei voller Tankfüllung 417 kg.
Entwicklungsstand: Der Erstflug dieser neuesten Variante soll Anfang 2004 stattfinden. Das Ausgangsmuster, die Cessna 561XL, Excel fliegt seit dem 29. Februar 1996. Mehr als 200 Einheiten wurden bestellt.
Bemerkungen: Mitte 2004 wird die Produktion von der 561XL Excel auf die neue Citation XLS umgestellt. Sie weist dank leistungsstärkerer Triebwerke eine um ca. 60 km/h höhere Reisegeschwindigkeit auf, Dienstgipfelhöhe und Steigleistung sind ebenfalls besser. Die Nutzlast steigt um 90 kg. Auch im Cockpit hat Cessna Änderungen vorgenommen. Es wird das Primus 1000 Control Display System mit drei grossen Flüssigkeitskristallbildschirmen eingebaut. Wenn auch das Abfluggewicht etwas höher ist, wird die XLS die gleichen guten Start- und Landeeigenschaften der Excel aufweisen. Der Kaufpreis wird sich auf knapp US$ 10 Mio. belaufen.
Hersteller: Cessna Aircraft Company, Wichita, Kansas, USA.

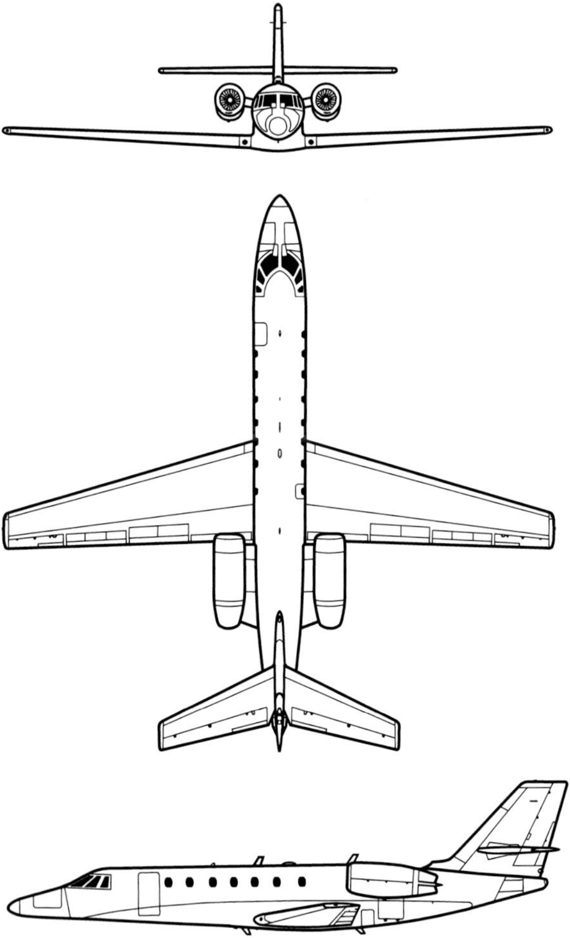

Abmessungen:
Spannweite 19,24 m
Länge 19,37 m
Höhe 6,20 m
Flügelfläche 47,94 m^2

CESSNA 680 CITATION SOVEREIGN

Ursprungsland: USA.
Kategorie: Firmenflugzeug.
Triebwerke: Zwei Mantelstromtriebwerke Pratt & Whitney Canada PW306C von je 2570 kp (25,30 kN) Standschub.
Leistungen: Max. Reisegeschwindigkeit 846 km/h (Mach 0,80) auf 9449 m; Zeit um 13100 m zu erreichen 26 Min; Dienstgipfelhöhe 14325 m; Reichweite mit acht Passagieren und IFR-Reserven 4962 km, bei VFR-Regeln bis zu 5620 km.
Gewichte: Leergewicht 7892 kg; max. Startgewicht 13607 kg.
Zuladung: Zwei Piloten und bis zu zehn Passagiere; Nutzlast mit max. Treibstoffzuladung 762 kg, max. Nutzlast 1134 kg.
Entwicklungsstand: Der einzige Prototyp der Sovereign nahm die Flugerprobung am 27. Februar 2002 auf, gefolgt vom ersten Serienmuster am 27. Juni 2002. Der Ablieferungsbeginn ist für Anfang 2004 geplant. Der Auftragsbestand beläuft sich auf über 100 Einheiten (+ Optonen), darunter die amerikanische ExecutiveJet alleine mit 100 Sovereigns.
Bemerkungen: Als Antwort auf die neuen Konkurrenzmuster im Bereich der mittelgrossen Geschäftsflugzeuge lancierte Cessna die neue Sovereign. Um den Verkaufspreis (voll ausgerüstet ca. US$ 13,3 Mio.) möglichst günstig zu halten, basiert sie konstruktiv auf der Cessna Excel (siehe Ausgabe 2003), ist aber grösser und zeichnet sich durch eine sehr geräumige Kabine aus. Der Rumpf ist gegenüber dem Ausgangsmuster um 1,80 m verlängert. Neu ist der superkritische Flügel mit einer leichten Pfeilung von 16,1° und einem besonders geringen aerodynamischen Widerstand. Dadurch lassen sich hohe Reisegeschwindigkeiten erzielen. Seitenleitwerk und Höhenruder sind aus dem gleichen Grund ebenfalls leicht gepfeilt. Die Sovereign soll die guten Start- und Landeeigenschaften der Citation-Familie beibehalten (Startlänge ca. 1130 m, Landelänge ca. 975 m). Die Avionik Epic CDS stammt von Honeywell, das Cockpit ist mit vier grossen Multifunktions-Flachbildschirmen ausgestattet.
Hersteller: Cessna Aircraft Company, Wichita, Kansas, USA.

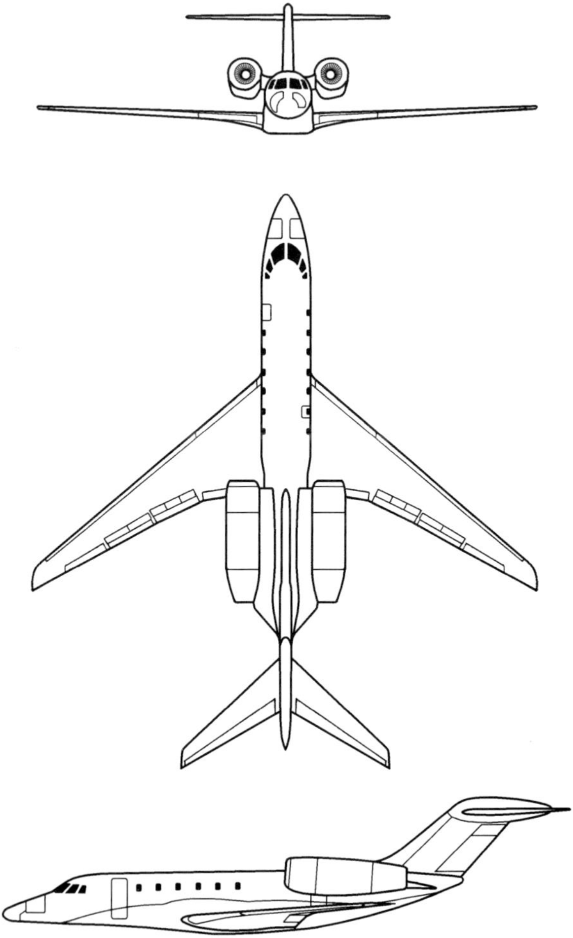

Abmessungen:
Spannweite 19,50 m
Länge 22,00 m
Höhe 5,09 m
Flügelfläche 48,96 m²

CESSNA 750 CITATION X

Ursprungsland: USA.
Kategorie: Firmenflugzeug.
Triebwerke: Zwei Mantelstromtriebwerke Allison GMA 3007C-1 von je 3068 kp (30,09 kN) Standschub.
Leistungen: Höchstgeschwindigkeit Mach 0,92; max. Reisegeschwindigkeit auf 11275 m 934 km/h oder Mach 0,88; Langstrecken-Reisegeschwindigkeit 851 km/h; Anfangssteiggeschwindigkeit 22,4 m/Sek; Dienstgipfelhöhe 15545 m; VFR-Reichweite bei Mach 0,82 mit sechs Passagieren und 45 Min. Reserven 6115 km, IFR-Reichweite 5556 km.
Gewichte: Leer 8618 kg; max. Startgewicht 16374 kg.
Zuladung: Zwei Mann Cockpitbesatzung und normalerweise acht, maximal aber bis zu 12 Passagiere in Einzelsitzen und einer dreiplätzigen Couch; max. Nutzlast 1179 kg.
Entwicklungsstand: Das erste von drei Erprobungsmustern nahm die Flugtests am 21. Dezember 1993 auf. Mit den Kundenauslieferungen wurde nach Erhalt der Zulassung im Juni 1996 begonnen. Bis jetzt sind über 220 Bestellungen, darunter 31 für die ExecutiveJet, für die Citation X eingegangen. Fast alle sind gebaut worden.
Bemerkungen: Die Citation X erreicht die höchste Reisegeschwindigkeit aller Zivilflugzeuge ausser der Concorde. Dafür erhielt sie einen neuartigen und hochentwickelten Flügel, der eine Pfeilung von 35° aufweist. Als erstes Cessna-Flugzeug verfügt sie über eine servounterstützte Flugsteuerung. Der Rumpfquerschnitt erlaubt durchgehend Stehhöhe. Das Cockpit ist mit dem digitalen EFIS-System Honeywell Primus 2000 ausgerüstet. Citations X ab dem Modelljahr 2002 verfügen über Triebwerke mit um 180 kp grösserer Startleistung und erhöhtes Maximalgewicht. Auch die Avionik von Honeywell wurde aufgerüstet. Der Preis für die Basisversion beläuft sich auf etwa US$ 19 Mio. Ab der Seriennummer 225 erhält das Topmodell von Cessna ein neu gestaltetes Interieur.
Hersteller: Cessna Aircraft Company, Wichita, Kansas, USA.

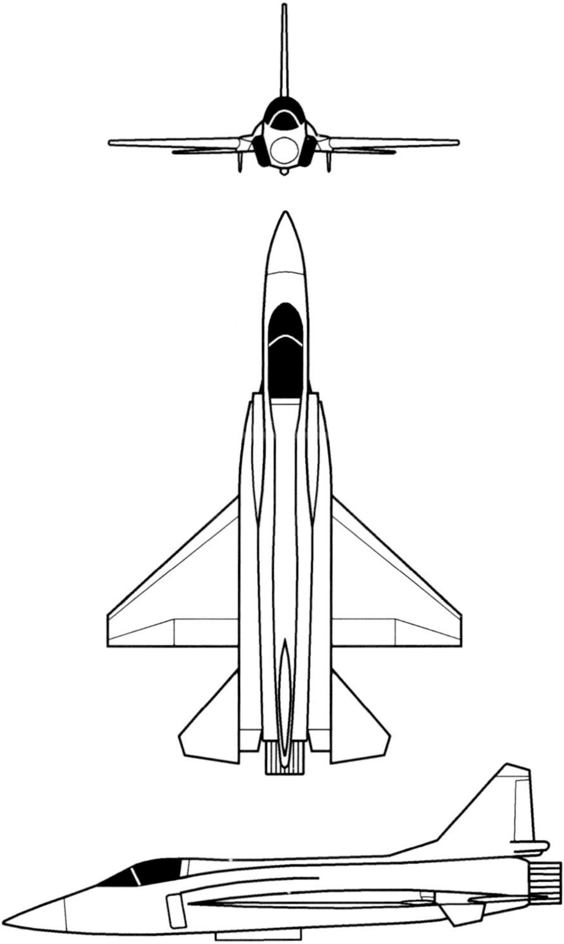

Abmessungen:
Spannweite 9,00 m
Länge 13,95 m
Höhe 5,10 m
Flügelfläche 23,00 m²

CHENGDU FC-1

Ursprungsland: Volksrepublik China.
Kategorie: Einsitziger Luftüberlegenheitsjäger und Erdkampfflugzeug.
Triebwerke: Ein Mantelstromtriebwerk Klimow RD-93 von 5040 kp (49,4 kN) ohne und 8300 kp (81,4 kN) Standschub mit Nachverbrennung.
Leistungen (geschätzt): Höchstgeschwindigkeit ohne Aussenlasten Mach 1,6; Dienstgipfelhöhe 16500 m; Aktionsradius als Jäger 1200 km, als Erdkämpfer 700 km; Reichweite mit internem Kraftstoff 1600 km; Überführungsreichweite 3000 km.
Gewichte: Leergewicht 6350 kg; Startgewicht normal beladen ohne Aussenlasten 9100 kg; max. Startgewicht 12700 kg.
Bewaffnung: Eine doppelläufige 23-mm-Kanone GSh-223-2 unter dem Rumpf und Luft-Luft- bzw. Luft-Boden-Lenkwaffen sowie Bomben an vier Stationen unter den Flügeln und zwei an den Flügelspitzen. Max. Waffenladung 3800 kg.
Entwicklungsstand: Das erste Erprobungsmuster nahm nach längerer Verzögerung die Flugerprobung am 25. August 2003 auf. Offenbar sind mehrere Prototypen im Bau. Wie weit die chinesische Luftwaffe diesen Typ beschaffen wird, ist derzeit unklar. Pakistan soll 150 als JF-17 bezeichnete Einheiten ab 2006 erhalten.
Bemerkungen: Das chinesisch-pakistanische Gemeinschaftsprojekt FC-1 wird in enger Zusammenarbeit mit der russischen MAPO entwickelt. Dieses Muster basiert auf der nie fertig gestellten einmotorigen Variante der MiG-29, der MiG-33. Als kompakter Allwetter-Mehrzweckjäger soll es den Leistungen der F-16 nahe kommen. Die Auslegung der FC-1 ist recht konventionell. Rumpf wie Flügel bestehen aus Aluminium. Die Steuerung ist noch vollständig servogesteuert. Spätere Ausführungen sollen ein Fly-by-Wire-System erhalten. Noch offen ist, welche Avionik eingebaut wird. Geprüft werden die westlichen Mehrzweckradars Grifo S7 und RC400. Eine zweisitzige Ausführung ist ebenfalls geplant.
Hersteller: Chengdu Aircraft Industrial Corp., Chengdu, Sichuan, VR China.

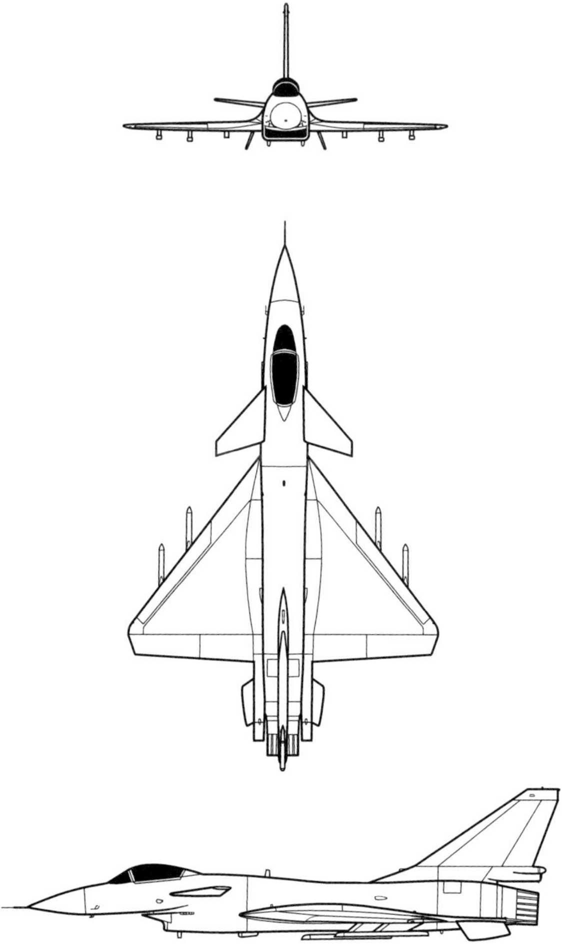

Abmessungen:
Spannweite Hauptflügel 8,78 m
Länge 14,57 m
Höhe 4,80 m
Fläche Hauptflügel 33 m²
Vorflügel 5,45 m²

CHENGDU F-10

Ursprungsland: Volksrepublik China.
Kategorie: Einsitziger Mehrzweckjäger.
Triebwerke: Ein Mantelstromtriebwerk Saturn/Lyulka AL-31FN von voraussichtlich 8800 kp (86 kN) Standschub ohne und 12500 kp (122,60 kN) mit Nachverbrennung, ev. als spätere Alternative auch das chinesische Mantelstromtriebwerk WS-10A.
Leistungen: Höchstgeschwindigkeit Mach 1,85 in grossen Höhen, auf Meereshöhe Mach 1,2; Dienstgipfelhöhe 18000 m; Aktionsradius 550 km; Reichweite 1850 km.
Gewichte: Leergewicht 6940 kg; max. Startgewicht 18400 kg.
Bewaffnung: Eine Kombination von Kurzstrecken-Luft-Luft-Lenkwaffen PL-8, Mittelstrecken-Luft-Luft-Lenkwaffen PL-11 und Zusatztanks/Luft-Boden-Raketen/Bomben an bis zu elf Waffenstationen; max. Waffenlast rund 8400 kg. Vermutlich ist eine 23- oder 30-mm-Kanone eingebaut.
Entwicklungsstand: Der erste von vier Prototypen führte am 24. März 1998 seinen Erstflug aus. Offenbar wird eine kleine Zahl von Vorserienflugzeugen derzeit in einer Erprobungseinheit eingesetzt. Die Serienfertigung dürfte angelaufen sein und die Luftwaffe der VR China soll ab 2003 einstweilen 50 Maschinen erhalten.
Bemerkungen: Der je nach Quelle als J-10 oder als F-10 bezeichnete Mehrzweckjäger ist das Resultat einer gemeinsamen Entwicklung von Chengdu und der israelischen IAI. Diese brachte das Know-how des früheren Abfangjägers Lavi (siehe Ausgabe 1987/88) in das Projekt ein. Deshalb gleichen sich die beiden Muster äusserlich recht stark. Welches Bordradar zum Serieneinbau gelangt, ist noch offen. Drei Modelle stehen in engster Auswahl: Elta EL/M2035 aus Israel, das russische Phazotron Zhemcoug-System oder eine chinesische Eigenkonstruktion eines Doppler-Puls-Radars JL-10A. Die F-10 verfügt über ein Fly-by-Wire-Steuersystem. Verursacht durch technische Schwierigkeiten, war die Entwicklung der F-10 durch lange Verzögerungen gekennzeichnet. So wurden u.a. auch Teile der Zelle umkonstruiert. Die Lufteinlässe beispielsweise gleichen nun jenen des Eurofighters (siehe Seiten 188/189).
Hersteller: CAC, Chengdu Aircraft Industrial Corporation, Chengdu, Sichuan, VR China.

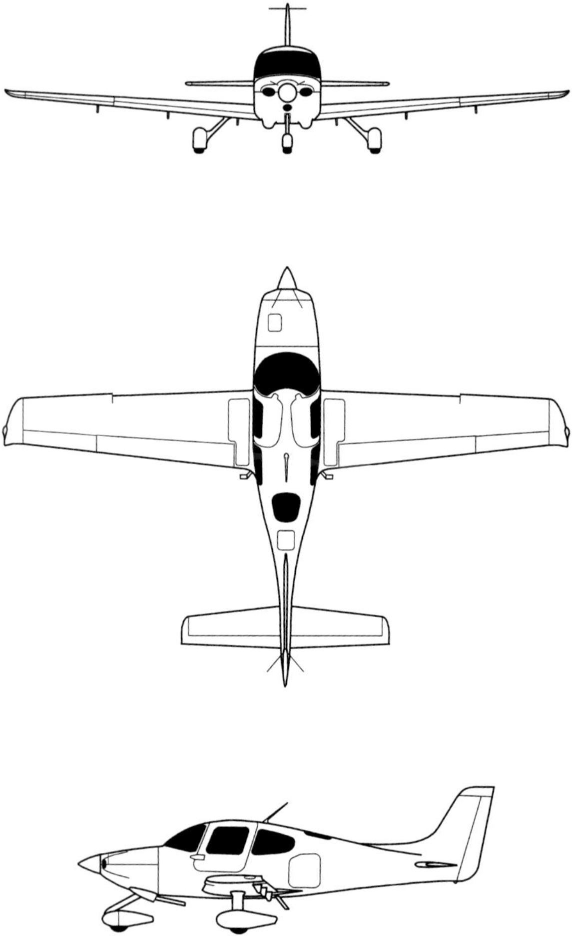

Abmessungen:
Spannweite 11,73 m
Länge 7,92 m
Höhe 2,80 m
Flügelfläche 13,46 m²

CIRRUS SR22

Ursprungsland: USA.
Kategorie: Sport- und Reiseflugzeug.
Triebwerke: Ein luftgekühlter Vierzylinder-Boxermotor Teledyne Continental IO-550-N von 310 PS (230 kW) Leistung.
Leistungen: Höchstzulässige Geschwindigkeit 378 km/h; max. Reisegeschwindigkeit 335 km/h; Anfangssteiggeschwindigkeit 7 m/Sek; Dienstgipfelhöhe 5180 m; max. Reichweite mit IFR-Reserven 1600 km.
Gewichte: Leergewicht 1021 kg; max. Startgewicht 1542 kg.
Zuladung: Pilot und drei Passagiere, max. Nutzlast rund 500 kg.
Entwicklungsstand: Die Weiterentwicklung SR22 fliegt seit Mitte 2000. Bisher sind mehr als 500 SR22 bestellt. Die ersten Exemplare wurden im Februar 2001 abgeliefert. Vom Ausgangsmuster SR20 und der SR22 sind mittlerweile über 1000 Einheiten gebaut worden. Pro Arbeitstag verlassen drei SR20 bzw. SR22 die Fabrikhallen.
Bemerkungen: Die Cirrus SR22 ist eine Weiterentwicklung der Cirrus SR20 (siehe Ausgabe 2001 und Foto). Sie weist die wesentlichen Merkmale des Ausgangsmusters auf: Einsatz neuester Technologien, Zelle und Flügel mit Festfahrwerk ganz aus Verbundwerkstoff (Epoxyd-Fiberglas) in Sandwichbauweise hergestellt, umfassende Avionik, bestehend u.a. aus einem ICDS 2000-Multifunktionscockpit mit Autopilot und GPS für Flüge unter IFR-Bedingungen. Die sonst üblichen zwei Steuerhörner sind durch «Sidesticks» ersetzt worden. Auch das bisher einmalige sog. «Ballistic Recovery System», welches die Maschine bei Absturzgefahr mittels Fallschirm sicher auf den Boden bringen soll, wurde übernommen. Dagegen ist die SR22 mit einem deutlich stärkeren Triebwerk und einem Flügel grösserer Spannweite, der weitgehend neu konzipiert wurde, ausgerüstet. Der Treibstofftank nimmt 320 l auf, was entsprechend grössere Reichweiten ermöglicht. Schliesslich sind wegen des höheren Abfluggewichts Teile der Zelle wie auch das Fahrwerk verstärkt. Neu wird die SR22 auch mit dem Diesel-Triebwerk SMA SR305-230 von 230 PS (170 kW) angeboten. Seit 2003 ist die SR22 auch mit einem Multifunktions-Cockpit von Avidyne sowie einem Enteisungssystem erhältlich.
Hersteller: Cirrus Design Corp., Duluth, Minnesota, USA.

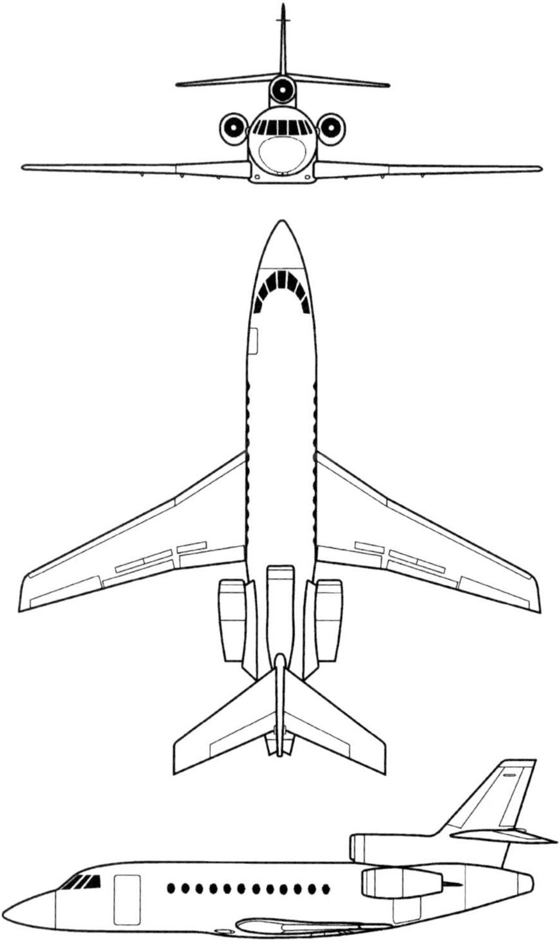

Abmessungen:
Spannweite 19,33 m
Länge 20,21 m
Höhe 7,55 m
Flügelfläche 49,03 m²

DASSAULT FALCON 900C

Ursprungsland: Frankreich.
Kategorie: Firmenflugzeug.
Triebwerke: Drei Mantelstromtriebwerke AlliedSignal TFE731-5BR von je 2165 kp (21,24 kN) Standschub.
Leistungen: Höchstgeschwindigkeit bei 12250 kg 924 km/h auf 10975 m (Mach 0,87); max. Reisegeschwindigkeit 893 km/h auf 11890 m (Mach 0,84); Langstrecken-Reisegeschwindigkeit 797 km/h auf 11275 m (Mach 0,75); Dienstgipfelhöhe 15550 m; Reichweite mit fünf Passagieren und maximaler Treibstoffzuladung 7410 km, mit 15 Passagieren 6968 km.
Gewichte: Rüstgewicht 10255 kg; max. Startgewicht 20640 kg.
Zuladung: Zwei Piloten und je nach Innenausstattung 8 bis 15 Passagiere. Maximale Passagierkapazität 19 Personen; max. Nutzlast 2170 kg.
Entwicklungsstand: Erstflug des ersten Prototypen der Falcon 900 am 21. September 1984, gefolgt vom ersten Serienflugzeug im März 1986. Die Version 900C flog erstmals am 17. Dezember 1998. Zugelassen wurde sie am 26. August 1999. Mit den Auslieferungen dieser Ausführungen begann Dassault anfangs 2000. Von allen Varianten sind bisher über 300 Falcons 900 abgeliefert worden. 30 davon bestellten Regierungen.
Bemerkungen: Als Ersatz der Falcon 900/900B bietet Dassault neu die Falcon 900C an. Von der -EX (siehe Ausgabe 1999) übernimmt sie die Avionik Honeywell Primus 2000 sowie das EFIS-Cockpit, weist aber im übrigen die gleichen Leistungen der 900/900B (siehe Ausgabe 1994) auf. Gegenüber der -EX ist die 900C etwas leichter und wirtschaftlicher zu betreiben. Dafür werden nicht die gleichen Reichweitenleistungen erzielt. Derzeit baut Dassault nur noch die Ausführungen 900EX und 900C. Alle weisen eine sehr komfortable Kabine von 11,90 m Länge, 1,87 m Höhe und 2,34 m Breite auf. Ab 2003 können sowohl die 900C wie auch die 900EX mit den EASy-Cockpitinstrumenten von Honeywell Primus Epic ausgerüstet werden. 2005 soll eine Weiterentwicklung 7X der Falcon 900 erstmals fliegen. Drei stärkere Triebwerke PW307A, längerer Rumpf, Höchstgeschwindigkeit um Mach 0,9, Fly-by-Wire-Steuerung sind einige Merkmale dieses neuen Typs.
Hersteller: Dassault Falcon Jet Corporation, Vaucresson, Frankreich.

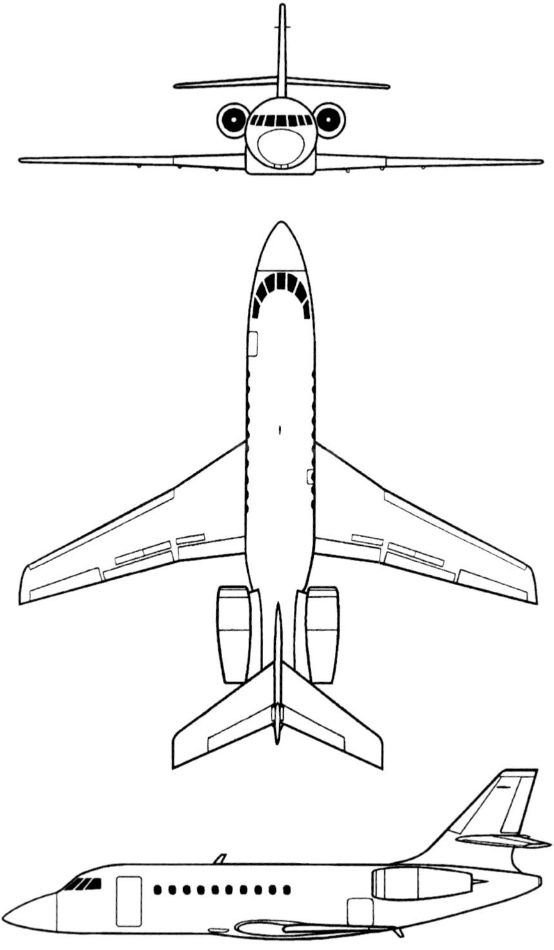

Abmessungen:
Spannweite 19,33 m
Länge 20,23 m
Höhe 7,06 m
Flügelfläche 49,02 m²

DASSAULT FALCON 2000EX

Ursprungsland: Frankreich.
Kategorie: Firmenflugzeug.
Triebwerke: Zwei Mantelstromtriebwerke Pratt & Whitney Canada PW308C von je 3175 kp (31,13 kN) Standschub.
Leistungen: Max. Reisegeschwindigkeit auf 11890 m 903 km/h (Mach 0,85); Anfangssteiggeschwindigkeit 17,4 m/Sek; Dienstgipfelhöhe 14300 m; Reichweite mit sechs Passagieren und NBAA-Reserven 7042 km, mit max. Nutzlast rund 1850 km.
Gewichte: Rüstgewicht 10519 kg; max. Startgewicht 19142 kg.
Zuladung: Zwei Piloten im Cockpit und je nach Innenausstattung acht bis zwölf Passagiere in der Kabine, bei enger Bestuhlung 19 Passagiere.
Entwicklungsstand: Erstflug des Erprobungsmusters Falcon 2000 am 4. März 1993. Zulassung und Beginn der Ablieferungen an Kunden im Februar 1995. Die neueste Ausführung 2000EX flog erstmals am 25. Oktober 2001, jene mit EASy-Cockpit am 29. Januar 2003. Bis Ende 2003 sind rund 400 Falcon 2000 aller Versionen bestellt, über 220 davon abgeliefert worden. Die Monatsproduktion der Modelle 900 und 2000 zusammen beläuft sich auf rund acht Einheiten.
Bemerkungen: Die Falcon 2000 verfügt über den gleichen komfortablen Rumpfquerschnitt wie die Falcon 900C/900EX (siehe Seiten 148/149). Die Kabine ist aber mit 9,46 m Länge etwas kürzer. Dank nur zwei Triebwerken kann die Falcon 2000 deutlich wirtschaftlicher betrieben werden. Das Cockpit ist mit vier CRT EFIS-Displays des Typs Collins Pro Line 4 ausgerüstet. Als Option ist ein HUD erhältlich. Seit 1999 werden alle Falcon 2000 mit Schubumkehr ausgerüstet. Ab 2004 ist die verbesserte Ausführung 2000EX lieferbar. Sie verfügt über wesentlich leistungsstärkere Triebwerke und die Treibstoffkapazität ist um 31 % erhöht. Angesichts des höheren Gewichts sind punktuelle Verstärkungen erforderlich gewesen, u.a. am Fahrwerk. Ab 2004 wird serienmässig das interaktive Cockpit-Management-System «EASy» eingebaut.
Hersteller: Dassault Falcon Jet Corporation, Vaucresson, Frankreich.

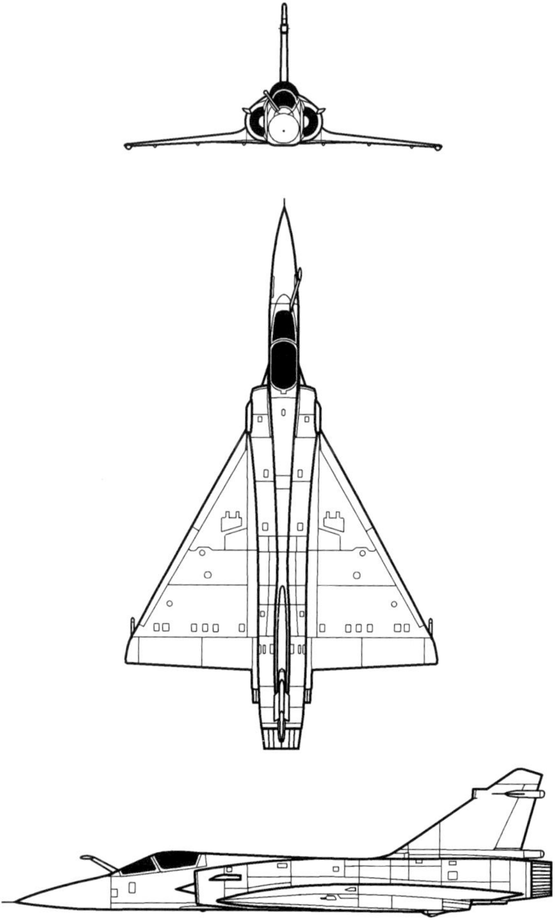

Abmessungen:
Spannweite 9,13 m
Länge 14,36 m
Höhe 5,02 m
Flügelfläche 41,00 m²

DASSAULT MIRAGE 2000-5Mk.II/-9

Ursprungsland: Frankreich.
Kategorie: Ein- oder zweisitziges Mehrzweckkampfflugzeug.
Triebwerke: Ein Mantelstromtriebwerk SNECMA M53-P2 von 6558 kp (64,3 kN) Standschub ohne und 9700 kp (95,1 kN) mit Nachbrenner.
Leistungen: Kurzzeitig erreichbare Spitzengeschwindigkeit 2390 km/h oder Mach 2,25 auf über 11000 m; Höchstgeschwindigkeit über längere Zeit 2230 km/h oder Mach 2,1, bzw. 1118 km/h oder Mach 0,91 ohne Nachbrenner; max. Anfangssteiggeschwindigkeit 305 m/Sek; Steigzeit auf 15000 m und Beschleunigung auf Mach 2,0 4 Min; Reichweite mit max. interner und externer Treibstoffzuladung 3355 km; taktischer Einsatzradius mit zwei 1700-l-Zusatztanks und 1000 kg Waffen 1500 km.
Gewichte: Leergewicht 7500 kg; Startgewicht ohne Aussenlasten 9500 kg; max. Startgewicht 17500 kg.
Bewaffnung: Als Abfangjäger zwei 30-mm-DEFA-Kanonen, zwei Kurzstrecken-Luft-Luft-Lenkwaffen Magic und vier mit einem Aktivradar ausgerüstete Mittelstrecken-Luft-Luft-Lenkwaffen Mica. Als Erdkämpfer Waffenlasten bis zu 6500 kg, verteilt auf fünf Rumpf- und vier Flügelstationen.
Entwicklungsstand: Die neueste Ausführung Mirage 2000-9 flog erstmals am 14. Dezember 2001. Als Erstbesteller kauft die Vereinigte Arabische Republik 32 Maschinen dieser Variante. Von allen Mirage 2000-Varianten sind bisher 614 Einheiten bestellt worden.
Bemerkungen: Die 2000-9 (teilweise auch als -5Mk.II bezeichnet) ist eine verbesserte Ausführung der Mirage 2000-5 (siehe Ausgabe 2001) und verfügt dank weiter entwickelter Elektronik über stark verbesserte Nachtkampftauglichkeit. Zudem wird ein leistungsstärkeres RDY-2-Radar und ein umfassendes System für die elektronische Kampfführung (IMEWS) eingebaut. Schliesslich ist das maximale Startgewicht leicht angehoben. Ausgehend vom Doppelsitzer wird neu die Mirage 2000AT als Fortgeschrittenentrainer angeboten. Diese hätte das gleiche Cockpit wie die Mirage 2000-9, auf die gesamte Kampfelektronik würde verzichtet.
Hersteller: Dassault Défense, Vaucresson, Frankreich.

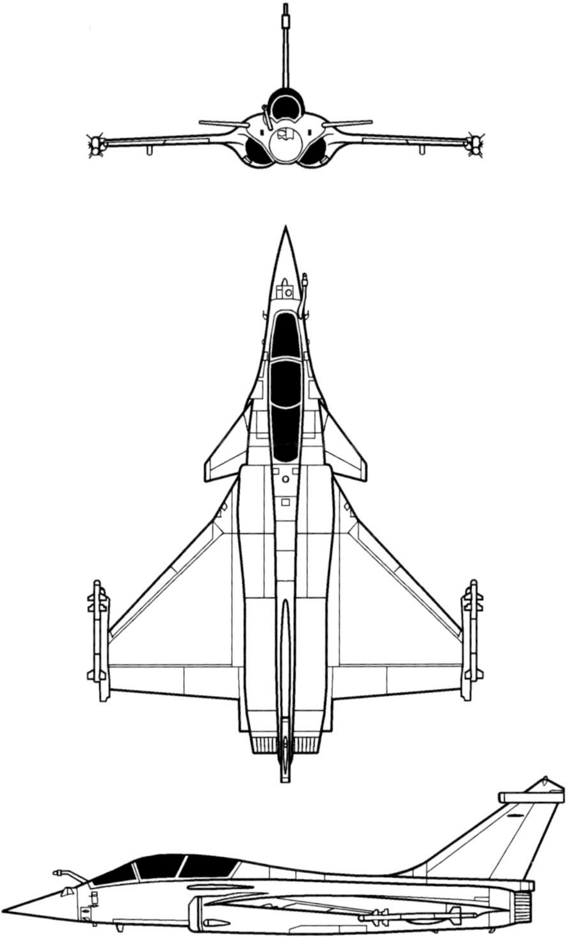

Abmessungen:
Spannweite inkl. Lenkwaffen an den Flügelspitzen 10,90 m
Länge 15,30 m
Höhe 5,34 m
Flügelfläche 45,70 m²

DASSAULT RAFALE F1/F2

Ursprungsland: Frankreich.
Kategorie: Zweisitziges Mehrzweckkampfflugzeug F2 bzw. N, einsitziger Abfangjäger F1 bzw. C.
Triebwerke: Zwei Mantelstromtriebwerke SNECMA M88-2 von je 4966 kp (48,7 kN) Standschub ohne und 7438 kp (72,9 kN) mit Nachbrenner.
Leistungen: Höchstgeschwindigkeit 2124 km/h über 10975 m (Mach 2,0), 1390 km/h im Tiefflug (Mach 1,15); Anfangssteiggeschwindigkeit 305 m/Sek; Dienstgipfelhöhe 16775 m; taktischer Einsatzradius in Abfangmission mit acht Mica Luft-Luft-Lenkwaffen, einem Zusatztank von 1700 l unter dem Rumpf und je einem von 1300 l unter den Flügeln 1853 km, bei einem Einsatzprofil hoch-tief-tief-hoch mit 12 250-kg-Bomben, vier Mica-Lenkwaffen und Zusatztanks von insgesamt 4300 l 1093 km.
Gewichte: Rüstgewicht (F2) 8600, (F1) 9800 kg; max. Startgewicht 19500 bis 22500 kg.
Bewaffnung: Eine 30-mm-GIAT-DEFA-Kanone und eine Waffenlast von max. 9500 kg, verteilt auf 13 Aufhängepunkte unter Rumpf und Flügeln sowie an den Flügelenden.
Entwicklungsstand: Erstflug des ersten von vier Prototypen am 19. Mai 1991. Die französische Luftwaffe erhält 95 Rafale C und 139 Rafale F2 (87 bestellt, Ablieferung ab 2004), die französische Marine 20 Rafale F1 und 40 Rafale N (bisher 38 bestellt, 15 F1 geliefert). Das erste Serienflugzeug, eine F1, wurde der Marine 1999 übergeben. Ab 2005 sollen jährlich 15 Maschinen gebaut werden.
Bemerkungen: Die Rafale verfügt über das neueste zweidimensionale Bordradar GIE RBE2 mit elektronisch scannender Antenne. Fast die gesamte Zelle ist aus Verbundwerkstoffen hergestellt, Rumpfspitze und Heck bestehen aus Kevlar. In besonders beanspruchten Bereichen gelangt Titan zum Einsatz. Die Steuerung erfolgt nach dem Fly-by-Wire-Prinzip. Derzeit fliegt ein Erprobungsmuster, welches im oberen Teil des Rumpfes mit integrierten (sog. conformalen) Treibstofftanks für je 1150 l ausgerüstet ist.
Hersteller: Dassault Défense, Vaucresson, Frankreich.

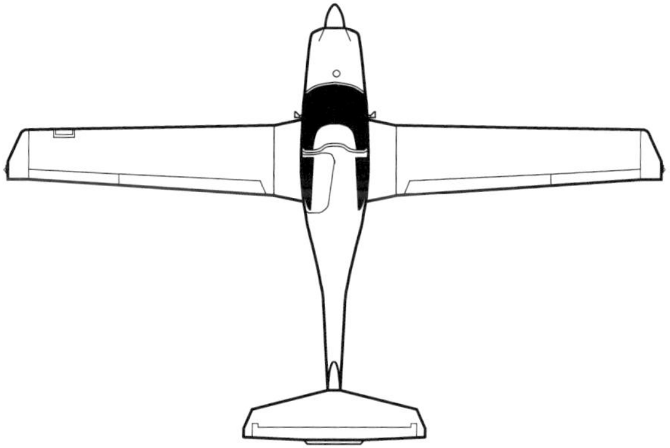

Abmessungen:
Spannweite 11,94 m
Länge 8,01 m
Höhe 2,00 m
Flügelfläche 13,5 m²

DIAMOND DA-40TDI

Ursprungsland: Österreich.
Kategorie: Sport- und Reiseflugzeug.
Triebwerke: Ein luftgekühlter Turbodieselmotor Thielert Centurion 1.7 von 135 PS (100 kW) Leistung.
Leistungen: Max. Reisegeschwindigkeit 285 km/h auf 3048 m; Reisegeschwindigkeit bei 40 % Leistung 165 km/h; Anfangssteiggeschwindigkeit 3,9 m/Sek; Dienstgipfelhöhe 6100 m; normale Reichweite 1390 km, mit optionalem Zusatztank 2030 km.
Gewichte: Leergewicht 750 kg; max. Startgewicht 1150 kg.
Zuladung: Vier Personen einschliesslich des Piloten.
Entwicklungsstand: Nach dem Erstflug der Dieselausführung DA-40TDI am 28. November 2001 folgte die Erprobung bis zur Zulassung Mitte 2003. Bisher sind über 100 Einheiten bestellt worden, 35 davon von der Lufthansa Flugschule. Ein Jahr vorher begann die Auslieferung des Ausgangsmusters DA-40-180 Diamond Star mit Lycoming-Boxermotor von 180 PS.
Bemerkungen: Die Diamond DA-40TDI ist das erste Flugzeug überhaupt, welches von Anfang an die Zulassung mit einem Dieseltriebwerk erhalten hat. Dieses aus einem Mercedes-PW-Motor abgeleitete Modell benötigt nur 17 l pro Flugstunde. Die DA-40-180 mit Benzinmotor benötigt beispielsweise doppelt soviel Treibstoff. Bei einem Tankinhalt von 155 l sind somit Reichweiten von über 1300 km möglich. Zelle und Flügel bestehen weitgehend aus faserverstärktem Kunststoff, wobei die Kabine einschliesslich der Sitze eine sehr hohe Crash-Resistenz aufweisen. Dank Sandwich-Bauweise ist das Strukturgewicht vergleichsweise gering. Der Basispreis beläuft sich auf rund 120000 Euro.
Hersteller: Diamond Aircraft, (DA-40TDI) Flugplatz Wiener-Neustadt, Österreich, (DA-40-180) London, Ontario, Kanada.

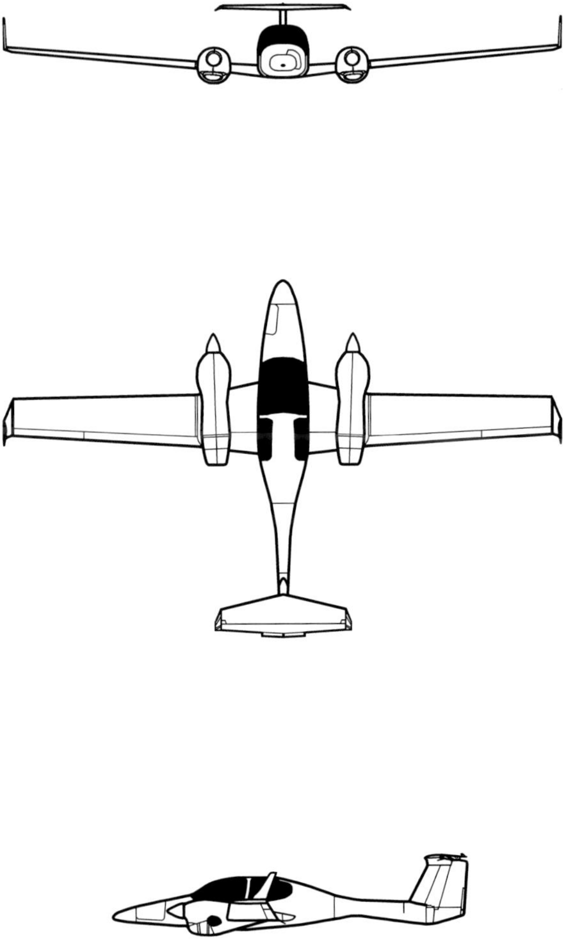

Abmessungen:
Spannweite 13,42 m
Länge 8,43 m
Höhe 2,56 m
Flügelfläche 16,46 m^2

DIAMOND DA-42 TWIN STAR

Ursprungsland: Österreich.
Kategorie: Sport- und Reiseflugzeug.
Triebwerke: Zwei luftgekühlte Turbodieselmotoren Thielert Centurion 1,7 von je 135 PS (100 kW) Leistung.
Leistungen: Reisegeschwindigkeit bei 90 % Leistung 375 km/h auf 3810 m, bei 60 % Leistung 311 km/h; Anfangssteiggeschwindigkeit 8,7 m/Sek; Dienstgipfelhöhe 5485 m; normale Reichweite 1960 km, mit optionalem Zusatztank 2677 km.
Gewichte: Leergewicht 1080 kg; max. Startgewicht 1650 kg.
Zuladung: Vier Personen einschliesslich des Piloten.
Entwicklungsstand: Der Prototyp wurde an der ILA in Berlin im Mai 2002 vorgestellt und nahm am 9. Dezember 2002 die Flugerprobung auf. 170 Einheiten sollen bisher bestellt worden sein. Erste Auslieferungen sind ab 2004 geplant. Die Lufthansa soll für ihre Fliegerschule beabsichtigen, 15 Einheiten zu beschaffen.
Bemerkungen: Das interessanteste Teil der Twin Star sind sicherlich die Dieselmotoren. Von der Liechtensteiner Firma Thielert Aircraft Engines entwickelt, zeichnen sich diese Triebwerke durch geringe Lärm- und Abgaswerte sowie äusserst günstige Verbrauchszahlen aus. Der Literverbrauch pro Stunde soll bei 200 km/h gerade mal 17,5 l betragen. Nebst Dieselkraftstoff kann auch A-1 Jet-Treibstoff oder eine beliebige Mischung von beiden getankt werden. Im übrigen weist die DA-42 eine sehr aerodynamische und eigenständige Form auf. Die Avionik entspricht dem heutigen Standard. Auf Wunsch kann das Cockpit mit drei Multifunktions-Displays ausgerüstet werden. Die Basisversion wird für rund US$ 360000 angeboten. Die Royal Canadian Mounted Police beschafft voraussichtich ein Dutzend Twin Stars als Überwachungsflugzeuge.
Hersteller: Diamond Aircraft, Flugplatz Wiener-Neustadt, Österreich.

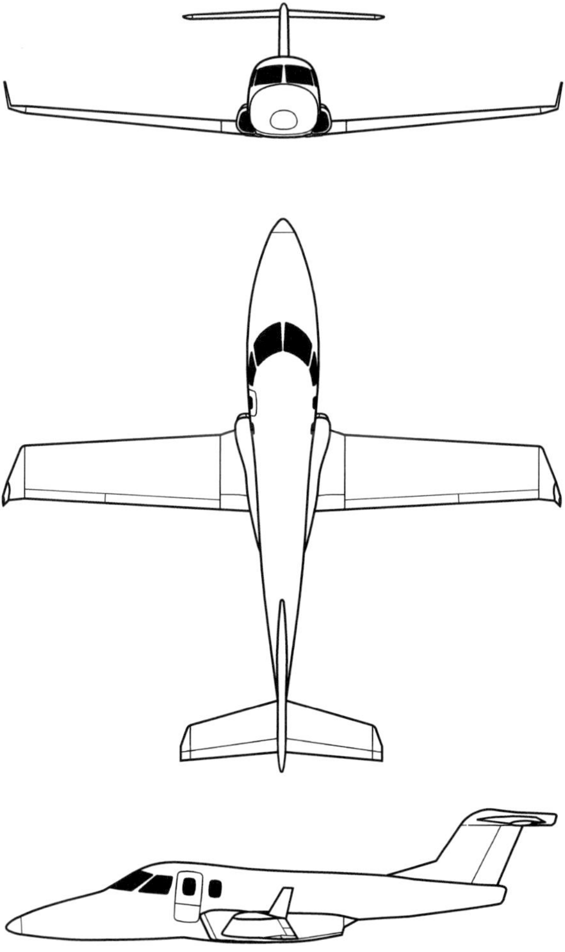

Abmessungen:
Spannweite 11,80 m
Länge 10,80 m
Höhe 3,10 m

DIAMOND D-JET

Ursprungsland: Österreich.
Kategorie: Reiseflugzeug und leichter Firmenjet.
Triebwerke: Ein Mantelstromtriebwerk Williams FJ44 von 635 kp (6,3 kN) Leistung.
Leistungen (nach Angaben des Herstellers): Reisegeschwindigkeit 585 km/h; Anfangssteiggeschwindigkeit 13,7 m/Sek; Dienstgipfelhöhe 7600 m; normale Reichweite unter IFR-Bedingungen 2400 km.
Gewichte: Leergewicht 1175 kg; max. Startgewicht 2000 bis 2175 kg.
Zuladung: Pilot und normal vier, max. bis zu fünf Passagiere; max. Zuladung bei vollen Treibstofftanks 244 kg.
Entwicklungsstand: Diamond hat angekündigt, dass der Erstflug der D-JET Mitte 2004 stattfinden wird. Mit den Auslieferungen soll anfangs 2006 begonnen werden. Der Auftragsbestand Ende 2003 belief sich auf 100 Einheiten.
Bemerkungen: Die D-JET ist das erste Düsenflugzeug der Diamond. Mit diesem Typ will man sich im derzeit stark wachsenden Markt von preisgünstigen leichten Firmenflugzeugen mit einem Düsentriebwerk etablieren, die sich dank einfacher Konstruktionsbauweise und geringem Treibstoffverbrauch recht wirtschaftlich betreiben lassen. Hierbei steht sie in direkter Konkurrenz beispielsweise zur Eclipse 500 (siehe Seiten 164/165) und zur Safire S-26 (siehe Seiten 282/283). Auch die D-JET ist ganz nach der Tradition des Herstellers aus faserverstärktem Kunststoff gebaut. Die Kabine wird mit einer Länge von 3,50 m und einer Breite wie Höhe von 1,42 m recht geräumig ausfallen. Im Cockpit mit Flachbildschirmen wurde besonders auf die einfache Bedienung durch einen einzigen Piloten geachtet. Diamond nennt derzeit einen Kaufpreis für die Basisversion von 830000 Euro.
Hersteller: Diamond Aircraft, Flugplatz Wiener-Neustadt, Österreich.

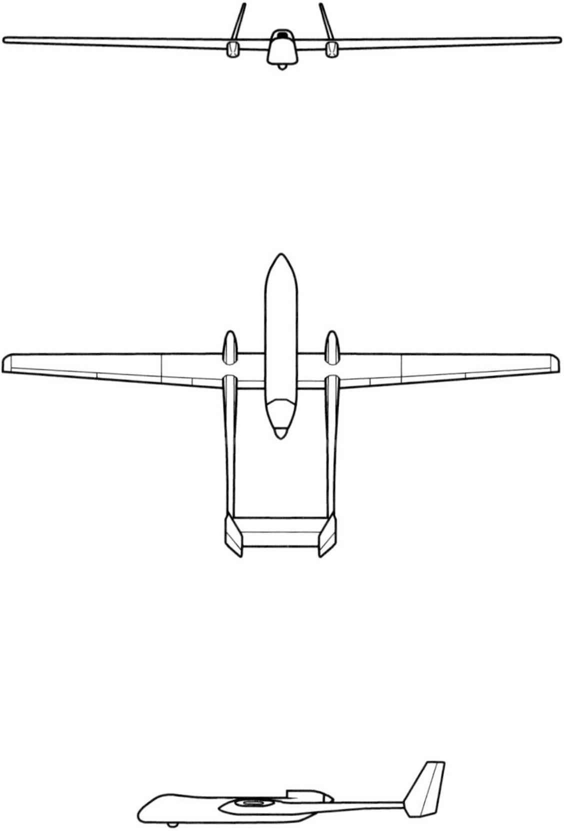

Abmessungen:
Spannweite 16,60 m
Länge 8,50 m

EADS Eagle 1

Ursprungsland: Frankreich (Israel).
Kategorie: Unbemanntes Langstrecken-Aufklärungsflugzeug für mittlere Höhen.
Triebwerke: (Eagle 1) Ein Kolbenmotor mit Schubpropellter Rotax 914 von 100 PS (75 kW) Leistung; (Eagle 2) eine Propellerturbine Pratt & Whitney Canada PT6-67A (Leistung noch unbekannt).
Leistungen: Höchstgeschwindigkeit (Eagle1) 222 km/h, (Eagle 2) 463 km/h; Dienstgipfelhöhe (Eagle 1) 7620 m, (Eagle 2) 13700 m; Reichweite (Eagle 1) 3300 km , (Eagle 2) 3400 km; Einsatzdauer bis zu 24 Std.
Gewichte: Max. Startgewicht (Eagle 1) 1150 kg, (Eagle 2) 3600 kg.
Zuladung: Max Nutzlast (Eagle 1) 250 kg, (Eagle 2) 600 kg.
Entwicklungsstand: Erstflug des ersten von drei Prototypen der Eagle 1 am 2. Juni 2003. Bis Ende 2003 folgten zwei weitere für die französische Armee. Auch Grossbritannien hat sich zum Beschaffen dieses Typs entschlossen.
Bemerkungen: Bei der Eagle 1 handelt es sich um eine Ableitung der israelischen IAI Malat Heron. Die Flugzeugzelle stammt vom israelischen Hersteller, während die Ausrüstung EADS bzw. Unterlieferanten von ihr beisteuern. Sie verfügt über eine sehr fortschrittliche Einsatzausrüstung, u.a. Elektro-optischer Sucher für Tag- und Nacht-Operationen, ein **S**ynthetic **A**perture **R**adar (SAR) von Elita-EL/M-2055, ELINT, COMINT usw. Die Drone ist nur ein Teil eines ganzen Systems. Erfasste Informationen werden mit direkten Link (Satcom) via einen Überwachungssatelliten an eine mobile Bodenkontroll-Station übertragen. Diese bearbeitet die Daten und leitet sie an die Destinaräre weiter. Die Eagle 1 kann selbstständig starten und landen. EADS entwickelt gleichzeitig eine leistungsfähigere Variante Eagle 2, welche dank stärkerem Propellerturbinen-Triebwerk wesentlich bessere Leistungen erbringen wird.
Hersteller: EADS (European Aeronautic Defence and Space Company), Defense and Civil Systems, Schiphol Rijk, Niederlande.

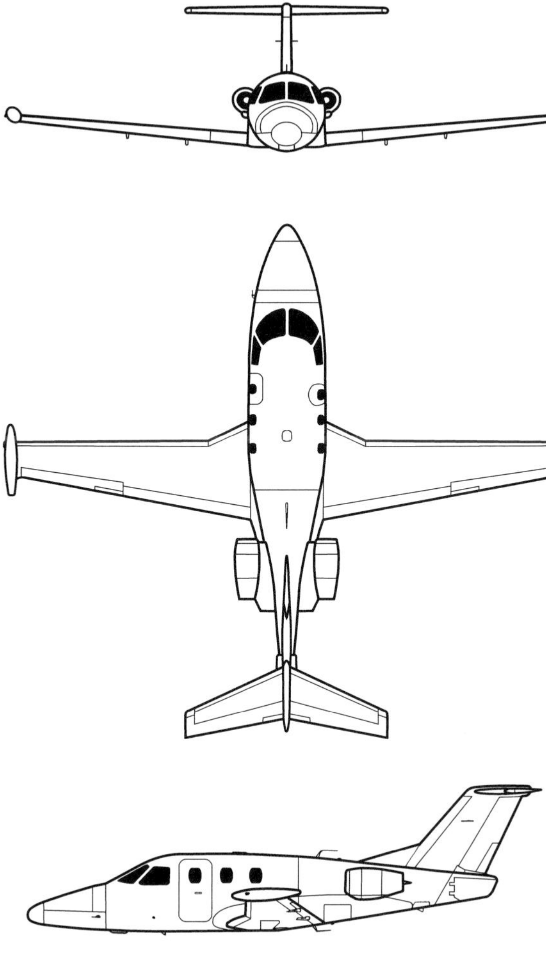

Abmessungen:
Spannweite 11,00 m
Länge 10,10 m
Höhe 3,30 m

ECLIPSE AVIATION ECLIPSE 500

Ursprungsland: USA.
Kategorie: Taxi- und Firmenflugzeug.
Triebwerke: Zwei Mantelstromtriebwerke Pratt & Whitney Canada PW610F von je 408 kp (4,00 kN) Leistung.
Leistungen (nach Angaben des Herstellers): Max. Reisegeschwindigkeit 695 km/h; Dienstgipfelhöhe 12500 m; max. Reichweite 2409 km.
Gewichte (mit FJ33-Triebwerken): Leergewicht 1225 kg; max. Startgewicht 2132 kg.
Zuladung: Pilot und drei bis fünf Passagiere.
Entwicklungsstand: Der Erstflug des Prototyps fand am 26. August 2002 statt. Insgesamt sollen acht Maschinen an der Erprobung beteiligt werden. Der Wechsel zu einem anderen Triebwerkmuster hat zu erheblichen Projekt-Verzögerungen geführt. Mit zweijähriger Verspätung sollen die Auslieferungen nun 2006 beginnen. Nach Angaben des Herstellers sollen bereits Aufträge für rund 1400 Einheiten (+ 715 Optionen) vorliegen. Darunter befindet sich auch eine Bestellung der schweizerischen Aviace für 112 Eclipse 500 zum Aufbau eines «Private Jet Clubs».
Bemerkungen: Das Konzept der Eclipse sieht einen möglichst kostengünstigen und sehr wirtschaftlichen «Volksjet» vor. Anfänglich beläuft sich der Beschaffungspreis auf unter US$ 1 Mio. Die Kunden sollen sich schwergewichtig aus bisherigen Eignern von einmotorigen Sport- und Reiseflugzeugen rekrutieren. Eclipse behauptet, dass ihr Jet mit geringeren Betriebskosten zu betreiben ist als manche einmotorige Kolbenmotor-Flugzeuge. Die ganze Konstruktion besteht aus Aluminium. Obwohl aus Kostengründen weitgehend auf Verbundwerkstoffe verzichtet wurde, ist die Eclipse im Verhältnis zur Grösse recht leicht. Die Avionik von Avio umfasst u.a. Multifunktions-Anzeigen, ein GPS-basiertes Flight Management System sowie digitale Triebwerkskontrolle FADEC. Da die ursprünglich vorgesehenen Williams EJ-22-Triebwerke die Erwartungen nicht erfüllten, wurden sie durch das PW610F ersetzt. Dies bedingt jedoch einige erhebliche Anpassungen, insbesondere steigt das Strukturgewicht.
Hersteller: Eclipse Aviation Corp., Albuquerque, New Mexico, USA.

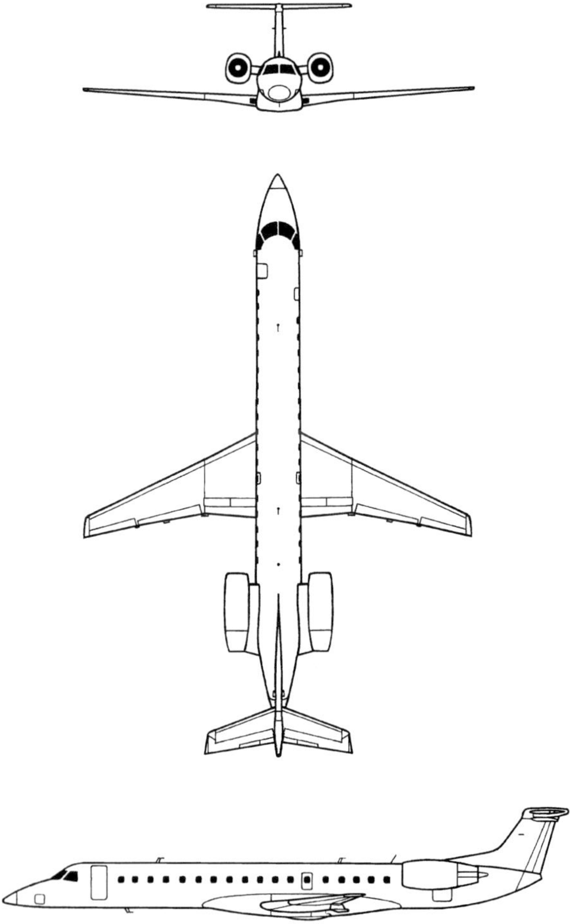

Abmessungen:
Spannweite 20,04 m
Länge 29,87 m
Höhe 6,71 m
Flügelfläche 51,18 m^2

EMBRAER ERJ-145 AMAZON

Ursprungsland: Brasilien.
Kategorie: Regionalverkehrsflugzeug.
Triebwerke: Zwei Mantelstromtriebwerke Allison AE3007A1 von 3391 kp (33,00 kN) Standschub.
Leistungen: Max. Reisegeschwindigkeit 811 km/h auf 10668 m; Dienstgipfelhöhe 11270 m; Zeit um 9100 m zu erreichen 16 Min; Reichweite mit max. Treibstoffzuladung 2648 km, mit max. Passagierzuladung 1612 km; Version -ER mit 50 Passagieren bis zu 2220 km, Version -LR bis zu 3000 km.
Gewichte: Leergewicht 11585 kg; max. Startgewicht 19300 kg, (-ER 20600 kg, -LR 22000 kg).
Zuladung: Zwei Piloten und je nach Innenausstattung bis zu 50 Passagiere in Dreierreihen mit Mittelgang. Max. Nutzlast 5515 kg.
Entwicklungsstand: Der erste Prototyp nahm die Flugerprobung am 11. August 1995 auf. Nach Erteilen der Zulassung begann die Einsatzbereitschaft im Dezember 1996. Bis Ende 2003 sind von der EMB 135, 140 und 145 zusammen rund 890 Bestellungen (+ 500 Optionen) eingegangen (rund 710 davon ausgeliefert). Die monatliche Produktion beträgt etwa acht Einheiten. Eine zweite Produktionsstrasse wurde bei AVIC in China errichtet.
Bemerkungen: Die ERJ-145 ist dafür ausgelegt, längere Streckenabschnitte, beispielsweise in dünnerbesiedelten Regionen, schneller und komfortabler bedienen zu können. Die Rumpfgrundkonstruktion sowie andere Elemente sind von der EMB-120 (siehe Ausgabe 1997) übernommen, während es sich in den anderen Bereichen um eine völlige Neukonstruktion handelt. Generell wurde auf einfache, kostengünstige Auslegung geachtet, um den Verkaufspreis niedrig zu halten. Mehrere Varianten werden angeboten: ERJ-145ER (**E**xtended **R**ange) und ERJ-145LR (**L**ong **R**ange, mit AE3007A1-Triebwerken, Erstflug im April 1998). Ganz neu ist die ERJ-145XR (Erstflug 29. Juni 2001) mit noch grösserer Reichweite von 3775 km. Dazu wurden der Rumpf verstärkt, die Flügel mit Winglets versehen und die Treibstoffkapazität um 800 kg erhöht. Das Abfluggewicht ist auf 24000 kg angehoben und es gelangen stärkere Triebwerke AE3007-A1E mit einer Leistung von 4041 kp (41,20 kN) zum Einbau.
Hersteller: EMBRAER (Emprêsa Brasileira de Aeronautica SA), Sao José dos Campos, Brasilien.

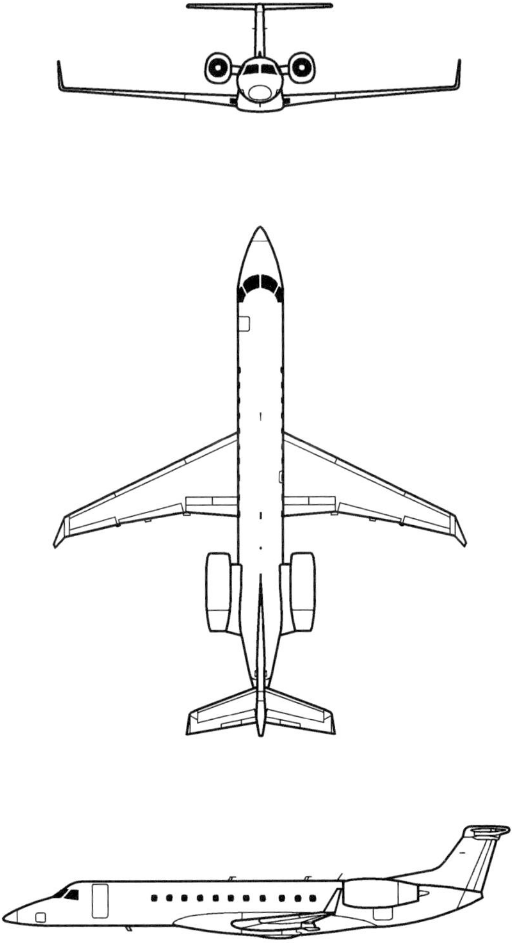

Abmessungen:
Spannweite 21,17 m
Länge 26,33 m
Höhe 6,71 m
Flügelfläche 51,18 m^2

EMBRAER LEGACY

Ursprungsland: Brasilien.
Kategorie: Firmenflugzeug.
Triebwerke: Zwei Mantelstromtriebwerke Rolls Royce Allison AE3007-A1P von je 3600 kp (35,38 kN) Standschub.
Leistungen: Höchstgeschwindigkeit Mach 0,80; max. Reisegeschwindigkeit 833 km/h (Mach 0,78); Dienstgipfelhöhe 10700 m; Reichweite mit zehn Passagieren 5732 km.
Gewichte: Max. Startgewicht 22500 kg.
Zuladung: Zwei Piloten und je nach Inneneinrichtung bis zu 16 Passagiere, als Corporate Shuttle sogar bis zu 37 Personen; max. Nutzlast 3010 kg.
Entwicklungsstand: Die Businessjet-Version Legacy fliegt seit 31. März 2001. Bestellt waren Ende 2003 73 Einheiten + 91 Optionen. Mit den Auslieferungen begann EMBRAER im Herbst 2002. Der grösste Teil wurde bereits abgeliefert. Neu hat die indische Luftwaffe fünf Einheiten bestellt.
Bemerkungen: Drei Ausführungen sind erhältlich: Eine 10- bis 16-plätzige Executive-Version, ein 16- bis 37-Plätzer Corporate Shuttle sowie eine Variante als Staatsflugzeug. Abgeleitet ist die Legacy von der ERJ-135 (siehe Ausgabe 2002). Sie weist nebst einer anderen Inneneinrichtung neue Triebwerke auf. Zudem wurde der Frachtraum umgebaut, um einen Zusatztank von 3978 l aufzunehmen. Im übrigen besteht zum Ausgangsmuster weitgehend Teilegleichheit. Der Kaufpreis für eine Standardausführung beläuft sich auf rund US$ 19 Mio., was für dieses Segment von Businessflugzeugen günstig ist. Dank aerodynamischer Verfeinerungen und höherer Tankkapazität soll die Reichweite nächstens auf 6000 km gesteigert werden.
Hersteller: EMBRAER (Emprêsa Brasileira de Aeronautica SA), Sao José dos Campos, Brasilien.

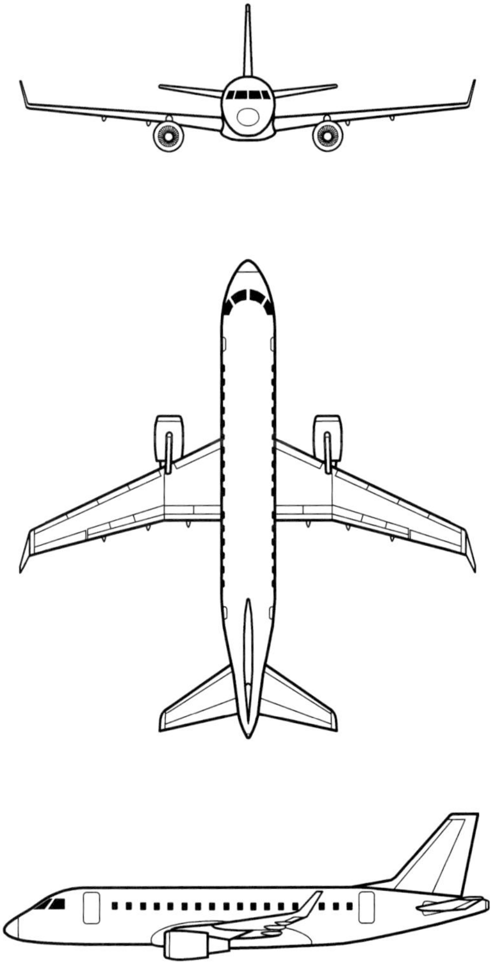

Abmessungen:
Spannweite einschliesslich Winglets
(170/175) 26,00 m, (190/195) 28,72 m
Länge (170) 29,90 m, (175) 31,67 m, (190) 36,24 m, (195) 38,65 m
Höhe (170/175) 9,67 m, (190/195) 10,28 m

EMBRAER 170/175

Ursprungsland: Brasilien.
Kategorie: Regionalverkehrsflugzeug.
Triebwerke: Zwei Mantelstromtriebwerke General Electric CF34-8E von 6250 kp (62,3 kN) Standschub.
Leistungen: Max. Reisegeschwindigkeit 870 km/h (Mach 0,82); Reichweite bei voller Passagierzahl (170STD) 3334 km, (170LR) 3797 km, (175STD) 2400 km (175LR) 3519 km.
Gewichte: Leergewicht (170) 20940 kg, (175) 21810 kg; max. Startgewicht (170STD) 35990 kg, (170LR) 37200 kg, (175STD) 37500 kg, (175LR) 38790 kg.
Zuladung: Zwei Piloten und bis zu (170) 70 bzw. (175) normal 78, max. 86 Passagiere in Viererreihen mit Mittelgang. Max. Nutzlast (170) 8660 kg, (175) 9890 kg.
Entwicklungsstand: Der erste von sechs Prototypen nahm die Flugerprobung am 19. Februar 2002 auf. Am 14. Juni 2003 folgte die erste 175. Angesichts aufgetauchter Probleme während der Entwicklung verzögert sich die Erstauslieferung auf Anfang 2004. Der Auftragsbestand aller Ausführungen belief sich Ende 2003 auf 245 Bestellungen und 305 Optionen, darunter von JetBlue 85 (+ 100 Optionen), US Airways 85 (+ 50 Optionen).
Bemerkungen: Die EMBRAER 170 und die etwas längere 175 sind für das obere Ende des Regionalflugzeugmarktes vorgesehen. Bei beiden ist der «Double bubble-Rumpfquerschnitt» hervorzuheben, der einer «Acht» gleicht. Dies bringt für den Passagier erhebliche Komfortverbesserungen. Bei vier Sitzen nebeneinander sind Kopf- und Ellenbogenfreiheit wesentlich grösser. Im übrigen entspricht die Konstruktion dem heute üblichen technischen Stand: Cockpit mit farbigen Flüssigkristall-Bildschirmen, digitale, elektronische Triebwerkkontrolle, Fly-by-Wire-Steuerung usw. Dank vier Türen sollen extrem kurze Bodenzeiten möglich sein. Auch bei der 170/175 werden zwei Ausführungen (STD und LR) angeboten, die sich durch verschiedene Reichweitenleistungen unterscheiden. 2004 folgen die noch grösseren Versionen 190/195.
Hersteller: EMBRAER (Emprêsa Brasileira de Aeronautica SA), Sao José dos Campos, Brasilien.

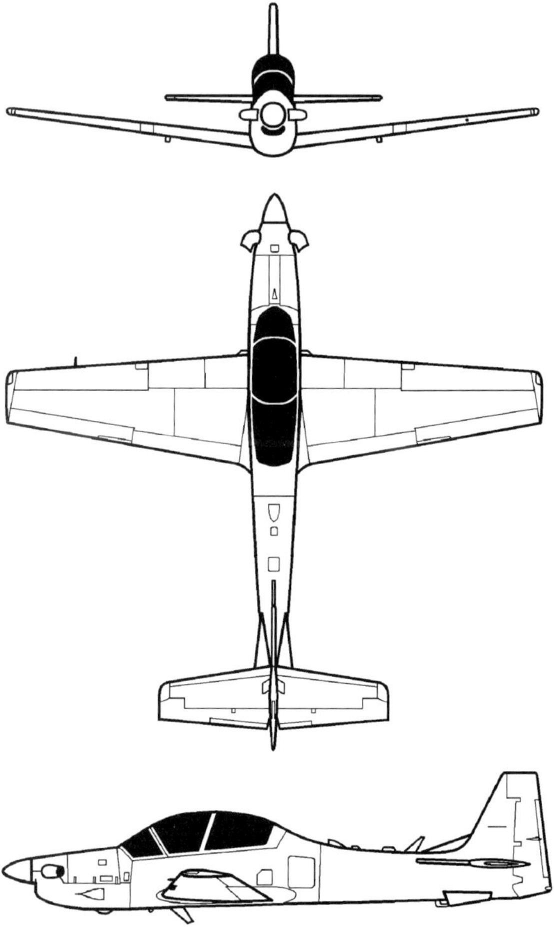

Abmessungen:
Spannweite 11,14 m
Länge 11,38 m
Höhe 3,97 m
Flügelfläche 19,40 m^2

EMBRAER EMB-314/A-29 SUPER TUCANO

Ursprungsland: Brasilien.
Kategorie (EMB-314): Zweisitziger Basis- und Fortgeschrittenentrainer bzw. (ALX) leichtes einsitziges (A-29) bzw. zweisitziges (AT-29) Erdkampf- und Überwachungsflugzeug.
Triebwerke: Eine Propellerturbine Pratt & Whitney Canada PT6A-68/3 von 1600 WPS (1190 kW) Leistung.
Leistungen: Höchstgeschwindigkeit 590 km/h; max. Reisegeschwindigkeit 535 km/h; Anfangssteiggeschwindigkeit 24 m/Sek; Dienstgipfelhöhe 10600 m; Aktionsradius auf 3300 m ohne Bewaffnung 750 km, bei voller Bewaffnung 540 km.
Gewichte: Leergewicht 3150 kg; normales Startgewicht 3600 kg, mit Waffenlast 5250 kg.
Bewaffnung (AT-29): Zwei in den Flügeln fest eingebaute 12,7 mm-Maschinengewehre sowie an fünf Aufhängestationen unter dem Rumpf und unter den Flügeln eine Vielzahl von verschiedenen Waffenlasten bis zu 1500 kg.
Entwicklungsstand: Der erste, bereits dem Serienstandard entsprechende Prototyp YA-29 (siehe Foto) nahm die Flugerprobung am 2. Juni 1999 auf. Die brasilianische Luftwaffe erhält ab 2003 25 A-29 und 51 AT-29 (+ 23 Optionen). Neuester Besteller: Domenikanische Republik (10).
Bemerkungen: Die A-29/AT-29 sind die Erdkampf- bzw. COIN-Ausführungen des Trainers EMB-314 Super Tucano. Sie unterscheiden sich von ihm hauptsächlich durch eine missionsbezogene Ausrüstung: Elbit-Angriffs- und Navigationselektronik, GPS, Head-up-Display, Multifunktionsbildschirme, punktuell verstärkte Zellen- und Flügelstruktur. Das Cockpit ist gepanzert und druckbelüftet. Die Besatzung kann für Nachteinsätze mit **N**ight-**V**ision-**G**oggles (NVG) ausgestattet werde. Der Zweisitzer AT-29 verfügt zusätzlich über ein nach vorne gerichtetes FLIR-Gerät. So ausgerüstet, soll die A-29 primär zur Bekämpfung von Drogenschmugglern und Guerillas in der Amazonasregion eingesetzt werden. Dabei wird sie mit der AEW-Version der EMB-145SA (siehe Seiten 158/159) zusammenarbeiten.
Hersteller: EMBRAER (Emprêsa Brasileira de Aeronautica SA), Sao José dos Campos, Brasilien.

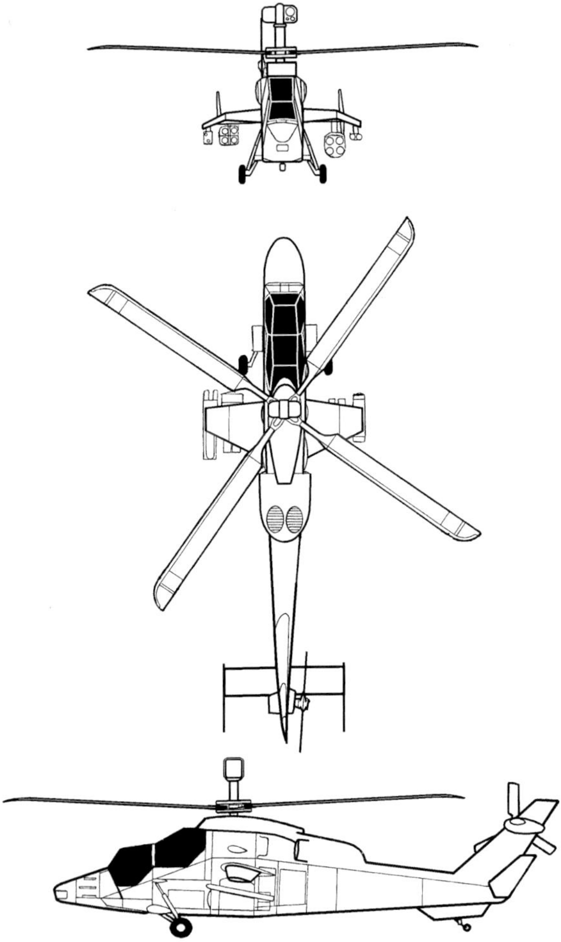

Abmessungen:
Rotordurchmesser 13,00 m
Rumpflänge (HAP mit Kanone)
15,00 m, (UHU) 14,08 m
Höhe inkl. Rotorkopf 3,83 m, inkl. Mastvisier 5,20 m

EUROCOPTER TIGER/UHU

Ursprungsland: Frankreich und Deutschland.
Kategorie: Zweisitziger Panzerabwehr- und Erdkampfunterstützungs-Hubschrauber.
Triebwerke: Zwei Gasturbinen MTU/Rolls-Royce/Turboméca MTR 390 von je 1285 WPS (958 kW) Leistung.
Leistungen (HAP): Höchstgeschwindigkeit 322 km/h; max. Reisegeschwindigkeit 287 km/h; normale Reisegeschwindigkeit 250 km/h; max. Schrägsteiggeschwindigkeit 11,5 m/Sek; Dienstgipfelhöhe 3960 m; Schwebehöhe ohne Bodeneffekt 3500 m; Flugdauer 2,85 Std, Reichweite 800 km.
Gewichte: Leer 3400 kg; normales Startgewicht 5400 kg; max. Überlast 6100 kg.
Bewaffnung (HAP): 30-mm-Kanone, bis zu 68 ungelenkte Raketen und vier Mistral-Luft-Luft-Lenkwaffen; (HAC): Acht Panzerabwehrlenkwaffen HOT/Trigat und zwei Luft-Luft-Lenkwaffen Mistral; (UHU): Zwei Behälter für je 22 ungelenkte 67-mm-Raketen, zwei starre 12,7-mm-Kanonen unter den Flügeln und Stinger-Luft-Luft-Lenkwaffen.
Entwicklungsstand: Fünf Prototypen wurden gebaut, wovon der erste am 27. April 1991 erstmals flog. Die französische Luftwaffe erhält ab 2003 voraussichtlich 215 Maschinen (115 HAP und 100 HAC), die deutsche Armee 212 Uhu's. Bisher sind 206 Einheiten bestellt, davon je 80 für Deutschland und Frankreich. 22 Tiger erhält die australische Armee ab 2004. Spanien beschafft ab 2007 24 Einheiten einer verbesserten Ausführung (Lizenzbau).
Bemerkungen: Drei Versionen werden gebaut: HAP (**H**élicoptère d'**A**ppui **P**rotection = Feuerunterstützung, mit Schützenoptik mittels TV-/Infrarotkamera, Laser-Entfernungsmesser) und HAC (**H**élicoptère **A**nti-**C**har = Panzerabwehrhubschrauber zusätzlich mit Osiris-Sichtsystem) für die französische Armee und UHU (**U**nterstützungs**hu**bschrauber, Ausrüstung weitgehend baugleich mit der HAC-Version) für die deutsche Armee. Die Zelle besteht zu über 75 % aus Verbundwerkstoffen. Zur Abschirmung von elektromagnetischen Einflüssen und zum Blitzschutz sind grosse Teile des Rumpfes mit einem Kupfer-Bronze-Gitter versehen. Die Panzerabwehrversion erhält ein auf dem Rotormast montiertes Visier mit Kamera.
Hersteller: Eurocopter Hubschrauber GmbH, München, Deutschland.

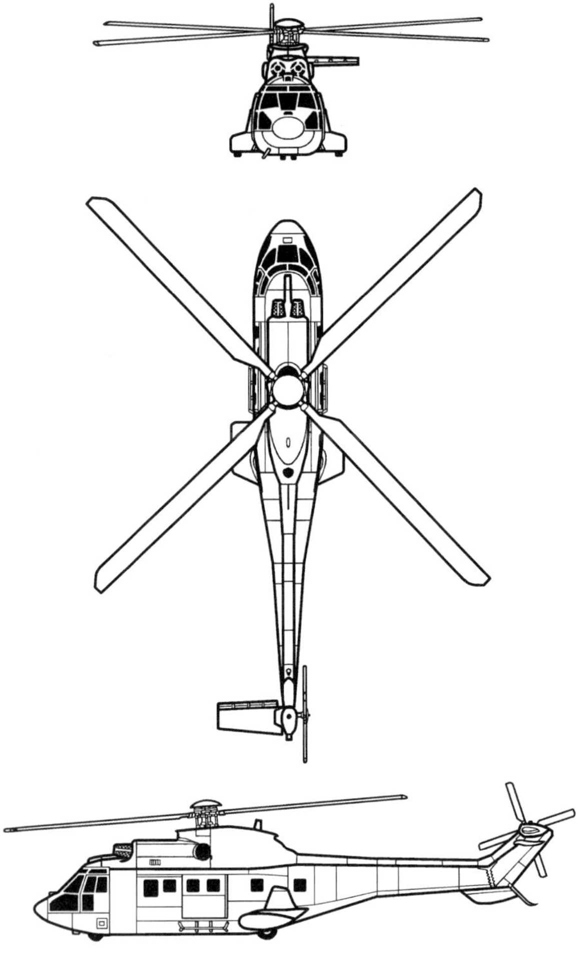

Abmessungen:
Rotordurchmesser 16,20 m
Rumpflänge inkl. Heckrotor 16,79 m
Höhe inkl. Rotorkopf 4,60 m

EUROCOPTER EC 225 SUPER PUMA / EC 725 COUGAR

Ursprungsland: Frankreich.
Kategorie: Mittelschwerer ziviler (EC 225) und militärischer (EC 725) Mehrzweckhubschrauber.
Triebwerke: Zwei Gasturbinen Turboméca Makila 1A2 von je 1959 WPS (1461 kW) Leistung.
Leistungen (EC 225): Höchstgeschwindigkeit 315 km/h; Reisegeschwindigkeit 276 km/h auf Meereshöhe; max. Schrägsteiggeschwindigkeit 6,5 m/Sek; Schwebehöhe mit Bodeneffekt 2500 m, ohne Bodeneffekt 1600 m; Reichweite mit Standardtreibstoffzuladung 647 km.
Gewichte: Leer 4650 kg; max. Startgewicht 9300 kg, mit Aussenlast 10000 kg.
Zuladung: Zwei Piloten und 24 Passagiere oder 29 Soldaten (AS 532). Max. Nutzlast 4140 kg.
Entwicklungsstand: Erstflug des Prototyps am 6. Februar 1987. Von allen Super Puma-Varianten sind bis heute rund 540 Maschinen in Auftrag gegeben worden, davon rund zwei Drittel durch 34 militärische bzw. paramilitärische Organisationen. Die EC 725 fliegt seit 27. November 2000. 14 Einheiten erhält die Armée de l'Air ab 2003.
Bemerkungen: Die verschiedenen derzeit angebotenen Ausführungen sind in der Ausgabe 1998 beschrieben. Neu hinzugekommen ist die EC 725 Cougar Mk.II+ Combat SAR (früher als AS 532Mk.II+ bezeichnet). Nebst Rettungsgeräten ist sie mit Suchscheinwerfer, FLIR und Wetterradar ausgerüstet. Eurocopter entwickelte als Konkurrenz zur S-92 (siehe Seiten 300/301) eine Weiterentwicklung EC 225 Super Puma Mk.III, die seit Ende 2001 verfügbar ist. Sie weist dank leistungsfähigeren Makila 2A-Triebwerken (2413 WPS bzw. 1800 kW) ein höheres max. Startgewicht von 11000 kg auf. Das Kabinenvolumen nahm durch Vergrösserung des Rumpfes (Länge + 70 cm, Breite + 25 cm, Innenhöhe + 35 cm) um rund einen Viertel zu. Neu ist auch der fünfblättrige Rotor sowie das verstärkte Getriebe. Diese Ausführung wird für zivile wie auch für militärische Zwecke angeboten.
Hersteller: Eurocopter, Werk Marignane, La Courneuve, Frankreich.

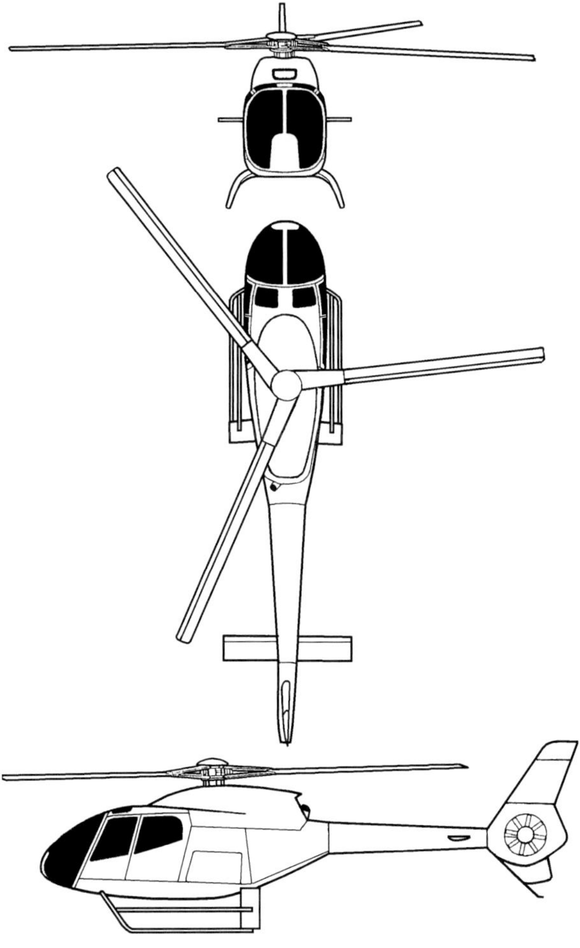

Abmessungen:
Rotordurchmesser 10,20 m
Rumpflänge inkl. Rotor 11,52 m
Höhe 3,40 m

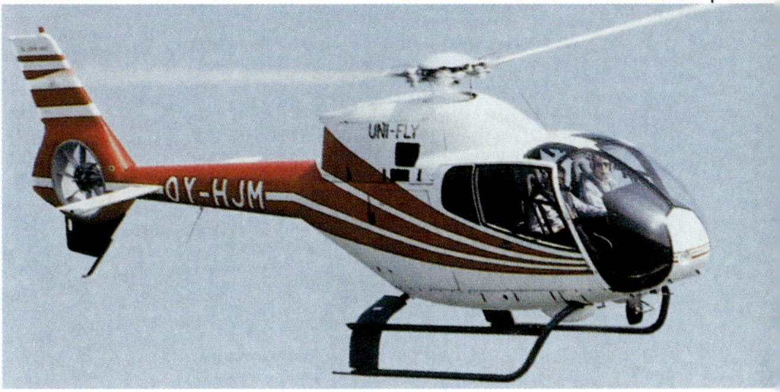

EUROCOPTER EC 120B COLIBRI

Ursprungsland: Frankreich, Volksrepublik China und Singapur.
Kategorie: Leichter ziviler Mehrzweckhubschrauber.
Triebwerke: Eine Gasturbine Turboméca Arrius 2F von 504 WPS (375 kW) Leistung.
Leistungen: Höchstgeschwindigkeit 278 km/h; max. Reisegeschwindigkeit 231 km/h; max. Steiggeschwindigkeit 7,49 m/Sek; Dienstgipfelhöhe 6100 m; Schwebehöhe mit Bodeneffekt 4145 m, ohne Bodeneffekt 3413 m; Reichweite 750 km.
Gewichte: Leergewicht 895 kg; max. Startgewicht 1680 kg.
Zuladung: Pilot und vier Passagiere. Max. Nutzlast 750 kg.
Entwicklungsstand: Der erste von drei Prototypen ging am 9. Juni 1995 in die Luft. Aktuell beläuft sich der Bestellungsstand auf fast 300 Einheiten, darunter 15 für die spanische Luftwaffe und 12 bzw. 3 für die Luftwaffe und Marine Indonesiens. Im März 2001 wurde die 200. Einheit hergestellt. Die Monatsproduktion ist derzeit unbekannt.
Bemerkungen: An der Gemeinschaftsentwicklung EC 120 nehmen teil: Eurocopter als technischer Leiter mit 61 % Anteil (Konzeption, Elektronik, dynamische Komponenten, Endmontage und Zertifizierung), CATIC/HAMC 24 % (ganze Rumpfstruktur) und Singapore Technologies 15 % (Rotorheck, Verbundwerkstoffstruktur, Kabinentüren). Die Zelle dieses nach neuesten Erkenntnissen konstruierten Hubschraubers besteht weitgehend aus Verbundwerkstoffen. Dank des Spheriflex-Hauptrotors und des neu entwickelten ummantelten Fenestron-Heckrotors werden ausgezeichnete Flugleistungen bei geringem Geräuschpegel erreicht. Die hohen Sicherheitsanforderungen werden u.a. durch bruchsichere Sitze und Kraftstofftanks erfüllt. Mit der EC 120 will man das untere Ende des Hubschraubermarktes abdecken und erhofft sich dank tiefem Anschaffungspreis von rund US$ 800000.– und sehr günstigen Betriebskosten eine grosse Abnehmerzahl. Im englischsprachigen Raum wird die EC 120 statt Colibri als Hummingbird bezeichnet.
Hersteller: Eurocopter, CATIC/HAMC (China) und Singapore Aerospace, Paris, Frankreich.

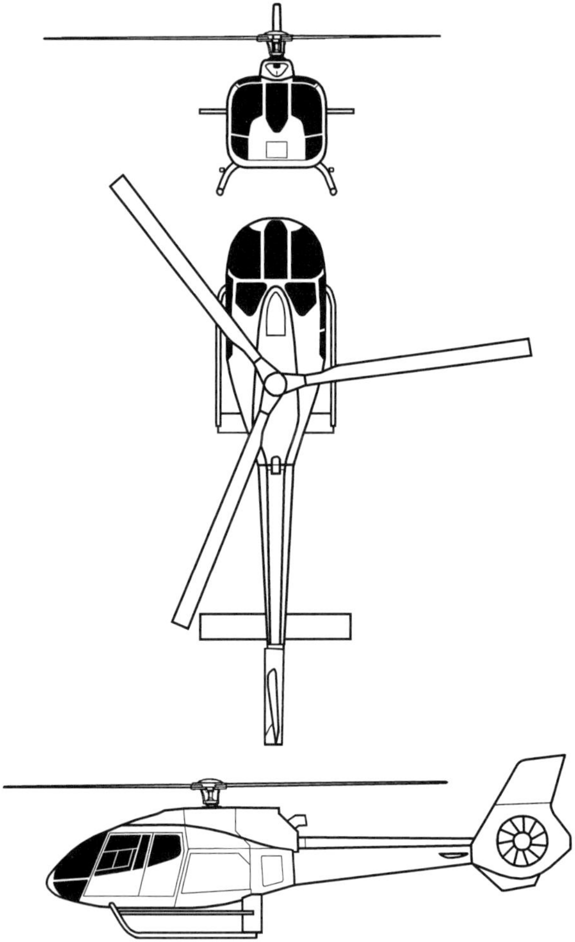

Abmessungen:
Rotordurchmesser 10,69 m
Rumpflänge 10,68 m
Höhe inkl. Rotorkopf 3,34 m
Höhe über Heckleitwerk 3,61 m

EUROCOPTER EC130 B4

Ursprungsland: Frankreich.
Kategorie: Leichter ziviler Mehrzweckhubschrauber.
Triebwerke: Eine Gasturbine Turboméca Arriel 2B1 von 848 WPS (632 kW) Leistung.
Leistungen: Höchstgeschwindigkeit 287 km/h; Reisegeschwindigkeit 259 km/h auf Meereshöhe; max. Schrägsteiggeschwindigkeit 11,6 m/Sek; Dienstgipfelhöhe 5029 m; Schwebehöhe bei max. Nutzlast mit Bodeneffekt 3267 m, ohne Bodeneffekt 2663 m; Reichweite etwa 600 km.
Gewichte: Leer 1369 kg; max. Startgewicht 2400 kg, mit externer Last 2800 kg.
Zuladung: Normal Pilot und sechs, maximal sieben Passagiere. Als EMS-Hubschrauber bis zu zwei liegende Patienten und zwei Pfleger. Max. Nutzlast extern 1160 kg.
Entwicklungsstand: Völlig überraschend wurde im Februar 2001 die EC 130 der Öffentlichkeit vorgestellt. Dabei hatte die Flugerprobung bereits im Juni 1999 begonnen. Die ersten Ablieferungen erfolgten Ende 2001. Bisher sollen über 100 Einheiten bestellt worden sein. Die Monatsproduktion beläuft sich auf drei Einheiten.
Bemerkungen: Obwohl von der AS 350 B3 (siehe Ausgabe 2003) abgeleitet, erscheint die EC 130 B4 als neue Konstruktion. Am augenfälligsten ist der um 25 cm verbreiterte und etwas flachere Rumpf, welcher 23 % mehr Innenraum für Passagiere und Gepäck zulässt und höheren Komfort bietet. Neu ist auch der Fenestron-Heckrotor. Dank diesem und anderen Massnahmen soll die EC 130 B4 im Betrieb besonders lärmarm sein. Die Triebwerksfunktionen werden durch ein digitales Zweikanal-Kontrollsystem überwacht, was die Arbeit des Piloten erleichtert. Zudem wurden verschiedene Massnahmen zur Erhöhung der Sicherheit getroffen. Eurocopter gibt als Grundpreis US$ 1,6 Mio. an.
Hersteller: Eurocopter, Werk Marignane, La Courneuve, Frankreich.

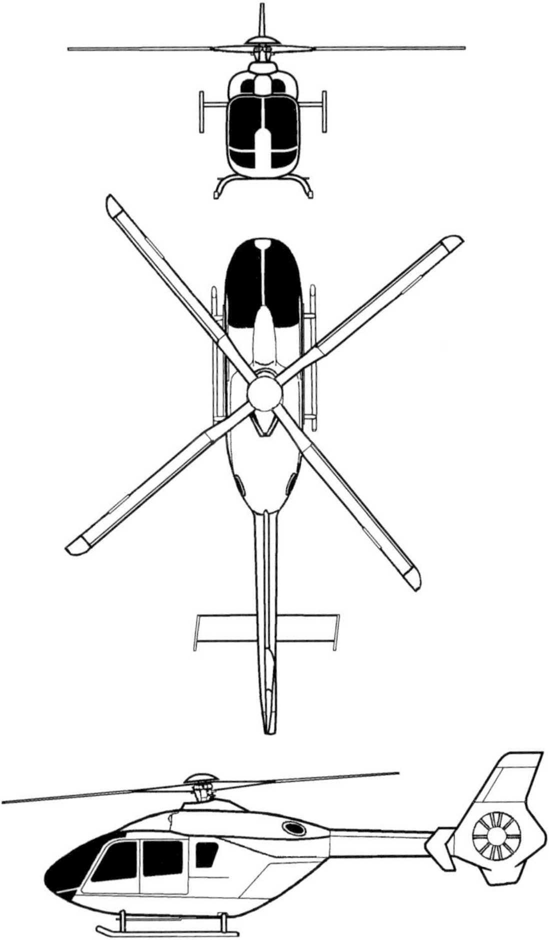

Abmessungen:
Rotordurchmesser 10,20 m
Rumpflänge 10,17 m
Höhe inkl. Rotorkopf 3,35 m
Höhe über alles 3,55 m

EUROCOPTER (MBB) EC 135

Ursprungsland: Deutschland.
Kategorie: Leichter Mehrzweckhubschrauber.
Triebwerke: Zwei Gasturbinen Turboméca Arrius 2B1A-1 von je 606 WPS (452 kW) oder Pratt & Whitney Canada PW206B2 von je 621 WPS (463 kW) Leistung.
Leistungen (PW206B2): Höchstgeschwindigkeit 278 km/h; ökonom. Reisegeschwindigkeit 226 km/h; max. Schrägsteiggeschwindigkeit 8,4 m/Sek; Dienstgipfelhöhe 5180 m; Schwebehöhe mit Bodeneffekt 4140, ohne 3260 m; max. Reichweite 630 km.
Gewichte: Leer 1490 kg; max. Startgewicht mit Aussenlast 2900 kg.
Zuladung: Sechs bis sieben Personen; bei Rettungseinsätzen zwei Tragbahren und zwei Helfer; max. Nutzlast 1250 kg.
Entwicklungsstand: Der erste Prototyp EC 135 fliegt seit 15. Februar 1994; Beginn der Ablieferungen am 31. Juli 1996. Bisher sind über 300 Hubschrauber gebaut worden. Der Bundesgrenzschutz erhält insgesamt 21, die Bundeswehr 15 EC 135/635. Neuester Auftraggeber: Jordanien 16 EC 635, tschechische Polizei 8.
Bemerkungen: Die EC 135 folgt neuesten Technologieprinzipien: Haupt- und Heckrotor aus Faserverbundwerkstoffen ohne jegliche Gelenke; Übertragungswelle mit speziellen Vibrationsdämpfern, Zellenstruktur aus Kunststoff, Fenestron-Heckrotor usw. Der Rotorkopf besitzt keine Blattlager mehr. Die Verstellung der einzelnen Rotorblätter geschieht durch elastische Verformung der Kunststoff-Blattwurzel. Rotornabe und Rotormast sind aus einem einzigen Stück geschmiedet. EC 135 für Polizeiaufgaben sind meistens wie folgt ausgerüstet: Suchscheinwerfer, Nachtsichtausrüstung, TV-Kamera und spezielle Navigationsmittel. Die militärische Ausführung heisst EC 635, ist – abgesehen von Zusatzausrüstungen – mit der zivilen jedoch weitgehend identisch. Neu ist die EC 135 T2 mit Arrius 2B2-Triebwerken von je 640 WPS (475 kW) Leistung.
Hersteller: Eurocopter Hubschrauber, München, Deutschland.

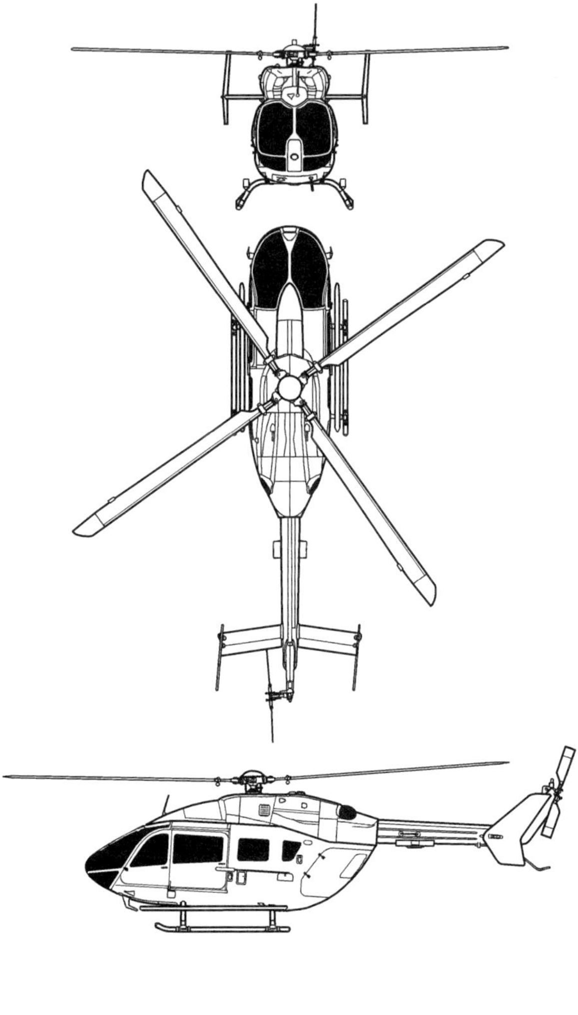

Abmessungen:
Rotordurchmesser 11,00 m
Rumpflänge 10,19 m
Höhe inkl. Rotorkopf 3,95 m

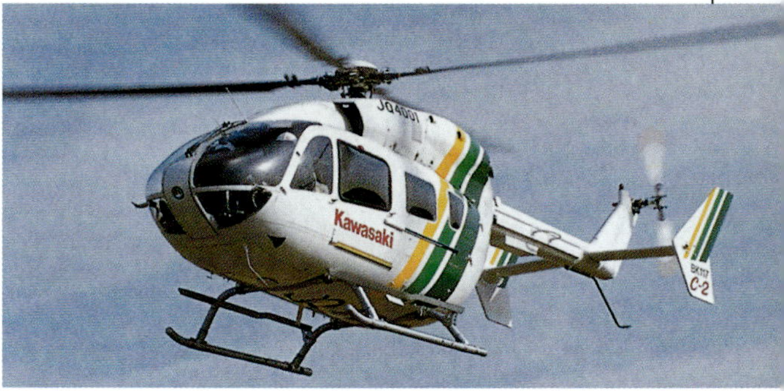

EUROCOPTER (MBB/KAWASAKI) EC 145

Ursprungsland: Deutschland und Japan.
Kategorie: Mehrzweckhubschrauber.
Triebwerke: Zwei Gasturbinen Turboméca Arriel 1E2 von je 750 WPS (550 kW) Leistung.
Leistungen: Höchstgeschwindigkeit 270 km/h auf Meereshöhe; max. Reisegeschwindigkeit 245 km/h; max. Schrägsteiggeschwindigkeit 8,4 m/Sek; Dienstgipfelhöhe 5300 m, Schwebehöhe mit und ohne Bodeneffekt 2130 m; Reichweite mit normaler Treibstoffzuladung 670 km; Einsatzdauer 3,30 Std.
Gewichte: Leergewicht 1742 kg; norm. Startgewicht 3350 kg; max. Startgewicht 3550 kg.
Zuladung: Acht bis zwölf Personen inkl. Piloten; bei EMS-Einsätzen zwei liegende Verletzte und zwei Pfleger; max. Nutzlast 1500 kg.
Entwicklungsstand: Erstflug der EC 145 am 12. Juni 1999. Bisherige Bestellungen: Französische Sécurité Civile 32, Gendarmerie 8, ADAC 2, REGA 5. Die Ablieferungen begannen Mitte 2001. Von den früheren Varianten sind bisher über 300 Exemplare weltweit in Einsatz gelangt.
Bemerkungen: Die vorerst als BK117 C-2, später aber in EC 145 umbezeichnete neueste Ausführung weist wesentliche Verbesserungen auf. Völlig neu sind die Avionik und das Cockpit mit NVG-Ausrüstung. Die Innengrösse der Kabine nahm durch Verlängerung des Rumpfes um 40 cm und Verbreiterung um 10 cm deutlich zu. Damit und wegen der einfachen Lademöglichkeit via Hecktüren eignet sich diese Version besonders für Rettungseinsätze. Dank höherem Abfluggewicht sind bessere Reichweitenleistungen erzielbar. Das Cockpit übernimmt wesentliche Elemente der EC 135 (siehe Seiten 182/183). Auch formal ist besonders der Frontbereich diesem Muster sehr ähnlich. Der Anschaffungspreis beläuft sich auf rund 5,9 Mio Euro. Eine EC 145 wird gegenwärtig mit einem dreidimensionalen Informations-Display getestet, welches die Sicht bei Nachteinsätzen erhöht.
Hersteller: Eurocopter Hubschrauber, MBB Division, München, Deutschland, sowie Kawasaki Heavy Industries Ltd., Gifu, Japan.

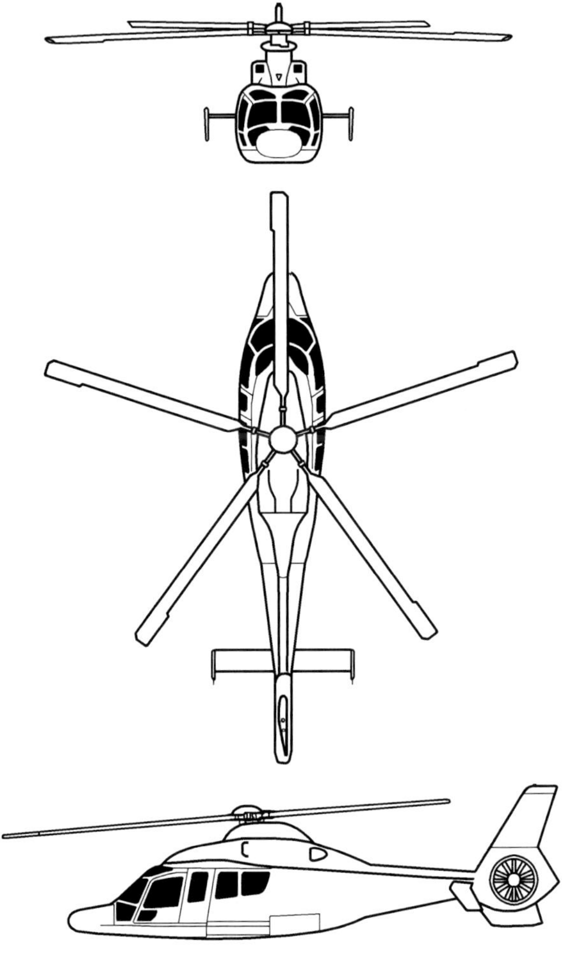

Abmessungen:
Rotordurchmesser 12,60 m
Rumpflänge 12,83 m
Höhe inkl. Rotorkopf 3,52 m
inkl. Seitenleitwerk 4,35 m

EUROCOPTER EC 155B

Ursprungsland: Frankreich.
Kategorie: Ziviler und militärischer Mehrzweckhubschrauber.
Triebwerke: Zwei Gasturbinen Turboméca Arriel 2C von je 851 WPS (635 kW) Leistung.
Leistungen: Höchste Reisegeschwindigkeit auf Meereshöhe 264 km/h; max. Durchschnittsreisegeschwindigkeit 252 km/h auf Meereshöhe; ökonom. Reisegeschwindigkeit 260 km/h; max. Schrägsteiggeschwindigkeit 7,0 m/Sek; Schwebehöhe mit Bodeneffekt 2550 m, ohne Bodeneffekt 1800 m; Reichweite 830 km auf Meereshöhe.
Gewichte: Leer 2523 kg; max. Startgewicht mit interner Nutzlast 4800 kg, mit externer Nutzlast 5000 kg.
Zuladung: Ein bis zwei Piloten und max. 13 Passagiere bzw. 14 Soldaten; max. Nutzlast 1994 kg.
Entwicklungsstand: Die EC 155 fliegt seit 17. Juni 1997. Bisher sind etwa 50 Einheiten bestellt und weitgehend abgeliefert worden, darunter an Bundesgrenzschutz 15 und an Baden-Württemberg 2.
Bemerkungen: Die EC 155 ist eine wesentlich weiterentwickelte Ausführung der AS 365N2 (siehe Ausgabe 1997). Sie zeichnet sich vor allem durch eine um 30 cm verlängerte Kabine aus, die zudem 18 cm höher ist. Das Innenvolumen nahm sogar um 40 % zu. Ebenfalls deutlich grösser wurde der Gepäckraum. Als Antrieb dienen zwei leistungsgesteigerte Arriel 2C-Triebwerke mit einem neuen Spheriflex-Fünfblattrotor, welcher einen um 60 cm grösseren Durchmesser aufweist. Der Zehnblatt-Fenestron-Heckrotor wurde zur Lärmreduktion ebenfalls modifiziert. Das Cockpit ist vollständig digitalisiert. Die Grundausführung soll etwa US$ 5,5 Mio. kosten. Gegenwärtig prüft Eurocopter eine leistungsfähigere Version EC 155 HP. Diese soll auch die Basis für eine militärische Ausführung EC 655 sein. Für diese sind bisher keine Aufträge eingegangen.
Hersteller: Eurocopter (Aérospatiale), Werk Marignane, La Courneuve, Frankreich.

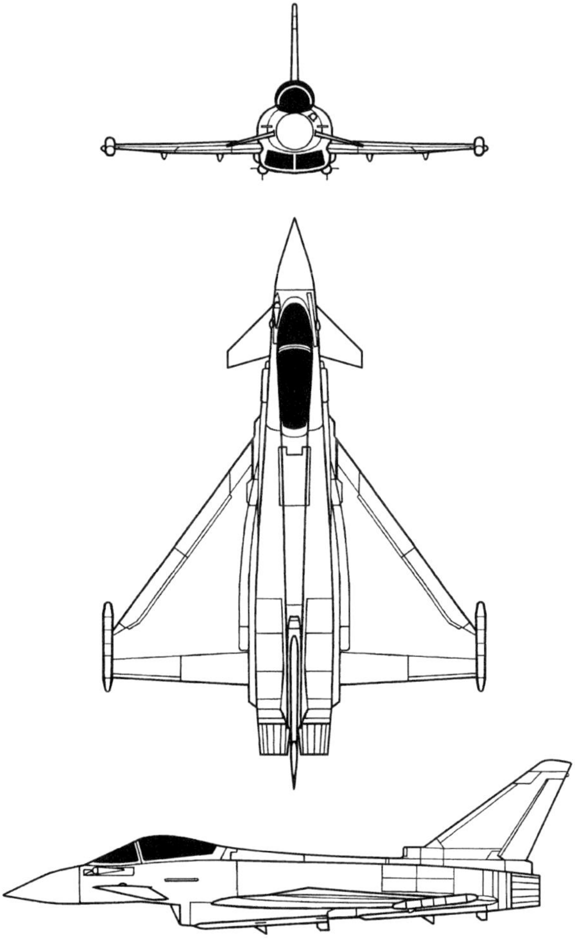

Abmessungen:
Spannweite 10,95 m
Länge 15,96 m
Höhe 5,28 m
Flügelfläche 50,00 m^2

EUROFIGHTER EJ2000 TYPHOON

Ursprungsland: Grossbritannien, Deutschland, Italien und Spanien.
Kategorie: Einsitziger Abfang- und Luftüberlegenheitsjäger.
Triebwerke: Zwei Mantelstromtriebwerke Eurojet EJ200 von je rund 6100 kp (60 kN) Standschub ohne und 9185 kp (90 kN) mit Nachbrenner.
Leistungen: Höchstgeschwindigkeit in grosser Höhe Mach 2,0+, in Bodennähe 1390 km/h; Steigzeit auf 10000 m ca. 2 Min; Dienstgipfelhöhe 16765 m; Aktionsradius mit je zwei Luft-Luft-Lenkwaffen AIM-120 und AIM-132 inkl. Aussentanks 1390+ km; Überführungsreichweite mit zwei Aussentanks 3700 km.
Gewichte: Leer 10995 kg; max. Startgewicht 23000 kg.
Bewaffnung: Eine 27-mm-Mauser-Kanone im Rumpf und beispielsweise eine Zusammensetzung von sechs Kurzstrecken-Luft-Luft-Lenkwaffen AIM-132 und vier Mittelstrecken-Luft-Luft-Lenkwaffen AIM-120. Max. Waffenlast 6500 - 8000 kg an 13 Waffenstationen.
Entwicklungsstand: Der erste von sieben Prototypen nahm am 27. März 1994 die Flugerprobung auf, gefolgt vom ersten Serienmuster im Laufe von 2002. 638 Einheiten sind derzeit für folgende Länder geplant: Grossbritannien 232, Bundesrepublik Deutschland 180, Italien 121, Spanien 87. Ein erstes Los von 148 Maschinen wurde freigegeben. 2003 sind die ersten Serienmaschinen abgeliefert worden. Definitiv hat sich Österreich zur Beschaffung von 18 Einheiten ausgesprochen. Der Auftrag von Griechenland (60) ist derzeit in der Schwebe.
Bemerkungen: Die EJ2000 Typhoon wird als Ein- wie als Doppelsitzer angeboten. Die ersten Einheiten sind vorerst für Abfangaufgaben konfiguriert. Erst ab 2004 steht der gesamte Leistungsumfang zur Verfügung. Für den Exportmarkt prüft Eurofighter derzeit eine Ausführung mit sog. konformen Zusatztanks links und rechts am Rumpf oberhalb des Flügels. Damit liesse sich die Einsatzreichweite erheblich vergrössern. Das Zusatzgewicht würde durch um 15 % leistungsstärkere Triebwerke ausgeglichen. Als weitere Optionen erwägt man schwenkbare Austrittsdüsen und ein überarbeitetes Cockpit mit Voice-Control (= sprachgesteuerte Flugzeugführung).
Hersteller: Eurofighter, München, Deutschland.

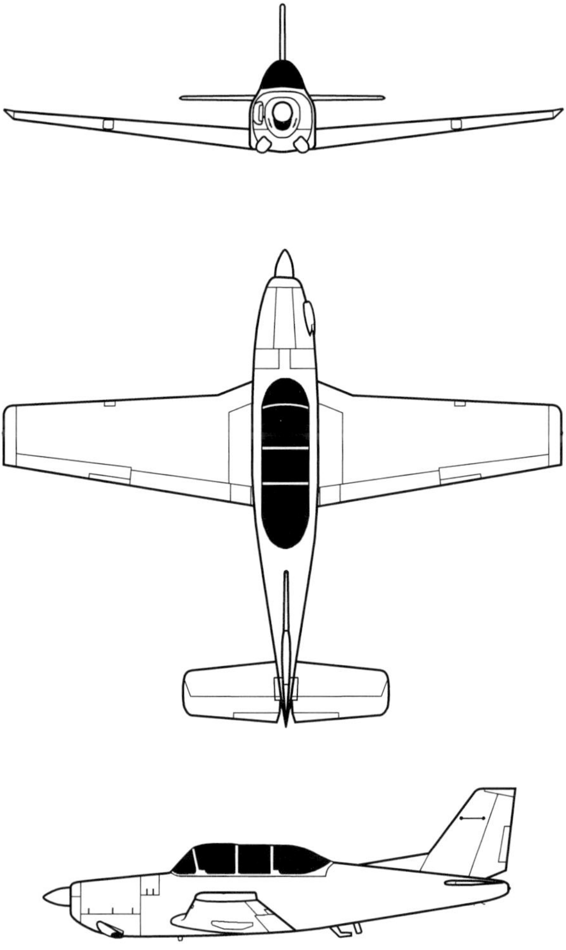

Abmessungen:
Spannweite 10,00 m
Länge 8,53 m
Flügelfläche 16,50 m²

FUJI T-7

Ursprungsland: Japan.
Kategorie: Grundschultrainer.
Triebwerke: Eine Propellerturbine Rolls-Royce 250B-17F von 450 WPS (345 kW) Leistung.
Leistungen: Max. Reisegeschwindigkeit 300 km/h; Dienstgipfelhöhe 7620 m.
Gewichte: Max. Startgewicht 1585 kg.
Zuladung: Flugschüler und Fluglehrer in Sitzen hintereinander.
Entwicklungsstand: Erstflug des Prototyps 1998. Zwei Vorserienmaschinen fliegen seit 2002. Die japanischen Selbstverteidigungsstreitkräfte wollen insgesamt 49 Einheiten beschaffen, 32 davon sind bereits bestellt. Die ersten werden 2004 einsatzbereit sein.
Bemerkungen: Im September 1998 wählte die japanische Regierung die T-7 (gelegentlich auch T-3 Kai genannt) als Nachfolgerin des bisherigen Grundschultrainers T-3 der gleichen Firma aus. Bei diesem Tandemsitzer handelt es sich um eine Weiterentwicklung der besagten T-3. Ausser dem Triebwerk sind Modifikationen am Kühler, sowie an den Flügeln und am Heck vorgenommen worden. Dank des neuen Triebswerks sind sämtliche Flugleistungen deutlich besser als jene der Vorgängerin. Eine Ableitung der gemeinsamen Vorgängerin, die Fuji T-5, wurde an die japanische Marine ausgeliefert. Sie unterscheidet sich hauptsächlich durch die zwei Sitze nebeneinander und der Möglichkeit, bis zu vier Personen mitzuführen. 36 Maschinen wurden bis 1999 gebaut.
Hersteller: Fuji Heavy Industries, Tokyo, Japan.

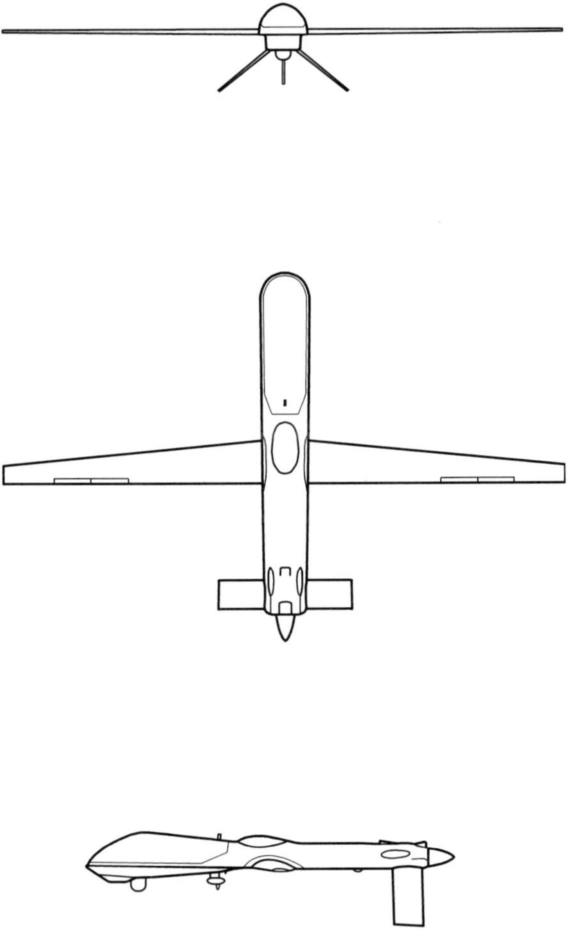

Abmessungen:
Spannweite 14,60 m
Länge 8,23 m

GENERAL ATOMICS RQ-1A PREDATOR

Ursprungsland: USA.
Kategorie: Unbemannte Drone für Aufklärungs- und ELINT-Aufgaben in mittleren Höhen.
Triebwerke: Ein Kolbenmotor mit Schubpropeller Rotax 914 TC von 106 PS (79 kW) Leistung.
Leistungen: Höchstgeschwindigkeit ca. 225 km/h; Dienstgipfelhöhe 7600 m; Flugdauer 500 km von der Basis entfernt 24 Std; max. Flugdauer 40 bis 60 Std.
Gewichte: Normales Startgewicht 850 kg, max. Startgewicht 1040 kg.
Zuladung: Aufklärungssysteme im Gesamtgewicht von 204 kg.
Entwicklungsstand: Die erste Einheit wurde im August 1994 vorgestellt. Seit mehreren Jahren befindet sich eine unbekannte Anzahl von Systemen bei der USAF im Einsatz. 2003 hat die USAF 29 Dronen nachbeschafft. Einschliesslich der USN, sollen insgesamt über 90 Einheiten gekauft werden. Italien hat fünf (+ drei Optionen) Systeme erhalten.
Bemerkungen: Die RQ-1A ist eine verbesserte Version des Ausgangsmusters GNAT-750, welches nur vereinzelt für Spionage-Aufgaben der CIA Verwendung findet. Das eingebaute «Synthetische Breitband-Aufklärungsradar» (SAR) ist mit einer Datenverbindung via Satellit ausgerüstet. Ein hoch auflösendes Videoaufnahmegerät ermöglicht zudem den Kommandanten von Bodentruppen, via Data-link Real-Time-Informationen vom Feindgebiet zu beschaffen. Die Predator kann unter allen Wetterbedingungen Einsätze fliegen. Von der Auslegung ist sie besonders für den Langsamflug auf mittleren Höhen optimiert. Eine Version dieses Typs verfügt über spezialisierte Radio-Frequenz-Systeme, um ELINT-Aufgaben zu erfüllen. Weiter wird derzeit eine bewaffnete Ausführung erprobt, welche u.a. AGM-114 Hellfire-Panzerabwehr-Lenkwaffen an zwei Flügelstationen mitführen kann. Die USAF erprobt unter dem Namen Predator B je eine Variante mit einem Mantelstromtriebwerk FJ44-2A (MQ-9A) sowie eine mit einer Propellerturbine Honeywell TPE-331-10T (sechs von USAF bestellt, siehe Foto). Damit würden sich die Flugleistungen in allen Bereichen wesentlich erhöhen. Zudem könnten mehr Waffen mitgeführt werden.
Hersteller: General Atomics Aeronautical Systems Inc., San Diego, USA.

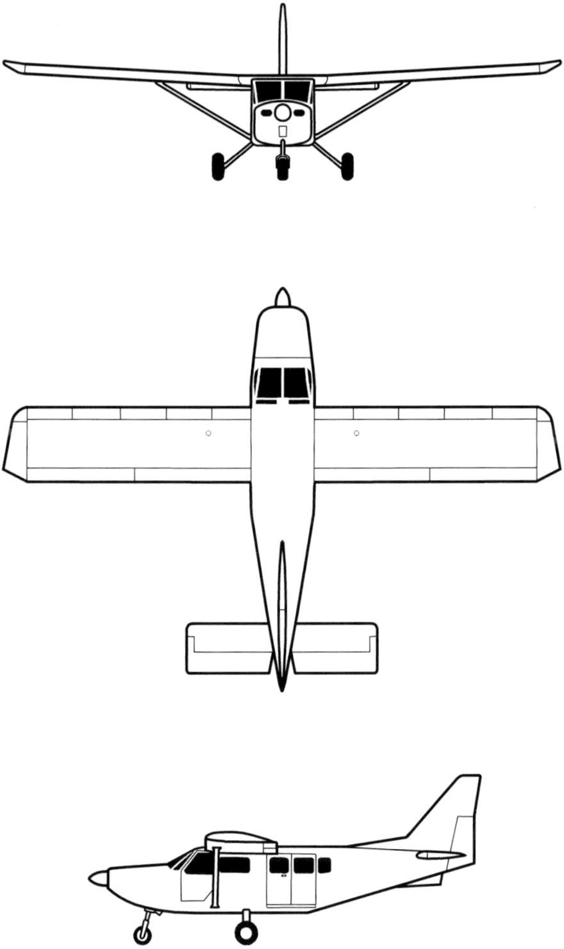

Abmessungen:
Spannweite 12,30 m
Länge 8,76 m
Höhe 3,66 m
Flügelfläche 19,20 m²

GIPPSLAND AERONAUTICS GA-8 AIRVAN

Ursprungsland: Australien.
Kategorie: Einmotoriges STOL-Mehrzweckflugzeug.
Triebwerke: Ein luftgekühlter Sechszylinder-Boxermotor Textron Lycoming IO-540-K1A5 von 300 PS (223 kW) Leistung.
Leistungen: Höchstzulässige Geschwindigkeit 259 km/h; normale Reisegeschwindigkeit 240 km/h; Anfangssteiggeschwindigkeit 4,0 m/Sek; Dienstgipfelhöhe 6100 m; Reichweite 1350, maximal 1720 km.
Gewichte: Leergewicht 997kg; max. Startgewicht 1814 kg.
Zuladung: Pilot und bis zu sieben Passagiere, als Frachter max. Nutzlast von rund 600 kg.
Entwicklungsstand: Der Prototyp startete am 3. März 1995. Zugelassen wurde der Airvan im Dezember 2000. Etwa 40 Maschinen sind bestellt, darunter 16 durch die US Civil Air Patrol. Derzeit prüft man, die Herstellung im Franchising-Verfahren an weitere Firmen ausserhalb Australiens abzugeben.
Bemerkungen: Dieses äusserst robuste und sehr einfach konstruierte Mehrzweckflugzeug ist besonders für Einsätze in Entwicklungsländern gedacht. So wird dieses Muster für einen in dieser Kategorie konkurrenzlos günstigen Preis von etwa US$ 310000.— angeboten. Es verfügt über kurze Start- und Landeeigenschaften und kann von unvorbereiteten Pisten aus operieren. Steuerung, Avionik und Inneneinrichtung sind sehr einfach gehalten und auf das Nötigste beschränkt. Das Fahrwerk ist nicht einziehbar. Derzeit erwägt man, den Lycoming-Motor durch ein Dieseltriebwerk Thielert TAE 135 von 310 PS (230 kW) Leistung zu ersetzen. Eine verlängerte zehnplätzige Variante, ausgerüstet mit einer Propellerturbine Rolls-Royce 250 von 420 WPS (310 kW), soll entwickelt werden. Auch eine Ausführung mit Schwimmern ist geplant. Schliesslich wird 2004 eine Ausführung mit neuem Propeller für den europäischen Markt erhältlich sein.
Hersteller: Gippsland Aeronautics, Morwell Victoria, Australien.

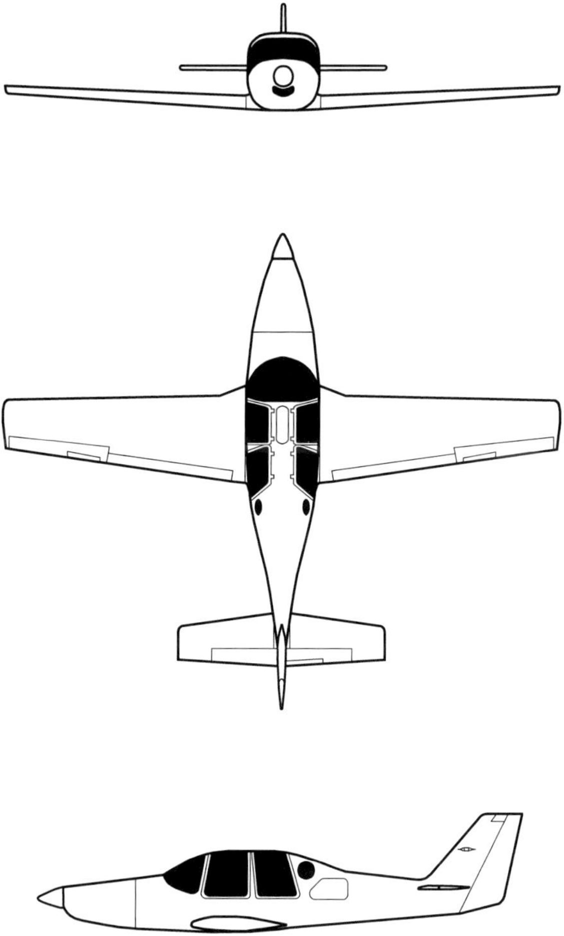

Abmessungen:
Spannweite 10,30 m
Länge 8,90 m
Höhe 2,80 m
Flügelfläche 13,30 m²

GROB G 140TP

Ursprungsland: Deutschland.
Kategorie: Leichtes Mehrzweckflugzeug.
Triebwerke: Eine Propellerturbine Rolls Royce 250 B17F von 450 WPS (335 kW) Leistung.
Leistungen: Max. Reisegeschwindigkeit 408 km/h auf 3050 m; normale Reisegeschwindigkeit 315 km/h; Anfangssteiggeschwindigkeit 13,70 m/Sek; Reichweite mit vier Passagieren und 30 Min. Reserve 1065 km, maximal 2130 km.
Gewichte: Max. Startgewicht (Akrobatik) 1500 kg, sonst 1650 kg.
Zuladung: Vier Personen einschliesslich des Piloten; max. Nutzlast 550 kg.
Entwicklungsstand: Der Erstflug des Prototyps erfolgte am 12. Dezember 2002. Mit der Zulassung wird Ende 2003 gerechnet. Verkaufszahlen wurden bisher noch keine bekannt.
Bemerkungen: Die G 140TP ist vorwiegend für folgende zwei Aufgaben gedacht: Trainer für zivile oder militärische Betreiber. Dazu ist die Maschine voll kunstflugtauglich. Aber auch als leichtes Geschäftsreiseflugzeug ist dieses Muster geeignet und in dieser Aufgabe besonders wirtschaftlich zu betreiben. Die Kabine ist für vier Personen sehr grosszügig konzipiert, um auch längere Trips angenehm zu gestalten. Rumpf und Flügel sind vollständig aus Verbundwerkstoffen. Die G 140TP verfügt über ein Einziehfahrwerk sowie einen Fünfblattpropeller Mühlbauer MTV-5. Je nach Kundenwunsch kann die G 140TP mit oder ohne Druckkabine bestellt werden. Der Kaufpreis soll ab US$ 890000.— betragen.
Hersteller: Grob Luft- und Raumfahrt GmbH & Co. KG., Tussenhausen-Mattsies, Deutschland.

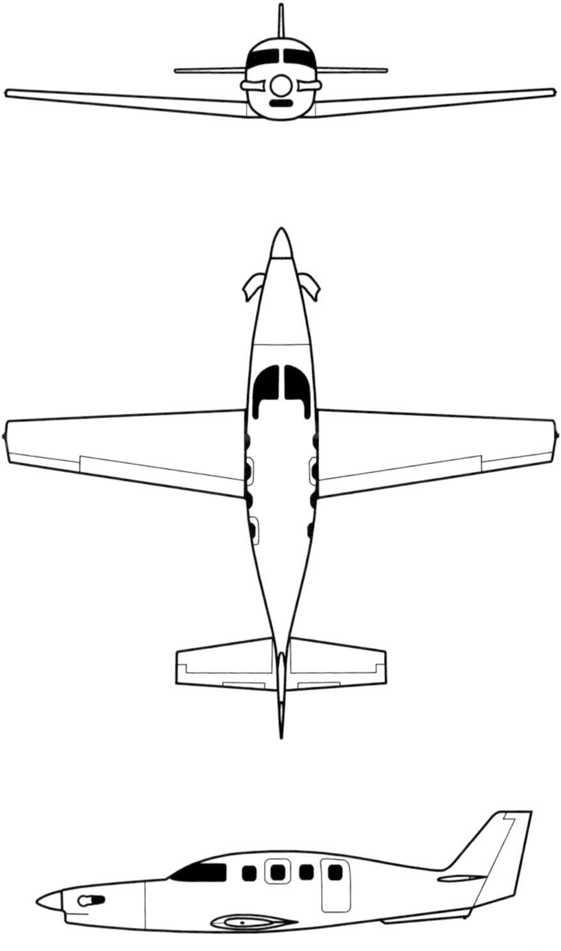

Abmessungen:
Spannweite 13,00 m
Länge 11,50 m
Höhe 3,40 m
Flügelfläche 20,50 m²

GROB G 160TP RANGER

Ursprungsland: Deutschland.
Kategorie: Firmenflugzeug.
Triebwerke: Eine Propellerturbine Pratt & Whitney PT6A-42A von 850 WPS (640 kW) Leistung.
Leistungen (geschätzt): Max. Reisegeschwindigkeit 500 km/h auf 7620 m; Anfangssteiggeschwindigkeit 12,0 m/Sek; Dienstgipfelhöhe 9500 m; Reichweite mit sechs Personen auf 7620 und 30 Min. Reserve 3300 km, maximal 4000 km.
Gewichte: Max. Startgewicht 3300 kg.
Zuladung: Ein bis zwei Piloten in separatem Cockpit und normal vier, maximal bis zu sechs Passagiere; max. Nutzlast 720 kg.
Entwicklungsstand: Der Prototyp soll 2004 erstmals fliegen. Mit der Auslieferung an Kunden will der Hersteller 2005 beginnen. Ob schon Bestellungen eingegangen sind, ist derzeit unbekannt.
Bemerkungen: Mit diesem Modell stösst Grob in die Klasse der schweren einmotorigen Firmenflugzeuge mit Propellerturbine vor. Grossen Wert wurde auf hohen Komfort gelegt. Im Gegensatz zu ähnlichen Modellen weist die G 160 TP einen ovalen statt kreisrunden Querschnitt auf. Zudem ist der Boden durchgehend flach. Diese grosszügigen Platzverhältnisse sollen auch ein Arbeiten im Flugzeug erleichtern. So sind alle Sitze mit Laptop-Anschlüssen ausgerüstet. Als Option ist die Ranger mit einem Erfrischungsbereich/Toilette sowie zwei zusätzlichen Sitzen erhältlich. Dies geht allerdings zulasten des Gepäckbereichs. Wie bei Grob üblich, ist auch die G 160 TP weitgehend aus faserverstärktem Kunststoff gebaut. Das Cockpit verfügt praktisch nur noch über drei grosse Multifunktionsanzeigen des Typs Honeywell Apex. Der Basiskaufpreis beträgt rund 2 Mio. Euro.
Hersteller: Grob Luft- und Raumfahrt GmbH & Co. KG., Tussenhausen-Mattsies, Deutschland.

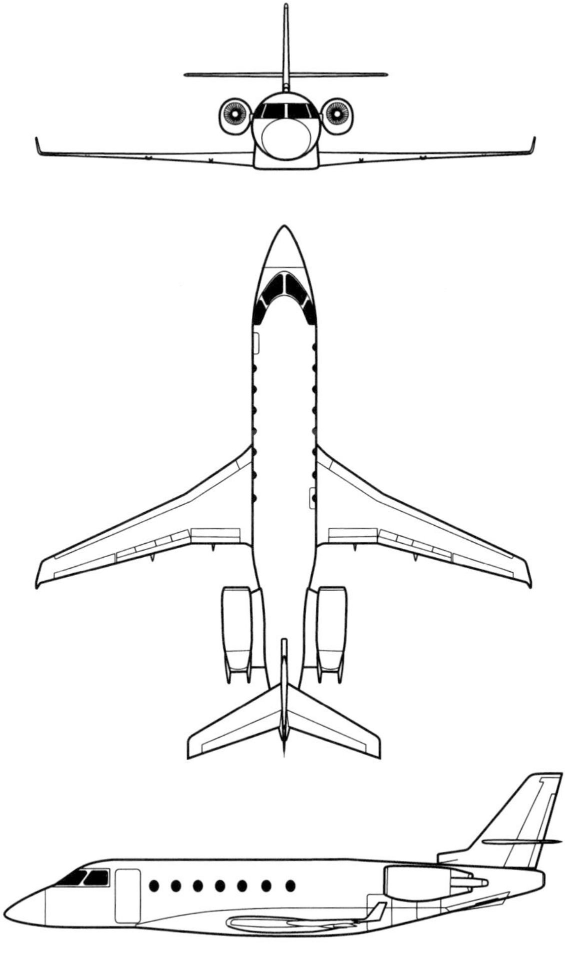

Abmessungen:
Spannweite 17,71 m
Länge 18,97 m
Höhe 6,53 m
Flügelfläche 34,28 m^2

GULFSTREAM G 200

Ursprungsland: Israel/USA.
Kategorie: Firmenflugzeug.
Triebwerke: Zwei Mantelstromtriebwerke Pratt & Whitney Canada PW306A von je 2740 kp (26,98 kN) Standschub.
Leistungen: Höchstgeschwindigkeit 870 km/h oder Mach 0,85; Langstrecken-Reisegeschwindigkeit 800 km/h (Mach 0,82); Dienstgipfelhöhe 13716 m; Reichweite mit vier Passagieren und IFR-Reserven 6660 km.
Gewichte: Leergewicht 8981 kg; max. Startgewicht 16080 kg.
Zuladung: Zwei Piloten und normalerweise acht Passagiere in Komfortausführung oder bis zu 18 Personen in enger Dreierbestuhlung mit Mittelgang; max. Nutzlast 1905 kg.
Entwicklungsstand: Der erste von vier Prototypen fliegt seit 25. Dezember 1997, gefolgt vom zweiten am 21. Mai 1998. Die Ablieferungen begannen Anfang 1999. Über 100 Einheiten (+ Optionen) sind bisher bestellt worden, mehr als die Hälfte davon wurde bereits produziert. Jährlich werden 24 Maschinen in Israel hergestellt, welche die Innenausstattung in den USA erhalten.
Bemerkungen: Die frühere Galaxy, neu als Gulfstream G 200 bezeichnet, ist das Resultat einer Zusammenarbeit zwischen der israelischen IAI und einer amerikanischen Finanzgruppe und wurde aus der Astra SPX/G 100 (siehe Ausgabe 2003) weiterentwickelt. Während der Flügel weitgehend von ihr übernommen wurde, verfügt die G 200 über einen völlig neu konstruierten, wesentlich grösseren Rumpf. Mit einer Länge von 7,44 m, einer Breite von 2,18 m und einer Höhe von 1,91 m (Innenmasse) wird sie wesentlich höheren Ansprüchen gerecht. Wie bei den meisten Geschäftsflugzeugen neuester Generation ist das Cockpit mit Multifunktionsdisplays ausgerüstet; Lieferant ist Rockwell Collins. Der Verkaufspreis einer voll ausgerüsteten G 200 beträgt rund US$ 17 Mio. Dank eines Gewichtreduzierungsprogramms von gegen 300 kg sollen die ursprünglich zugesicherten Nutzlast- und Reichweitenleistungen erreicht werden.
Hersteller: Gulfstream Aerospace Corp., (Tochtergesellschaft von Daimler Chrysler Corp.), Savannah, Georgia, USA, Werk Israel Aircraft Industries Ltd., Ben-Gurion International Airport, Israel.

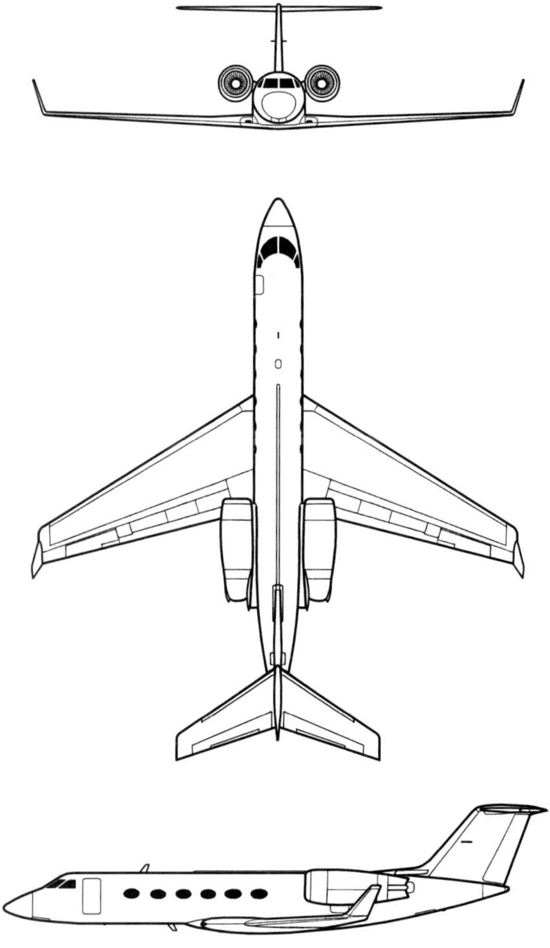

Abmessungen:
Spannweite 23,72 m
Länge (300) 26,90 m, (450) 27,23 m
Höhe 7,67 m
Flügelfläche 88,29 m^2

GULFSTREAM AEROSPACE GULFSTREAM 300/450

Ursprungsland: USA.
Kategorie: Firmen- und Mehrzweckflugzeug für zivile und militärische Aufgaben.
Triebwerke: Zwei Mantelstromtriebwerke Rolls-Royce (450) Tay 611-8C von je 6282 kp (61,60 kN) Standschub.
Leistungen (450): Max. Reisegeschwindigkeit Mach 0,88; Langstrecken-Reisegeschwindigkeit 850 km/h; Dienstgipfelhöhe 13715 m; Reichweite bei Mach 0,80 8061 km.
Gewichte (450): Rüstgewicht 19504 kg; max. Startgewicht 33521 kg.
Zuladung: Zwei Piloten im Cockpit und je nach Innenausstattung 12, 14 oder bis 19 Passagiere; (450) Nutzlast bei vollen Tanks 816 kg, max. 2227 kg.
Entwicklungsstand: Recht überraschend präsentierte Gulfstream im Oktober 2003 die Gulfstream 450, die am 30. April 2003 den Erstflug absolviert hatte. Die Gulfstream IV-SP fliegt seit 1993. Bisher sind rund 450 Gulfstream IV ausgeliefert worden. Die Gulfstream 300 ist ab sofort erhältlich, die 450 ab 2005.
Bemerkungen: Die Gulfstream-Familie wird konsequent weiter entwikkelt. Nach der Ausführung -SP (= Special Performance, neu als Gulfstream 400 bezeichnet, siehe Ausgabe 2001) folgten die Gulfstream 300 und ganz neu die Gulfstream 450. Während erstere eine Verbesserung der -SP darstellt, ausgerüstet mit einer integrierten Honeywell SPZ-8400-Avionik, überarbeiteten Inneneinrichtungen und besseren Reichweitenleistungen, übernimmt die 450 wesentliche Elemente der grösseren Gulfstream 500/550 (siehe Seiten 204/205). Von ihr stammen u.a. das Cockpit-System PlaneView sowie die Rumpfspitze. Dank stärkeren Triebwerken sind grössere Reichweiten möglich und die Druckkabine ist verbessert. US Army und USN planen gemeinsam die Beschaffung einer als RC-20 bezeichneten Spezialvariante der Gulfstream 450. Ausgerüstet mit einer umfangreichen Sensorik von Northrop Grumman wäre sie vor allem für elektronische Überwachungseinsätze (sog. ACS, **A**erial **C**ommon **S**ensor Intelligence) vorgesehen. Mehr als 50 Einheiten sollen beschafft werden.
Hersteller: Gulfstream Aerospace Corp. (Tochterfirma von DaimlerChrysler Corp.), Savannah, Georgia, USA.

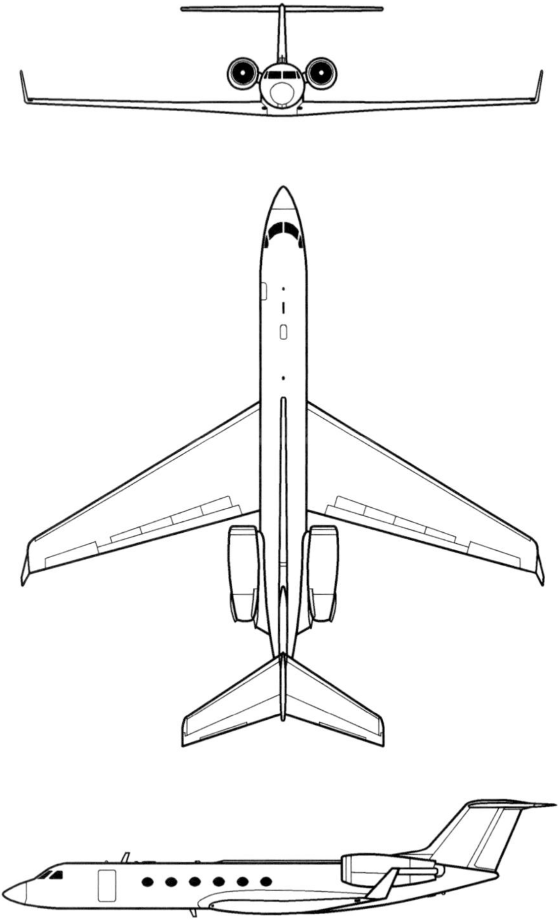

Abmessungen:
Spannweite 28,50 m
Länge 29,40 m
Höhe 7,90 m
Flügelfläche 105,63 m^2

GULFSTREAM AEROSPACE GULFSTREAM 500/550

Ursprungsland: USA.
Kategorie: Langstrecken-Firmenflugzeug.
Triebwerke: Zwei Mantelstromtriebwerke BMW/Rolls-Royce BR 710 von je (500) 6690 kp (65,6 kN), (550) 6980 kp (68,4 kN) Standschub.
Leistungen: Max. Reisegeschwindigkeit (500) 904 km/h (Mach 0,85), (550) 940 km/h (Mach 0,885); Langstrecken-Reisegeschwindigkeit 851 km/h; Anfangssteiggeschwindigkeit (500) 21,3 m/Sek; Dienstgipfelhöhe 15545 m; Reichweite mit max. Treibstoffzuladung, acht Passagieren und IFR-Reserven (500) 10742 km, (550) 12500 km.
Gewichte: Rüstgewicht (500) 21682 kg, (550) 21919 kg; max. Startgewicht (500) 38601 kg, (550) 41277 kg.
Zuladung: Zwei Piloten im Cockpit und normalerweise 13 bis 15, max. 19 Passagiere. Nutzlast bei vollen Tanks 816 kg, max. (500) 3039 kg, (550) 2950 kg.
Entwicklungsstand: Der noch als Gulfstream V bezeichnete Prototyp flog erstmals am 28. November 1995. Die Auslieferungen begannen Mitte 1997. Bis Ende 2003 waren rund 200 Einheiten im Einsatz. Die USAF erhält 20 als C-37A bezeichnete VIP-Transporter, die US Army und die US Coast Guard je eine. Die Variante 550 startete am 18. Juli 2002 zum Erstflug. Bisher sind etwa 40 Einheiten bestellt. Von beiden Ausführungen werden jährlich etwa 30 Maschinen gebaut.
Bemerkungen: Das Ausgangsmuster Gulfstream IV (siehe Ausgabe 2001) wurde vollständig überarbeitet. Der Rumpf weist eine Streckung von 2,40 m auf und bietet somit einen wesentlich höheren Passagierkomfort mit grösserer Gepäckzuladung. Die Kabine misst nun 15,30 m. Völlig neu wurde der Flügel konstruiert, um ihn für die erforderlichen Reichweiten zu optimieren. Es gelangt das digitale Avionik-System Honeywell PlaneView mit sechs Multifunktionsbildschirmen zum Einbau. Unter der Bezeichnung 550 (früher V-SP) bietet Gulfstream eine verbesserte Ausführung mit einer Reichweitenleistung von 12500 km und neuem Cockpit an. Sie hat leistungsstärkere Triebwerke. Israel beschafft vier (+ 2 Optionen) der Gulfstream 550 in zwei Varianten, eine für ELINT-/SIGINT-Aufgaben sowie eine AEW-Ausführung. Letztere besitzt das Phalcon AEW-Radar von IAI.
Hersteller: Gulfstream Aerospace Corp. (Tochterfirma von DaimlerChrysler Corp.), Savannah, Georgia, USA.

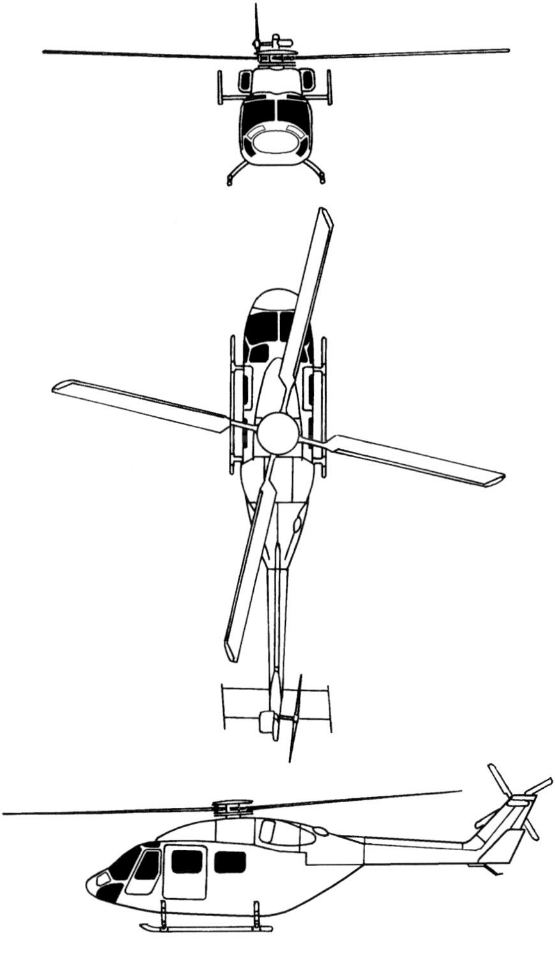

Abmessungen:
Rotordurchmesser 13,20 m
Rumpflänge 12,89 m
Höhe inkl. Rotorkopf 3,76 m

HAL DRUV

Ursprungsland: Indien.
Kategorie: Ziviler und militärischer Mehrzweckhubschrauber.
Triebwerke: Zwei Gasturbinen Turboméca TM 333-2B von je 1000 WPS (746 kW) Leistung.
Leistungen: Höchstgeschwindigkeit 280 km/h auf Meereshöhe; Reisegeschwindigkeit 245 km/h; max. Schrägsteiggeschwindigkeit 9,0 m/Sek; Dienstgipfelhöhe 6000 m; Schwebehöhe ohne Bodeneffekt 3000 m+; Reichweite mit einer Nutzlast von 700 kg 400 km auf Meereshöhe, max. Reichweite 800 km.
Gewichte: Leer (Luftwaffenversion) 2216 kg, (Marineversion) 2352 kg; max. Startgewicht (Armeeversion) 5500 kg, (Luftwaffenversion) 4000 kg, (Marineversion) 5000 kg.
Zuladung: Zwei Piloten und bis zu 14 Passagiere. Max. Nutzlast als Aussenlast 1500 kg.
Entwicklungsstand: Der erste von vier Prototypen nahm die Flugerprobung im August 1992 auf. Die indischen Streitkräfte haben einen Bedarf von 300 ALH's (Armee 120, Luftwaffe 60, Marine 120). Rund 65 Einheiten von verschiedenen Versionen sind bisher bestellt. Bis Ende 2003 waren etwa 20 Druv abgeliefert. Vorerst sollen jährlich 24, später rund 36 Maschinen gebaut werden.
Bemerkungen: Die früher als ALH bezeichnete Druv gibt es in verschiedenen Varianten: (Armee) Truppentransporter und Nachschubhubschrauber, Antitank- und Minenlegemissionen, alle ausgerüstet mit einem Kufenfahrwerk; (Marine) Verbindungs- und Evakuationsaufgaben sowie SAR- und ASW-Aufträge, ausgerüstet mit einem einziehbaren Dreipunkt-Radfahrwerk, faltbarem Haupt- und Heckrotor und Sonar; (Luftwaffe) Rettungshubschrauber, Mehrzwecktransporter. Auch eine Zivilversion für normalerweise bis zu 12 Passagiere wird angeboten (Erstflug 1999). Haupt- wie Heckrotor sind gelenklos aus Faserverbundwerkstoffen, der Rumpf besteht nebst Aluminium aus Karbon und Kevlar. Derzeit wird geprüft, die Marineausführung mit den stärkeren Triebwerken TM332C2 von je 1200 WPS (895 kW) auszurüsten. Generell ist zur Verbesserung der Leistungen auf grosser Höhe vorgesehen, stärkere Triebwerke einzubauen.
Hersteller: HAL Hindustan Aeronautics Ltd., Bangalore, Indien.

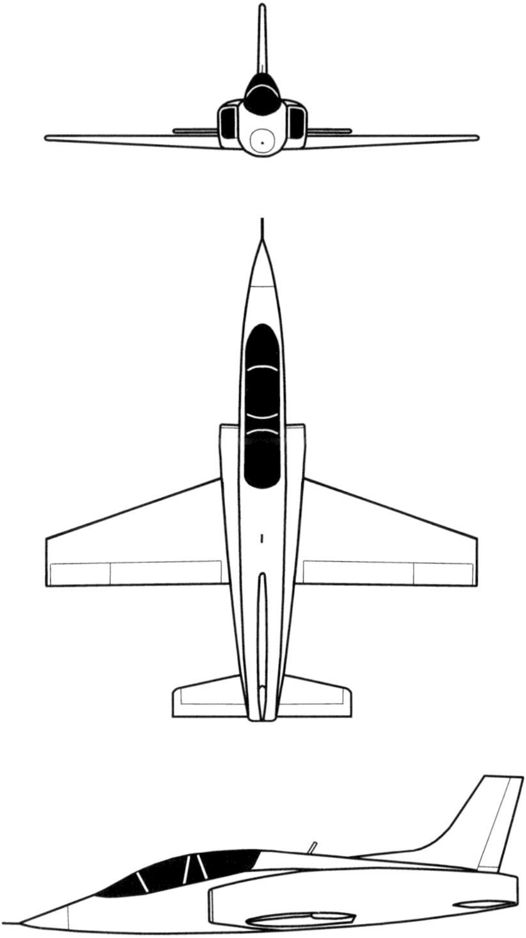

Abmessungen:
Spannweite 9,80 m
Länge 10,91 m
Höhe 4,13 m

HAL HJT-36

Ursprungsland: Indien.
Kategorie: Zweisitziger Basistrainer.
Triebwerke: Ein Mantelstromtriebwerk Snecma Larzac 04H20 von 1430 kp (14,03 kN) Standschub.
Leistungen (geschätzt): Höchstgeschwindigkeit Mach 0,8 km/h bzw. in Stechflug 825 km/h; Dienstgipfelhöhe 12000 m; max. Flugdauer 3 Std.
Gewichte: Norm. Startgewicht 3500 kg; max. Startgewicht 4500 kg.
Bewaffnung: Eine Waffenlast von 1000 kg kann an Stationen unter den Flügeln mitgeführt werden.
Entwicklungsstand: Der erste von zwei Prototypen nahm die Flugerprobung am 7. März 2003 auf. Indien hat für Luftwaffe und Marine zusammen einen Bedarf von 211 Maschinen. Die ersten 16 Einheiten sind bestellt. Beginnen werden die Auslieferungen voraussichtlich Ende 2005.
Bemerkungen: Die neue Generation von Kampfflugzeugen der indischen Luftwaffe erfordert auch neue Schulungsflugzeuge, welche deren Bedien-Philosophie und Systeme übernehmen Das Programm eines neuen Trainers für die sog. «Intermediate-Schulung» wurde 1999 angekündigt. Beim ersten Prototypen handelt es sich um einen aerodynamischen Erprobungsträger. Der zweite soll der Serienversion sehr nahe kommen. Er wird beispielsweise mit einem Glascockpit und einer Avionik mit offener Architektur ausgerüstet sein. Im vorderen Sitz ist auch ein HUD eingebaut. Im Übrigen weist die HJT-36 eine konventionelle Konstruktion auf. Die Struktur ist weitgehend aus Aluminium. Verbundwerkstoffe werden nur vereinzelt eingebaut. Beim Triebwerk handelt es sich um das langjährig bewährte französische Muster Larzac, welches beispielsweise auch im deutsch-französischen Fortgeschrittenentrainer Alphajet eingebaut ist.
Hersteller: HAL Hindustan Aeronautics Ltd., Bangalore, Indien.

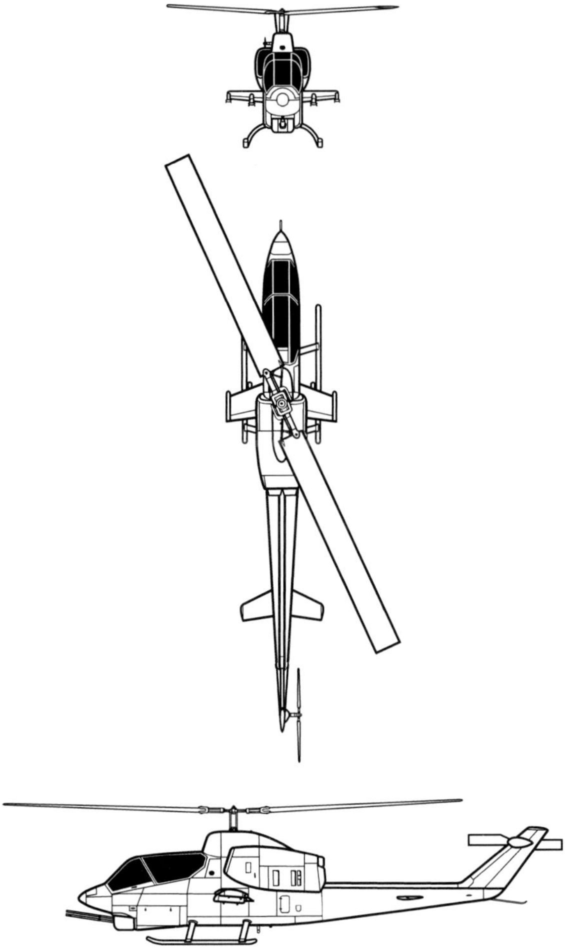

Abmessungen:
Rotordurchmesser 13,41 m
Rumpflänge 13,59 m
Höhe 4,14 m

HESA PROJECT 2091 (AH-1J)

Ursprungsland: Iran (USA).
Kategorie: Zweisitziger Kampfhubschrauber.
Triebwerke: Eine Doppelgasturbine Pratt & Whitney T400-WV-402 von 1920 WPS (1431 kW) Leistung.
Leistungen: Höchstgeschwindigkeit 333 km/h; max. Vertikalsteiggeschwindigkeit 5,5 m/Sek; Dienstgipfelhöhe 3215 m; Schwebehöhe mit Bodeneffekt 3794 m, ohne Bodeneffekt 365 km; Aktionsradius 200 km; Reichweite mit max. interner Treibstoffzuladung rund 577 km.
Gewichte: Rüstgewicht 3140 kg; max. Startgewicht 4530 kg.
Bewaffnung: Eine dreiläufige 20-mm-Kanone zu 750 Schuss und vier Aufhängepunkte unter den Stummelflügeln für beispielsweise Panzerabwehrlenkwaffen, Maschinengewehrbehälter und Raketenwerfer.
Entwicklungsstand: Rund vier umgebaute ex. AH-1J fliegen bereits. Die Armee plant, insgesamt 50 Einheiten zu beschaffen. In den siebziger Jahren erhielt die Imperial Irani Army Aviation 202 AH-1J, davon sollen noch etwa 70 Einheiten einsatzbereit sein.
Bemerkungen: Unter der Bezeichnung Project 2091 werden die überlebenden Exemplare der mittlerweile veralteten AH-1J umfangreich modernisiert. Äusserlich sichtbare Modifikationen sind die flache und aerodynamischere Cockpitverglasung sowie ein neues FLIR-Gerät an der Bugspitze. Das Cockpit erhält multifunktionelle Flachbildschirme. Zudem wird die Struktur auf 0 Stunden revidiert. In einer zweiten Phase ist ein neuer vierblättriger Rotor aus Kunststoff mit einem auf dem Rotorkopf montierten neuen Flir-Gerät geplant. Schliesslich werden die Triebwerke mit einem Infrarot-Jammer ausgerüstet.
Hersteller: HESA (Havapelmasazi Iran/Iran Aircraft Manufacturing Industries Company), Shahin Shar/Isfahan, Iran.

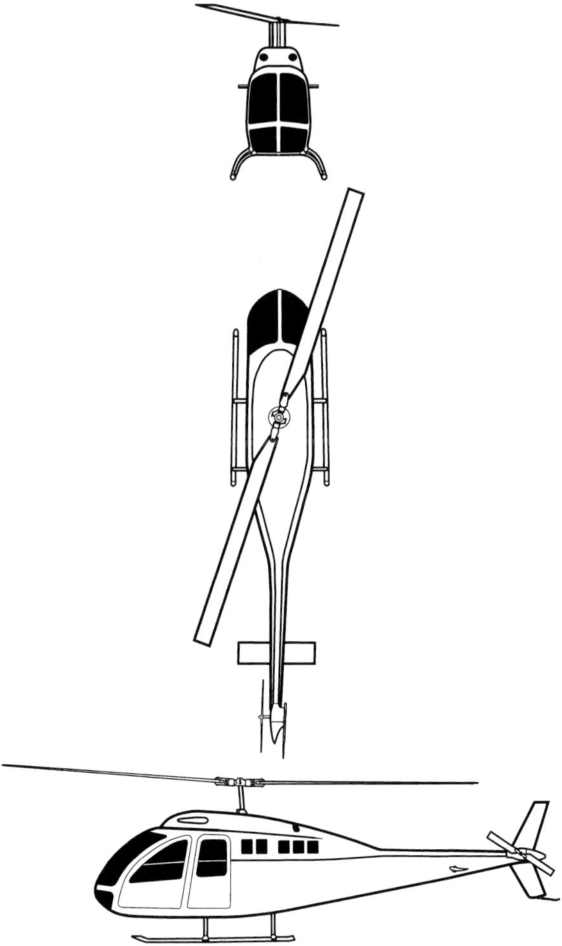

Abmessungen:
Keine Angaben erhältlich.

HESA SHAHED 278

Ursprungsland: Iran.
Kategorie: Leichter Mehrzweckhubschrauber.
Triebwerke: Eine Gasturbine unbekannten Typs, voraussichtlich in der Leistungsklasse von 600 WPS (445 kW) Leistung.
Leistungen: Keine Angaben erhältlich.
Gewichte: Keine Angaben erhältlich.
Zuladung: Ein Pilot und vier bis fünf Passagiere.
Entwicklungsstand: Wann der erste Prototyp die Flugerprobung aufgenommen hat, ist nicht bekannt. Vorgestellt wurde die Shahed 278 im Frühjahr 2003 anlässlich einer iranischen Luftfahrtmesse.
Bemerkungen: Bei der Shahed 278 (gelegentlich wird sie auch als Shahed 276 bezeichnet) handelt es sich um eine Weiterentwicklung der Bell JetRanger. Viele Exemplare dieses Typs erhielten die iranischen Streitkräfte bis Ende der siebziger Jahre. Offenbar kommt die Lebensdauer insbesondere der Zelle an die Grenze, welche einen neuen Aufbau erfordert. Sie ist daher völlig neu und weist auch eine andere Formgebung auf. Es ist anzunehmen, dass die dynamischen Komponenten jener der JetRanger entsprechen. Ob die gleichen Triebwerke oder ein neues Muster eingebaut werden, ist ebenfalls bisher nicht bekannt.
Hersteller: HESA (Havapelmasazi Iran/Iran Aircraft Manufacturing Industries Company), Shahin Shar/Isfahan, Iran.

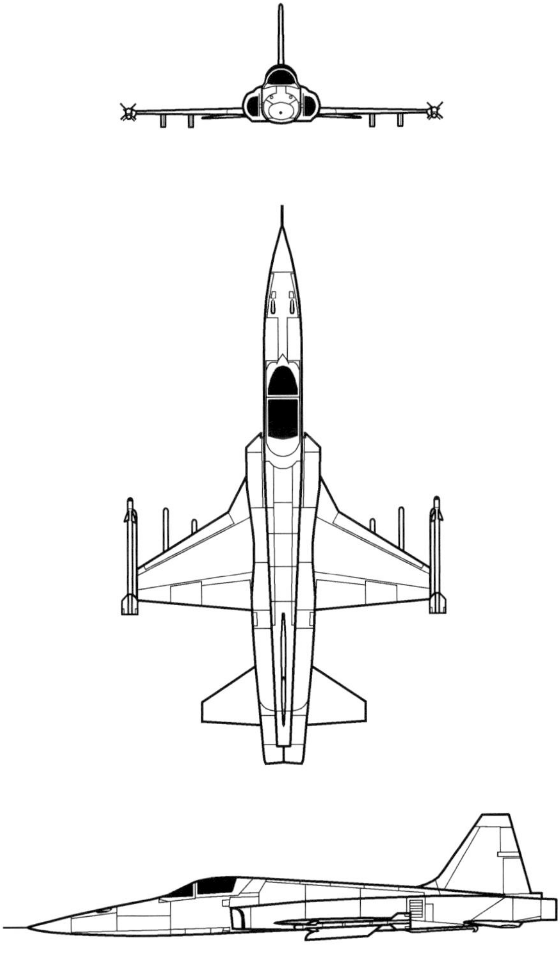

Abmessungen:
Spannweite 7,70 m
Länge 14,12 m
Höhe 4,01 m
Flügelfläche 15,79 m²

HESA SIMORGH NR. 1

Ursprungsland: Iran (USA).
Kategorie: Zweisitziger Fortgeschrittenentrainer.
Triebwerke: Zwei Strahltriebwerke General Electric J85-GE-13 von je 1234 kp (12,10 kN) Standschub ohne und 1851 kp (18,15 kN) mit Nachbrenner.
Leistungen (F-5A): Höchstgeschwindigkeit 1487 km/h oder Mach 1,4 auf grossen Höhen, auf Meereshöhe 1199 km/h (Mach 0,96); Anfangssteiggeschwindigkeit 145,8 m/Sek; Dienstgipfelhöhe 15250 m; Reichweite mit max. internem Kraftstoff rund 2518 km.
Gewichte (F-5A): Leergewicht 3667 kg; normales Startgewicht 6237 kg, max. 9124 kg.
Bewaffnung (F-5A): Zwei 20 mm-Kanonen M-39 seitlich an der Rumpfspitze und bis zu 2812 kg Waffen unter dem Rumpf an vier Flügelstationen und an den Flügelenden.
Entwicklungsstand: Iran erhielt Ende der sechziger Jahre 104 einsitzige F-5A und 23 Doppelsitzer F-5B. Wann die erste in die Simorgh Nr. 1 umgebaute F-5A erstmals flog, ist unbekannt. Einige Maschinen befinden sich jedoch schon im Einsatz. Neuesten Angaben zufolge sollen gegen zehn Umbauten erfolgt sein.
Bemerkungen: Um die Ausbildungsbedürfnisse der iranischen Luftwaffe zu befriedigen, baut HESA frühere F-5A (siehe Silhouette) in die zweisitzige Ausführung Simorgh Nr. 1 um. Hierbei handelt es sich um eine sehr umfangreiche Modifikation, welche u.a. auch die Verlängerung des Rumpfes umfasst. Wie weit auch Systeme und Avionik überarbeitet werden, ist derzeit unbekannt. Anstelle der früheren Martin-Baker-Schleudersitze werden nun neue Modelle russischer Konstruktion eingebaut.
Hersteller: HESA (Havapelmasazi Iran/Iran Aircraft Manufacturing Industries Company), Shahin Shar/Isfahan, Iran.

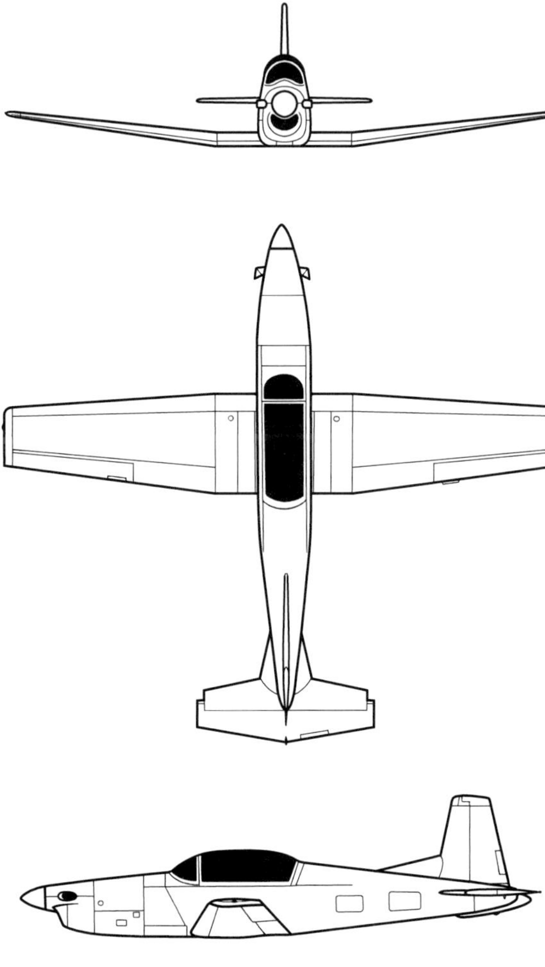

Abmessungen:
Spannweite 10,40 m
Länge 9,75 m
Höhe 3,21 m
Flügelfläche 16,60 m^2

HESA S-68

Ursprungsland: Iran (Schweiz).
Kategorie: Zweisitziger Basistrainer.
Triebwerke: Eine Propellerturbine Pratt & Whitney Canada PT6A-25A von 650 WPS (485 kN), reduziert auf 550 WPS (410 kN) Leistung.
Leistungen (PC-7): Max. Dauergeschwindigkeit 411 km/h auf 3050 m, ökonom. Reisegeschwindigkeit 370 km/h auf 6100 m; Anfangssteiggeschwindigkeit 10,4 m/Sek; Dienstgipfelhöhe 9450 m; Reichweite mit max. internem Kraftstoff rund 1047 km.
Gewichte (PC-7): Leergewicht 1300 kg; Startgewicht für Akrobatikflüge 1900 kg, max. Startgewicht 2700 kg.
Bewaffnung: An sechs Flügelpylonen können Aussenlasten bis zu 1040 kg mitgeführt werden.
Entwicklungsstand: Iran erhielt Anfang der achtziger Jahre je nach Quellenangabe zwischen 35 und 45 Maschinen als Basistrainer. Seit einiger Zeit wird die PC-7 nachgebaut. Mehrere Exemplare fliegen, die gesamte Beschaffungszahl ist nicht bekannt.
Bemerkungen: Unter der Bezeichnung S-68 hat HESA mit dem Nachbau der PC-7 begonnen. Das Waffenembargo gegenüber Iran hat dazu geführt, dass keine weiteren Maschinen beschafft werden konnten. Deshalb kann auch hier davon ausgegangen werden, dass es sich bei der S-68 nicht um einen Lizenzbau handelt, sondern eher um eine nicht bewilligte Kopie. Wie weit die Grundkonstruktion abgeändert wurde, ist nicht bekannt. Die äussere Erscheinung lässt aber vermuten, dass die S-68 dem Ursprungsmuster weitgehend entspricht und nur solche Teile bzw. Systeme neu sind, für die keine Ersatzteile mehr erhältlich waren.
Hersteller: HESA (Havapelmasazi Iran/Iran Aircraft Manufacturing Industries Company), Shahin Shar/Isfahan, Iran.

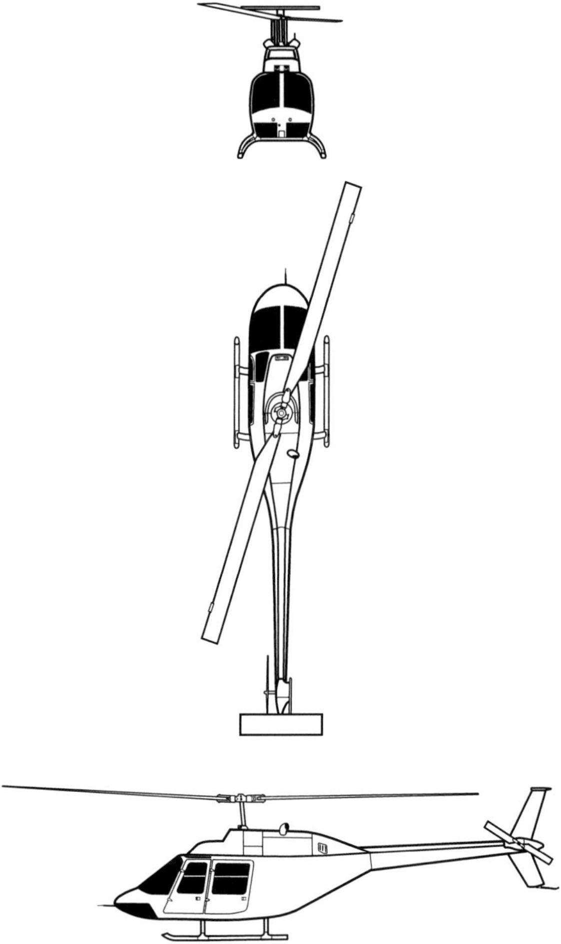

Abmessungen:
Keine Angaben erhältlich.

HESA SHAHED 274

Ursprungsland: Iran.
Kategorie: Leichter ziviler wie militärischer Mehrzweckhubschrauber.
Triebwerke: Zwei Gasturbinen Allison 250-C20B von je 420 WPS (313 kW) Leistung.
Leistungen (sehr provisorische Angaben): Höchstgeschwindigkeit 180 km/h; Dienstgipfelhöhe 5181 m; Reichweite mit max. interner Treibstoffzuladung 600 km.
Gewichte: Keine Angaben erhältlich.
Zuladung: Zwei Piloten und bis zu fünf Passagiere.
Bewaffnung: Voraussichtlich lassen sich leichte Waffen mitführen.
Entwicklungsstand: Wann das erste früher als Shahed X5 genannte Muster die Flugerprobung aufgenommen hat, ist unbekannt. 30 Maschinen erhält das Islamische Revolutionscorps (= Nachfolgeorganisation der iranischen Luftwaffe). Mindestens drei Maschinen sind bereits ausgeliefert worden.
Bemerkungen: Nach vielen Jahren des Embargos war Iran gezwungen, einerseits frühere meist aus den USA und Italien erhaltene Hubschrauber zu modernisieren und andererseits ganz neue Modelle zu entwickeln. Zur ersteren Kategorie gehören die Panha 2061 (= Bell JetRanger) sowie Ableitungen der Bell-Modelle 205 (genannt Shabaviz 2-75) und 212. Ganz neu hingegen ist die Shahed 274. Mit Ausnahme der Triebwerke und Teilen der Avionik handelt es sich hierbei um eine vollständige iranische Eigenentwicklung. Es ist zu vermuten, dass die Bell 206 JetRanger als Ausgangsmuster diente. Rumpf, dynamische Komponenten und Heckleitwerk sind jedoch Neukonstruktionen. Da international gültige Standards angewendet wurden, wird IAC dieses Muster auch ins Ausland verkaufen können.
Hersteller: HESA (Havapelmasazi Iran/Iran Aircraft Manufacturing Industries Company), Shahin Shar/Isfahan, Iran.

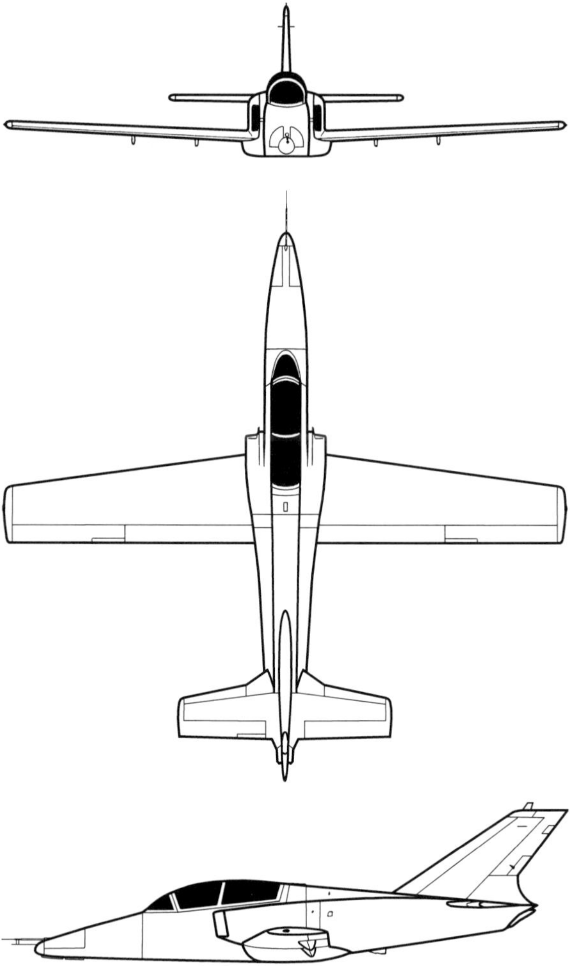

Abmessungen:
Keine Angaben erhältlich.

IRAN RESEARCH/OWJ JT2-2 TAZARVE

Ursprungsland: Iran.
Kategorie: Zweisitziger Fortgeschrittenentrainer.
Triebwerke: Ein Strahltriebwerk General Electric J85-13 von 1850 kp (18,15 kN) Standschub.
Leistungen (geschätzt): Max. Reisegeschwindigkeit 645 km/h; Steigzeit auf Dienstgipfelhöhe acht Min; Dienstgipfelhöhe 11580 m.
Gewichte: Max. Startgewicht 4000 kg.
Bewaffnung: Eine Bewaffnung zu Ausbildungszwecken ist vorgesehen.
Entwicklungsstand: Der Prototyp flog erstmals im Jahr 2000 und wurde zwei Jahre später erstmals öffentlich vorgestellt. Momentan sind fünf Erprobungsmuster fertig bzw. in Bau. Ein erstes Beschaffungslos von 25 Maschinen hat die iranische Luftwaffe freigegeben.
Bemerkungen: Bei der JT2-2 Tazarve handelt es sich um eine einfach gehaltene und gedrungene Konstruktion. Angesichts mangelnder Triebwerkauswahl – es wird ein vergleichsweise konstruktiv sehr altes Modell eingebaut – versuchte man offensichtlich durch kleine Dimensionen und Leichtbau einigermassen akzeptable Flugleistungen zu erzielen. Während der Rumpf aus Aluminium besteht sind die Flügel weitgehend aus Verbundwerkstoffen. Offenbar ist das Cockpit von der PC-7/S-68 (siehe Seiten 216/217) übernommen. Die Tazarve soll ein von der Anfängerschulung bis zum Fortgeschrittenentraining sehr breites Ausbildungsspektrum abdecken. Später wird auch eine bewaffnete Ausführung für Erdkampfeinsätze hinzukommen.
Hersteller: Iran Research Institute, OWJ Industrial Complex, Werk Tehran-Mehrabad, Iran.

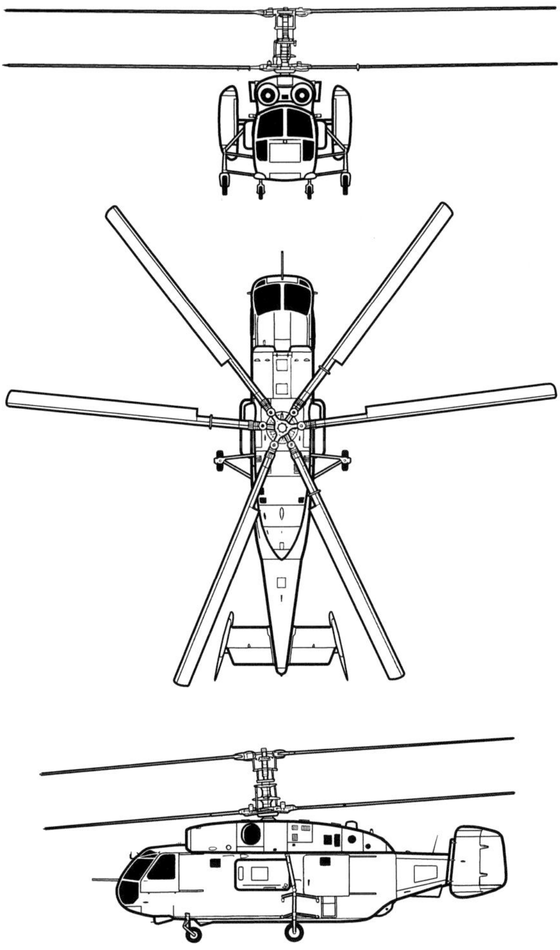

Abmessungen:
Rotordurchmesser (jeder einzelne) 15,90 m
Rumpflänge 11,30 m
Höhe über Rotor 5,40 m

KAMOW KA-31/-32

Ursprungsland: Russland.
Kategorie: (Ka-31): Bordgestützter AEW-Hubschrauber, (Ka-32) Mittelschwerer ziviler Mehrzweckhubschrauber.
Triebwerke (Ka-32A-11BC): Zwei Gasturbinen Klimow TV3-117VMA von je 2225 WPS (1658 kW) Leistung.
Leistungen (Ka-32 bei 11000 kg): Höchstgeschwindigkeit 250 km/h auf Meereshöhe; max. Reisegeschwindigkeit 230 km/h; Dienstgipfelhöhe 6000 m; Schwebehöhe mit Bodeneffekt 3500 m, ohne Bodeneffekt 1705 m; max. Reichweite 800 km; max. Flugdauer 4,5 Std.
Gewichte (Ka-32): Leergewicht 6250 kg; normal beladen 11000 kg; max. Startgewicht 12600 kg.
Zuladung (Ka-31): Zwei Piloten und zwei Systemoperateure; (Ka-32): Zwei Piloten und 16 Passagiere in Sitzen entlang den Wänden oder eine max. Nutzlast von 5000 kg.
Entwicklungsstand: Die Ursprungsausführung der Ka-32 flog erstmals 1973, die derzeit angebotene Weiterentwicklung Ka-32A-11BC erhielt die Zulassung 2002. Rund 150 Hubschrauber befinden sich im zivilen Einsatz. Nach Jahren des Produktionsunterbruchs hat Südkorea neu 10 Einheiten bestellt. Die Ka-31 fliegt seit 1988, aber erst kürzlich begann die Produktion. Die indische Marine beschafft neun Einheiten.
Bemerkungen: Beide Muster Ka-31 und Ka-32, sowie deren Vorgängerinnen Ka-27, -28, -29 fallen durch einen gedrungenen Rumpf und den Kamow-typischen koaxialen, gegenläufigen Doppelrotor auf. Die Ka-32 wird in mehreren Subvarianten primär zur Versorgung von Ölplattformen, abgelegenen Aussenstationen, zum Transport von schweren externen Lasten sowie als Such- und Rettungshubschrauber eingesetzt. Sie ist besonders robust ausgelegt und kann unter sehr schwierigen Wetterbedingungen operieren. Derzeit läuft ein Programm der russischen Marine, frühere Ka-27PL zu modernisieren. Nebst neuer ASW-Elektronik soll auch das leistungsfähigere Klimow VK-2500-Triebwerk eingebaut werden. Die AEW-Ausführung Ka-31 verfügt an der Rumpfunterseite über ein zweidimensionales 360°-Überwachungsradar E-801 Oko, welches in der Luft ausgeklappt werden kann.
Hersteller: Kamow Kompaniya, Werk Lyubertsy, Moskau, Russland.

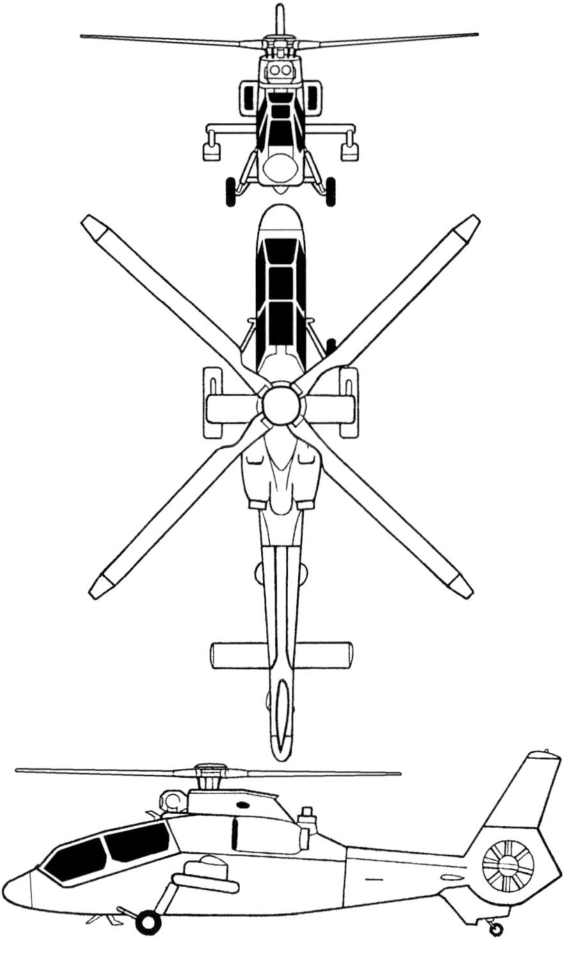

Abmessungen:
Rotordurchmesser 11,60 m
Rumpflänge 12,00 m
Höhe 3,80 m

KAWASAKI OH-1

Ursprungsland: Japan.
Kategorie: Zweisitziger leichter Kampf- und Beobachtungshubschrauber.
Triebwerke: Zwei Gasturbinen Mitsubishi TS1-10 von je 888 WPS (663 kW) Leistung.
Leistungen (nach provisorischen Angaben des Herstellers): Maximalgeschwindigkeit im Horizontalflug 270 km/h; Aktionsradius ohne Aussentanks 200 km, Reichweite 550 km.
Gewichte: Leergewicht 2450 kg; max. Startgewicht rund 4000 kg.
Bewaffnung: An zwei Auslegern seitlich am Rumpf vier Kurzstrecken-Luft-Luft-Infrarot-Lenkwaffen Toshiba Type 91 sowie zwei Zusatztanks von je 160 l.
Entwicklungsstand: Der erste von sechs Prototypen (davon zwei nicht fliegende Muster zur statischen Erprobung) absolvierte den Erstflug am 6. August 1996. Die Auslieferungen begannen im Januar 2000. Die japanischen Bodenstreitkräfte haben einen Bedarf von etwa 150 OH-1 als Ersatz der Kawasaki/MDD OH-6D angemeldet, die ersten 20 sind bestellt, 2004 soll ein Auftrag für weitere vier folgen.
Bemerkungen: Nebst Kawasaki beteiligen sich auch Fuji und Mitsubishi mit je 20 % an der Entwicklung der OH-1. Die Konzeption des ursprünglich als OH-X bezeichneten Entwurfs folgt dem heute üblichen Muster eines schlanken Tandemzweisitzers, wobei der Pilot im Frontcockpit und der Beobachter/Systemoperateur hinten sitzt. Die Zelle ist weitgehend aus Verbundwerkstoffen, das Cockpit gepanzert. Auch der gelenklose Hauptrotor ist aus Kunststoff und der Heckrotor aus Sicherheitsgründen ummantelt. Die Kampfelektronik umfasst u.a. TV, FLIR und Laser-Entfernungsmesser. Alle Systeme sind durch einen MIL-STD-1553B-Databus gesteuert. Mit dieser Ausrüstung ist die OH-1 vollständig nacht- und allwettertauglich.
Hersteller: Kawasaki Heavy Industries Ltd., Tokio, Japan.

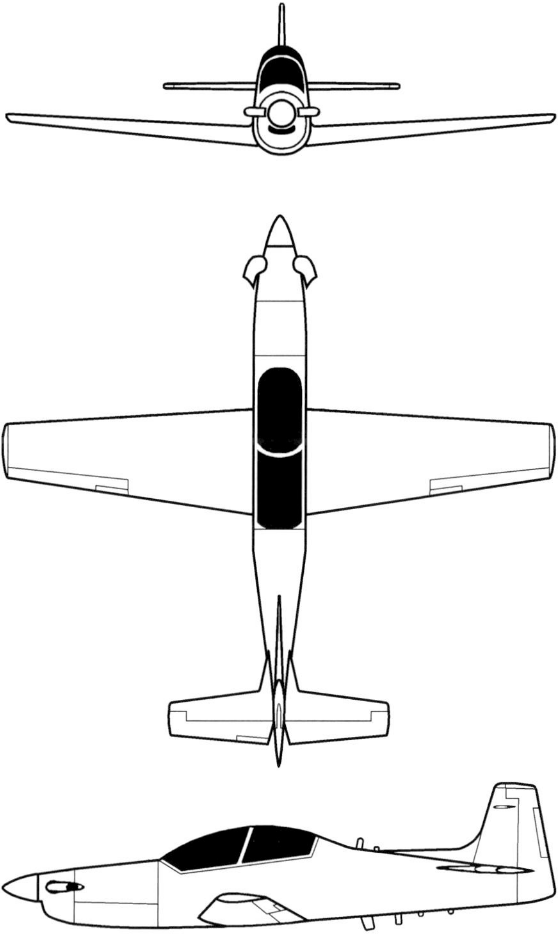

Abmessungen:
Spannweite 10,26 m
Länge 10,60 m
Höhe 3,40 m
Flügelfläche 15,50 m²

KOREAN AEROSPACE INDUSTRIES (DAEWOO) KT-1 WOONG BEE

Ursprungsland: Südkorea.
Kategorie: Zweisitziger Basistrainer.
Triebwerke: Eine Propellerturbine Pratt & Whitney Canada PT6A-62 von 950 WPS (710 kW) Leistung.
Leistungen: Höchstgeschwindigkeit 650 km/h; Dienstgipfelhöhe 11580 m; max. Flugzeit 5,0 Std; Reichweite 1700 km.
Gewichte: Rüstgewicht 1818 kg; max. Startgewicht 2830 kg.
Bewaffnung: Verschiedene Waffen für Trainingseinsätze an zwei Aufhängepunkten unter den Flügeln bis max. 520 kg; (KO-1) vier Aufhängestationen für Maschinengewehrbehälter, Zusatztanks und Markierraketen.
Entwicklungsstand: Der erste von vier Prototypen nahm im Dezember 1991 die Flugerprobung auf. Ein Vorserienmodell folgte 1998. Die koreanische Luftwaffe hat 85 Einheiten bestellt, welche seit Frühjahr 2001 zur Auslieferung gelangen. Indonesien beschafft sieben KT-1. Fast alle sind mittlerweile gebaut. Die KO-1 soll erstmals 2004 fliegen und in 20 Exemplaren durch die koreanische Luftwaffe ab 2005 eingesetzt werden.
Bemerkungen: Die Woong Bee ist die Siegerin des einheimischen «KORINT»-Programms für einen leichten Trainer, welches 1988 initialisiert wurde. Zuerst entstand das Erprobungsmuster KTX-1, das Daewoo nun als KT-1 verfeinerte. Gegenüber den Prototypen zeichnet sich die Serienausführung durch strukturelle Verstärkungen und aerodynamische Verbesserungen an Rumpf und Flügeln aus, welche die Stabilität und die Manövrierfähigkeit optimieren. Die KT-1 verfügt über zwei Martin Baker Mk.16-Schleudersitze. Unter der Bezeichnung KO-1 wird eine Beobachtungsvariante (FAC, **F**orward **A**ir **C**ontrol) entwickelt, welche über eine leichte Bewaffnung verfügt. Als dritte Variante plant KAI die XKT-1C, ausgerüstet mit einem Glascockpit von CMC Electronics. Der Erstflug ist für 2004 geplant.
Hersteller: Korean Aerospace Industries (KAI), Inchon, Werk Sachon, Republik Südkorea.

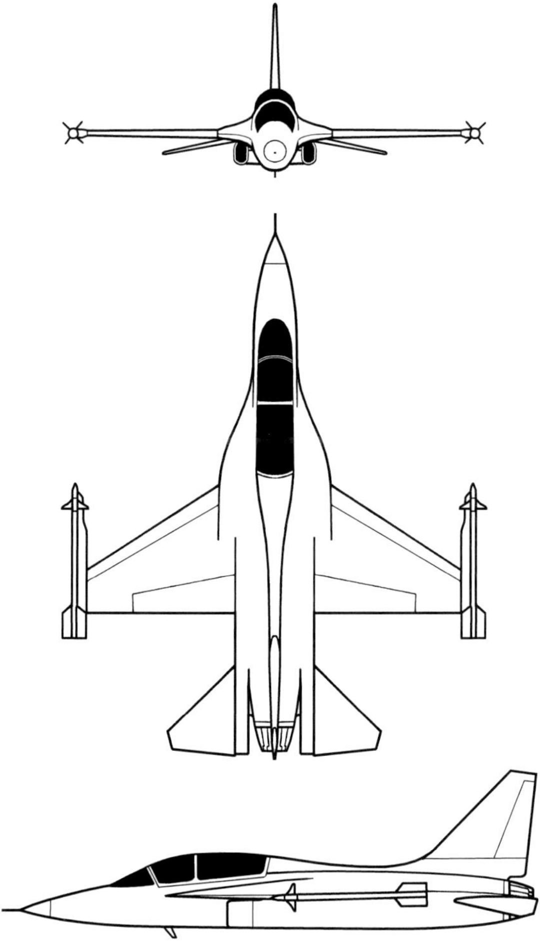

Abmessungen:
Spannweite inkl. Lenkwaffen an den Flügelspitzen 9,17 m
Länge 13,13 m
Höhe 4,90 m

KOREAN AEROSPACE INDUSTRIES T-50/A-50 GOLDEN EAGLE

Ursprungsland: Südkorea.
Kategorie: Trainer T-50 und leichtes Mehrzweckkampfflugzeug A50.
Triebwerke: Ein Mantelstromtriebwerk General Electric F404-GE-402 von 5400 kp (53,9 kN) ohne und 8000 kp (78,7 kN) mit Nachverbrennung.
Leistungen: Höchstgeschwindigkeit Mach 1,4; Anfangssteiggeschwindigkeit 165 m/Sek; Dienstgipfelhöhe 14630 m.
Gewichte: Leergewicht 6441 kg; max. Startgewicht ohne Aussenlasten 8890 kg, mit Aussenlasten 11974 kg.
Bewaffnung: Eine 20-mm-Kanone im Vorderrumpf mit Austrittsöffnung unter der linken Flügelvorderkante. An sieben Aufhängepunkten, einem unter dem Rumpf, vier unter den Flügeln und zwei an den Flügelenden Luft-Luft- bzw. Luft-Boden-Lenkwaffen sowie Bomben aller Art.
Entwicklungsstand: Der erste von vier Prototypen hatte am 20. August 2002 seinen Erstflug, gefolgt vom zweiten am 8. November 2002. Bisher plant die koreanische Luftwaffe 47 Fortgeschrittenentrainer T-50A, 47 Jagdflugzeugtrainer T-50B (Erstflug 29. August 2003) und später bis zu 100 leichte Kampfflugzeuge A-50 zu beschaffen. 25 T-50A wurden kürzlich bestellt. Die Ablieferungen sollen 2005 beginnen.
Bemerkungen: Samsung Aerospace wird bei der Entwicklung dieses Musters von Lockheed Martin unterstützt. Das amerikanische Werk zeichnet sich für die Entwicklung des Flügels, der Flugkontrollsysteme sowie für die Avionik verantwortlich. Drei Ausführungen sind vorgesehen: Der Fortgeschrittenentrainer T-50A, der sog. Lead-in Fighter-Trainer T-50B mit einem Bordradar APG-67 sowie das leichte einsitzige Kampfflugzeug A-50. Letztere Ausführung könnte eventuell sogar unter der Bezeichnung F-50 als leichter Mehrzweckjäger ausgelegt werden, versehen mit einem leistungsfähigeren Bordradar, Kampfelektronik und grösserer Treibstoffkapazität. Konstruktiv unterscheiden sich diese Ausführungen kaum voneinander, sondern nur durch ihre Ausrüstung. Alle verfügen über ein Fly-by-Wire-Steuerungssystem, Cockpitausrüstung mit HUD.
Hersteller: Korea Aerospace Industries (KAI), Inchon, Werk Sachon, Republik Südkorea.

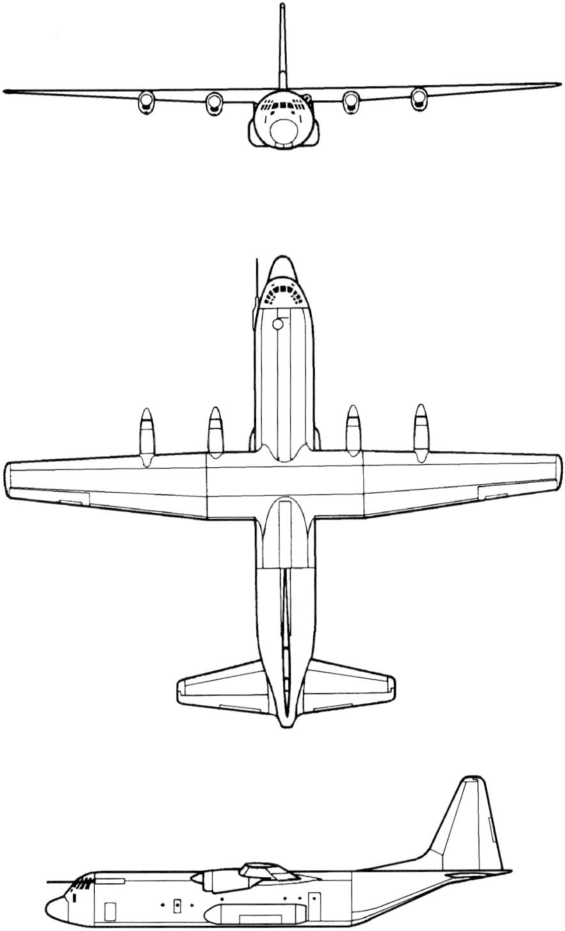

Abmessungen:
Spannweite 40,41 m
Länge (C-130J) 29,79 m, (C-130J-30) 34,36 m
Höhe 11,71 m
Flügelfläche 162,12 m^2

LOCKHEED C-130J HERCULES II

Ursprungsland: USA.
Kategorie: Mittelschwerer militärischer und ziviler Transporter.
Triebwerke: Vier Propellerturbinen Allison AE2100 von je 6000 WPS (4500 kW) reduziert auf 4640 WPS (3460 kW) Leistung.
Leistungen: Max. Reisegeschwindigkeit 645 km/h, norm. Reisegeschwindigkeit 556 km/h; Anfangssteiggeschwindigkeit 10,7 m/Sek; Dienstgipfelhöhe 9315 m; Reichweite mit einer Nutzlast von 21625 kg über 2600 km, mit 18144 kg 5250 km.
Gewichte: Rüstgewicht (J) 34274 kg, (J-30) 35965 kg; max. Abfluggewicht 79380 kg.
Zuladung: Zwei Piloten und eine Nutzlast von 22000 kg.
Entwicklungsstand: Die erste C-130J fliegt seit 5. April 1996. Bisherige Bestellungen 178, u.a. Dänemark 3, RAF 25, RAAF 12 C-130J-30, Italien 22 C-130J/-30, USAF 85 (59 C-130J/CC-130J, 10 WC-130J, 5 EC-130J), USMC 35 KC-130J, USCG 6 HC-130J. Die USA haben insgesamt einen Bedarf von 168 neuen C-130J. Die C-130 ist das einzige Flugzeug, das in mehreren Varianten ununterbrochen seit 48 Jahren produziert wird und zwar bisher in rund 2190 Exemplaren. Von der Ausführung C-130J waren Ende 2003 über 100 Einheiten hergestellt. Jährlich werden rund ein Dutzend gebaut.
Bemerkungen: Die Version C-130J ist gegenüber der bisherigen C-130H in wesentlichen Teilen überarbeitet und verbessert worden. Nebst neuen Triebwerken mit Sechsblattrotoren neuester Technologie werden ein völlig neues Zweimann-Cockpit mit vier grossen LCD-Anzeigen und einem HUD eingebaut. Weiter hat Lockheed zur Leistungserhöhung und zur Vereinfachung der Wartung das elektrische System, die Betankungsanlage sowie die gesamte Elektronik neu konzipiert. Alle diese Massnahmen führen dazu, dass bei um 17 % reduziertem Treibstoffverbrauch sowie einer um 15 % höheren Geschwindigkeit die Nutzlast-/Reichweitenleistung um nicht weniger als 61 % verbessert wird. Zudem hat man Teile der Struktur verstärkt. Die Ausführungen C-130J und C-130J-30 bzw. CC-130J unterscheiden sich nur durch die unterschiedliche Rumpflänge.
Hersteller: Lockheed Martin Marietta Corp., Marietta, Georgia, USA.

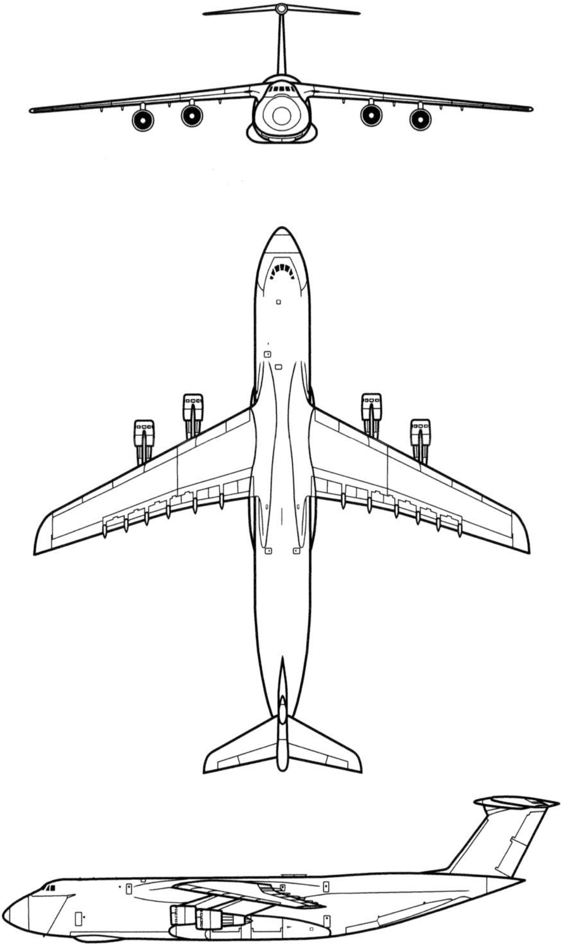

Abmessungen:
Spannweite 67,88 m
Länge 75,53 m
Höhe 19,34 m
Flügelfläche 575,98 m^2

LOCKHEED C-5M GALAXY

Ursprungsland: USA.
Kategorie: Schwerer strategischer Transporter.
Triebwerke (C-5B): Vier Mantelstromtriebwerke General Electric TF39-GE-1C von je 18643 kp (128,8 kN) Standschub.
Leistungen (C-5B): Höchstgeschwindigkeit 919 km/h auf 7620 m, Reisegeschwindigkeit 880 km/h auf 7620 m; Anfangssteiggeschwindigkeit 8,75 m/Sek; Dienstgipfelhöhe 10900 m; Reichweite mit max. Nutzlast 4390 km, max. Reichweite inkl. Reserven 10411 km.
Gewichte (C-5B): Rüstgewicht 169643 kg; max. Startgewicht 379657 kg.
Zuladung: Fünf Mann Besatzung plus 15 Personen im Kabinenvorderteil und 75 Personen in der rückwärtigen Kabine. Im Frachtraum lassen sich entweder 270 Sitzplätze auf Paletten installieren oder Fahrzeuge und Frachtstücke bis zu einem Gewicht von 118387 kg aufnehmen.
Entwicklungsstand: Die C-5A fliegt seit 1968, die verbesserte Ausführung C-5B seit 1985. Insgesamt wurden 81 C-5A und 50 C-5B gebaut. Bis zu 126 davon sollen in die provisorisch als C-5M bzw. C-5 RERP bezeichnete Ausführung umgebaut werden.
Bemerkungen: Die mittlerweile in die Jahre gekommene Galaxy ist aus strategischen Gründen weiterhin ein wichtiger Bestandteil der US-Luftwaffe. Da kein Ersatzmuster geplant ist, sind nun durch Umbauten einige wesentliche Verbesserungen vorgesehen. Dies soll in Etappen geschehen. Eine erste umfasst die Avionik, wobei primär das Cockpit u.a. mit Flachbildschirmen von Honeywell ausgerüstet und auf Zweimann-Bedienung umgestellt wird. Auch das Navigations- und Kommunikationssystem ist neu und umfasst GPS, Satcom- und VHF-Datenlink. Eine erste entsprechend umgebaute Galaxy fliegt seit 21. Dezember 2002. Ab 2005 sollen auch neue, wesentlich leistungsfähigere Triebwerke GE CHF6-80C2 eingebaut werden. Mit einem Standschub von 22680 kp (222,41 kN) werden insbesondere die Start- und Steigleistungen verbessert. Auch die Anfangsdienstgipfelhöhe erhöht sich.
Hersteller: Lockheed Martin Marietta Corp., Marietta, Georgia, USA.

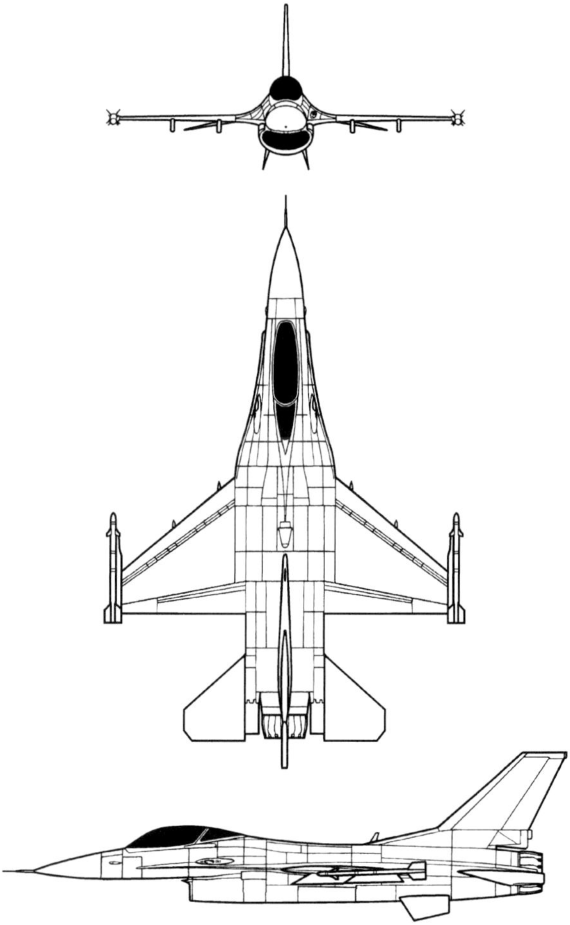

Abmessungen:
Spannweite 9,45 m
Länge 15,03 m
Höhe 5,09 m
Flügelfläche 27,87 m^2

LOCKHEED F-16C/D BLOCK 60 FIGHTING FALCON

Ursprungsland: USA.
Kategorie: Einsitziger Mehrzweckjäger (F-16C) und zweisitziger operationeller Trainer (F-16D).
Triebwerke: Ein Mantelstromtriebwerk General Electric F110-132 von 8075 kp (79,2 kN) Standschub ohne und 14514 kp (142,0 kN) mit Nachbrenner.
Leistungen (mit F-100): Kurzzeitig erreichbare Höchstgeschwindigkeit 2145 km/h auf 12190 m (Mach 2,02), andauernde Höchstgeschwindigkeit 2007 km/h (Mach 1,89); Dienstgipfelhöhe 15240 m; (Block 50/52) taktischer Einsatzradius mit sechs 227-kg-Bomben 580 km; Überführungsreichweite mit Zusatztanks 3943 km.
Gewichte: Leergewicht 9300 kg; max. Startgewicht 22700 kg.
Bewaffnung: Eine mehrläufige 20-mm-Revolverkanone M61A-1 und, als Abfangjäger, bis zu sechs Luft-Luft-Lenkwaffen AIM-9L/M, als Erdkämpfer bis zu 5638 kg Aussenlasten.
Entwicklungsstand: Die erste F-16C Block 60 startete im Dezember 2003 zum Erstflug. 80 Einheiten (55 Einsitzer und 25 Doppelsitzer) erhält der bisher einzige Besteller, die Vereinigten Arabischen Emirate ab 2005. Von allen Ausführungen sind bisher rund 4350 Einheiten von 20 Luftwaffen neu oder gebraucht beschafft worden. Derzeit werden pro Jahr rund 50 Einheiten gebaut.
Bemerkungen: Gegenwärtig werden die Blöcke 50/52 (siehe Ausgabe 2003) und 60 abgeliefert. Zwischen den Produktionsblöcken 50/52 und 60 bestehen erhebliche Unterschiede. Nebst dem leistungsstärkeren Triebwerk sind Systeme und Avionik in wesentlichen Teilen neu. Besonders zu erwähnen ist das Bordradar Northrop Grumman APG-80, welches nach dem sog. «Active Array»-Prinzip (= Breitband mit elektronischer Strahlschwenkung) arbeitet. Das Cockpit hat man verbessert und im Helm des Piloten ist ein Display eingebaut. Die Verbindung zwischen den einzelnen Avionikelementen stellt ein High-speed Datennetzwerk aus Glasfaser sicher. Bedingt durch das höhere Einsatzgewicht musste die Struktur in einigen Bereichen überarbeitet werden. Schliesslich hat Lockheed dank zweier konformer Zusatztanks seitlich am oberen Rumpf die Tankkapazität von 3986 l auf 7390 l erhöht. Hinzu können noch weitere Tanks unter den Flügeln mitgeführt werden.
Hersteller: Lockheed Martin Marietta Corp., Fort Worth Division, Fort Worth, Texas, USA.

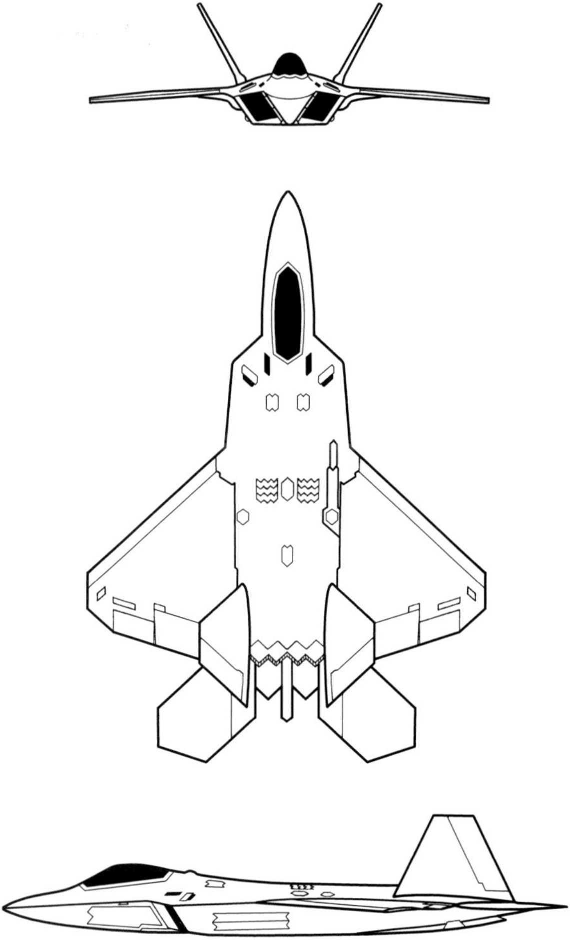

Abmessungen:
Spannweite 13,56 m
Länge 18,87 m
Höhe 5,05 m
Flügelfläche 77,1 m²

LOCKHEED/BOEING F/A-22 RAPTOR

Ursprungsland: USA.
Kategorie: Luftüberlegenheits- und Mehrzweckkampfflugzeug.
Triebwerke: Zwei Mantelstromtriebwerke Pratt & Whitney YF119-PW-100 von je 11900 kp (116 kN) ohne und 15900 kp (156 kN) mit Nachverbrennung und schwenkbarem Triebwerkstrahl.
Leistungen (geschätzt): Höchstgeschwindigkeit in geringer Höhe 1470 km/h (Mach 1,20) oder 1915 km/h über 10975 m (Mach 1,80); max. Dauergeschwindigkeit 1595 km/h über 10975 m (Mach 1,50); Dienstgipfelhöhe 16700+ m; Aktionsradius mit interner Treibstoffzuladung und voller Zahl Luft-Luft-Lenkwaffen 1450 km.
Gewichte (geschätzt): Leergewicht 14365 kg; max. Startgewicht 27216 kg.
Bewaffnung: Eine sechsläufige 20-mm-Revolverkanone M61A2 und zwei Kurzstrecken-Luft-Luft-Lenkwaffen AIM-9 je in einem separaten Schacht seitlich am Rumpf sowie bis zu sechs Mittelstrecken-Luft-Luft-Lenkwaffen AIM-120 im zentralen Waffenschacht. Für Erdkampfeinsätze können darin auch spezielle 450-kg-Bomben sowie Lenkwaffen oder Zusatztanks an vier Aufhängungen unter den Flügeln mitgeführt werden.
Entwicklungsstand: Der Serienprototyp der F-22 startete am 7. September 1997 zum Erstflug, das erste Serienflugzeug am 16. September 2002. Ende 2003 flogen 23 F-22. Die Trainingseinheit in Tyndall hat im September 2003 die ersten F-22 Raptor erhalten. Im 2005 folgt die erste Einsatzstaffel in Langley. Voraussichtlich kauft die USAF nur noch 276 Maschinen. 44 davon sind bestellt, weitere 22 werden im Haushaltsjahr 2004 beschafft.
Bemerkungen: Die Raptor ist auch für Tiefangriffe ausgelegt und kann entsprechende Munition in den Waffenschächten, als auch an Aufhängepunkten unter den Flügeln mitführen. Deshalb hat man die ursprünglich als F-22 bezeichnete Raptor neu auf F/A-22 umbenannt. Stealth-Eigenschaften, hohe, kaum Einschränkungen unterworfene Wendigkeit, modernste Kampfelektronik und die Fähigkeit, ohne Nachbrenner eine Dauergeschwindigkeit von Mach 1,5 zu erzielen, machen die Raptor zum derzeit leistungsfähigsten Jagdflugzeug der Welt. Lockheed prüft die Entwicklung einer zweisitzigen Variante für Langstrecken-Angriffsflüge.
Hersteller: Lockheed Martin Marietta Corp., Marietta, Georgia und Boeing Military Airplanes, Seattle, Washington, USA.

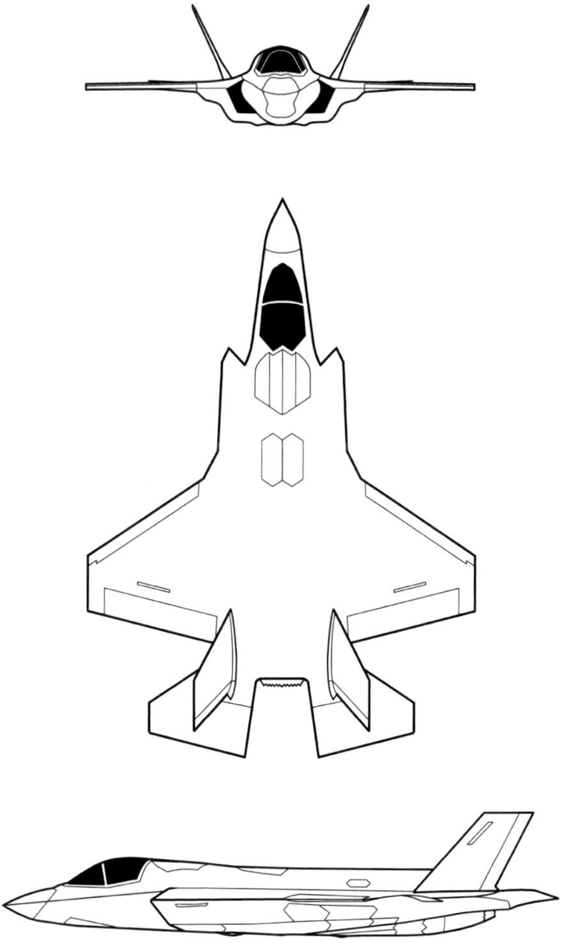

Abmessungen:
Spannweite (X-35A) 10,70 m, (X-35C) 12,19 m
Länge 15,47 m
Flügelfläche (X-35A) 42,70 m², (X-35C) 57,60 m²

LOCKHEED MARTIN X-35A/C JOINT STRIKE FIGHTER

Ursprungsland: USA (Grossbritannien).
Kategorie: Erprobungsträger für (X-35A) landgestütztes bzw. (X-35C) bordgestütztes CTOL-Mehrzweckkampfflugzeug.
Triebwerke: Ein Mantelstromtriebwerk Pratt & Whitney PW611 (Ableitung des F119) von 11400 kp (111,20 kN) ohne und 15910 kp (156,06 kN) mit Nachbrenner und (X-35A) Schubvektor-Steuerung. Alternativ steht auch ein Mantelstromtriebwerk General Electric YF-120-FX mit etwa gleichen Leistungen und Auslegung zur Verfügung.
Leistungen: Höchstgeschwindigkeit etwa Mach 1,5; Dienstgipfelhöhe 15240 m+; Aktionsradius rund 1500 km.
Gewichte: Leergewicht 11340 kg; max. Startgewicht 22280 kg.
Bewaffnung: Eine 27 mm-Mauserkanone BK-27 und ca. 7000 kg Waffen.
Entwicklungsstand: Der Erprobungsträger X-35C startete am 16. Dezember 2000 zum Erstflug, nachdem die Landausführung X-35A bereits am 24. Oktober 2000 die Lufttaufe erhalten hatte. Als Gewinnerin der Ausscheidung für einen neuen Joint-Strike-Fighter (JSF) wird die X-35 zur Serienreife weiter entwickelt. Die USAF wollen 1763 F-35A und die USN 480 F-35C beschaffen. Die Ablieferungen sollen 2008 beginnen.
Bemerkungen: Die Landversion (CTOL) 230A (X-35A) ist für die USAF bestimmt, während die 230C/X-35C als trägergestütztes Mehrzweckkampfflugzeug für die USN vorgesehen ist. Allen gemeinsam (einschliesslich der X-35B, siehe Seiten 240/241) sind der Flügel, die Seitenleitwerke und das Höhenleitwerk (bei der 230C mit jeweils grösserer Fläche, um bessere Start- und Landeeigenschaften zu erzielen). Nebst Lockheed sind an der Entwicklung auch Northrop Grumman und British Aerospace, aber auch Australien, Dänemark und Kanada beteiligt. Konstruktiv sind die drei Ausführungen zu etwa 90 % gleich. Das Cockpit neuester Technologie weist hochauflösende Bildschirme auf. Viele Funktionen lassen sich durch Sprachbefehle oder via Pilotenhelm-Display steuern.
Hersteller: Lockheed Martin Marietta Corp., Marietta, Georgia, Werk Fort Worth, Texas, USA.

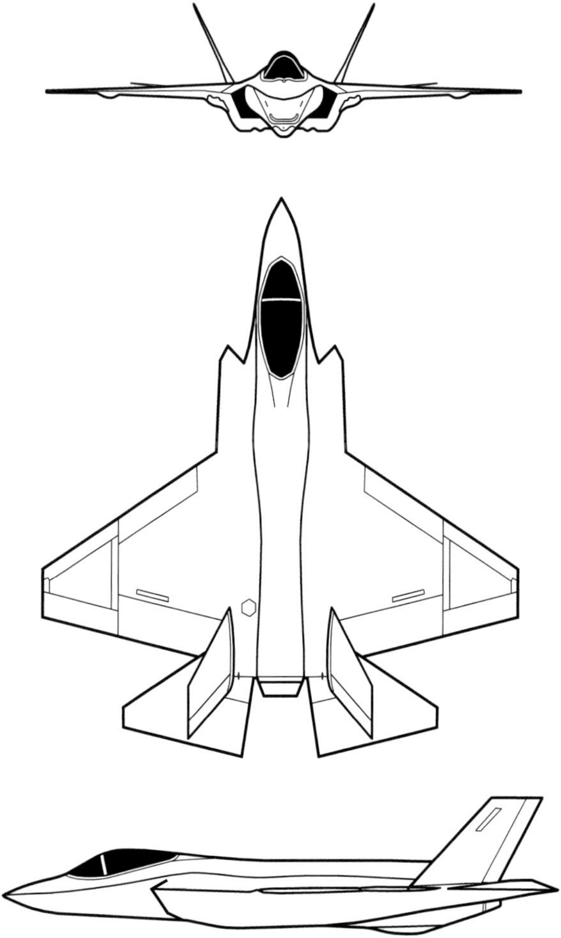

Abmessungen:
Spannweite 10,70 m
Länge 15,47 m
Flügelfläche 42,70 m²

LOCKHEED MARTIN X-35B JOINT STRIKE FIGHTER

Ursprungsland: USA (Grossbritannien).
Kategorie: Erprobungsträger für ein bordgestütztes STOUL-Mehrzweckkampfflugzeug.
Triebwerke: Ein Mantelstromtriebwerk Pratt & Whitney PW611 (Ableitung des F119) von 11400 kp (111,20 kN) ohne und 15910 kp (156.06 kN) mit Nachbrenner und bis zu 110° nach unten schwenkbarer Austrittsdüse. Alternativ steht auch ein Mantelstromtriebwerk General Electric YF-120-FX mit etwa gleichen Leistungen und Auslegung zur Verfügung.
Leistungen: Höchstgeschwindigkeit etwa Mach 1,5; Dienstgipfelhöhe 15240 m+; Aktionsradius rund 1500 km.
Gewichte: Leergewicht 11340 kg; max. Startgewicht 22280 kg.
Bewaffnung: Eine 27 mm-Mauserkanone BK-27 und ca. 7000 kg Waffen.
Entwicklungsstand: Die X-35B entstand aus dem Umbau der X-35C und flog in dieser Konfiguration erstmals am 24. Juni 2001. Das USMC will 609, RAF und RN gemeinsam 150 Maschinen der Serienversion F-35B beschaffen. Die Ablieferungen an das USMC sollen 2008 beginnen, die RAF/RN erhalten ihre Exemplare ab 2010.
Bemerkungen: Bei der STOVL-Version X-35B ist das Triebwerk mit einem durch eine Gelenkwelle verbundenen Lift-Fan ausgerüstet, mit Einlassöffnung oben und Austrittsdüse unten am vorderen Teil des Rumpfs. Konstruktiv sind jedoch die drei Ausführungen X-35A, B und C zu etwa 90 % gleich. Das Cockpit neuester Technologie weist hochauflösende Bildschirme auf. Viele Funktionen lassen sich durch Sprachbefehle oder via Pilotenhelm-Display steuern. Nebst Lockheed sind an der Entwicklung auch Northrop Grumman und British Aerospace beteiligt. Obwohl bei der RN die F-35 für Einsätze ab Flugzeugträgern vorgesehen ist, hat man sich für die STOVL-Variante F-35B entschieden. Dies im Gegensatz zur USN, welche für das gleiche Einsatzspektrum die F-35C beschafft.
Hersteller: Lockheed Martin Marietta Corp., Marietta, Georgia, Werk Fort Worth, Texas, USA.

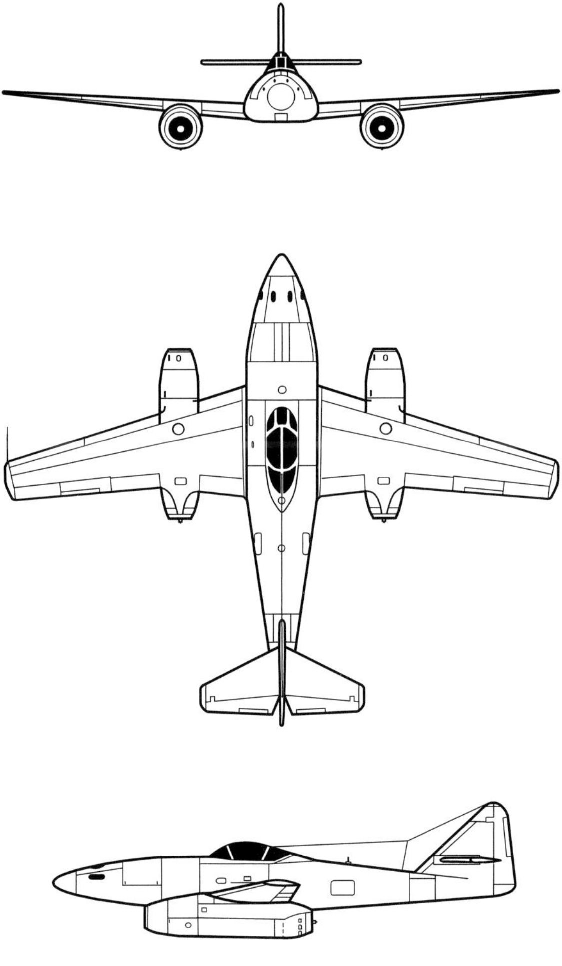

Abmessungen:
Spannweite 12,52 m
Länge 10,50 m
Höhe 3,83 m
Flügelfläche 21,73 m^2

MESSERSCHMIDT ME 262

Ursprungsland: Deutschland/USA.
Kategorie: Nachbau eines historischen einsitzigen (Me 262A) und zweisitzigen (Me 262B) Jagdflugzeuges.
Triebwerke: Zwei Strahltriebwerke General Electric J85-13 von je 1285 kp (12,6 kN) Standschub.
Leistungen (ursprüngliche Me 262 mit Jumo 004-Triebwerken): Höchstgeschwindigkeit 870 km/h auf 6000 m; Anfangssteiggeschwindigkeit 20 m/Sek; Dienstgipfelhöhe 11450 m; max. Reichweite 1050 km.
Gewichte (ursprüngliche Me 262): Leergewicht 3800 kg; max. Startgewicht 6400 kg.
Bewaffnung: Eine Bewaffnung ist nicht vorgesehen.
Entwicklungsstand: Am 25. November 2002 hob erstmals die völlig neu erbaute Me-262 zum Erstflug ab. Insgesamt sollen fünf Maschinen hergestellt werden. Zwei davon sind verkauft. Nachdem in der Anfangsphase der Erprobung eine Bruchlandung geschah, ist derzeit nicht bekannt, wann diese Me-262 ausgeliefert werden können. Von der Ursprungsausführung des ersten serienmässig in grosser Zahl eingesetzten Jagdflugzeuges mit Strahlantrieb wurden zwischen 1944 und 1945 ca. 1430 Einheiten gebaut.
Bemerkungen: Fast 60 Jahre nach dem Erstflug der ursprünglichen Me-262 wird dieses Muster nachgebaut. Wo machbar, hat man sich möglichst an das Original gehalten. Nachdem es aber vor allem an Flugshows gezeigt und vorgeflogen werden soll, sind entsprechend aktuelle und funktionstüchtige Systeme erforderlich. So handelt es sich beispielsweise bei den J-85-Triebwerken um Modelle aus den sechziger Jahren. Diese bringen eine um rund 50 % höhere Leistung als die ursprünglichen Jumo 004-Triebwerke. Trotzdem sollen die Flugleistungen möglichst dem Original angepasst werden. Der Kaufpreis für den Nachbau einer Me 262 ohne Triebwerke und Avionik beläuft sich auf US$ 2 Mio.
Hersteller: WMTF Gemeinschaftsunternehmen, Paine Field, Everett, Washington, USA.

Abmessungen:
Spannweite 11,99 m, mit gefalteten Flügeln 8,48 m
Länge 17,32 m
Höhe 5,18 m
Flügelfläche 42,00 m²

MIKOJAN MIG-29K

Ursprungsland: Russland.
Kategorie: Einsitziges bordgestütztes Mehrzweckkampfflugzeug.
Triebwerke: Zwei Mantelstromtriebwerke Klimow/Sarkisow RD-33(Mod) von je 5035 kp (49,40 kN) Standschub ohne und 9300 kp (91,00 kN) mit Nachbrenner.
Leistungen (MiG-29SMT): Höchstgeschwindigkeit mit vier Luft-Luft-Lenkwaffen 2445 km/h auf 11000 m (Mach 2,3) oder 1500 km/h auf Meereshöhe (Mach 1,3); max. Anfangssteiggeschwindigkeit 330 m/Sek; Dienstgipfelhöhe 17000 m; Einsatzradius (Abfangmission mit 1500-l-Zusatztanks und vier Luft-Luft-Lenkwaffen) 1015 km; max. Reichweite mit drei Zusatztanks 3500 km.
Gewichte: Norm. Startgewicht 18500 kg; max. Startgewicht 22400 kg.
Bewaffnung: Eine 30-mm-Revolverkanone GSh-301 und eine maximale Waffenlast von 5500 kg an zehn Aussenstationen. Acht verschiedene Luft-Luft- bzw. 25 Luft-Boden-Lenkwaffen-Typen können mitgeführt werden wie auch Anti-Radar-Lenkwaffen sowie TV-gelenkte Gleitbomben.
Entwicklungsstand: Die Umbauversion MiG-29SMT fliegt seit 20. April 1998. 200 ältere Versionen der russischen Luftwaffe sollen entsprechend umgebaut werden. Rund 1200 MiG-29 aller Versionen sind für etwa 31 Luftwaffen gebaut worden. Die Produktion läuft in begrenzter Zahl weiter. Jüngste Bestellungen: Jemen, Tansania 6.
Bemerkungen: Bei den durch die indische Marine beschafften Maschinen handelt es sich um die Trägerversion MiG-29K, ausgerüstet mit Faltflügeln, verstärktem Fahrwerk und weiteren Anpassungen an die vorgesehenen Aufgaben. Der Hauptflügel ist etwas grösser. Die Avionik soll in etwa jener der MiG-29SMT (siehe Ausgabe 2001) entsprechen. Gesteuert wird dieses Muster durch ein digitales Dreifach-Fly-by-Wire-System mit einem mechanischen Backup. Als Trainer für Starts und Landungen auf Flugzeugträgern wird auch eine Anzahl zweisitziger MiG-29KUB beschafft. Unter der Bezeichnung MiG-29M2 offeriert der Hersteller eine zweisitzige Mehrzweckkampf-Ausführung (Erstflug 26. September 2001) mit neuer Frontpartie und Mulitfunktionsradar Phazotron Zhuk-M. Bisher sind noch keine Bestellungen eingegangen.
Hersteller: RSK-MiG und MAPO, Moskau, Russland.

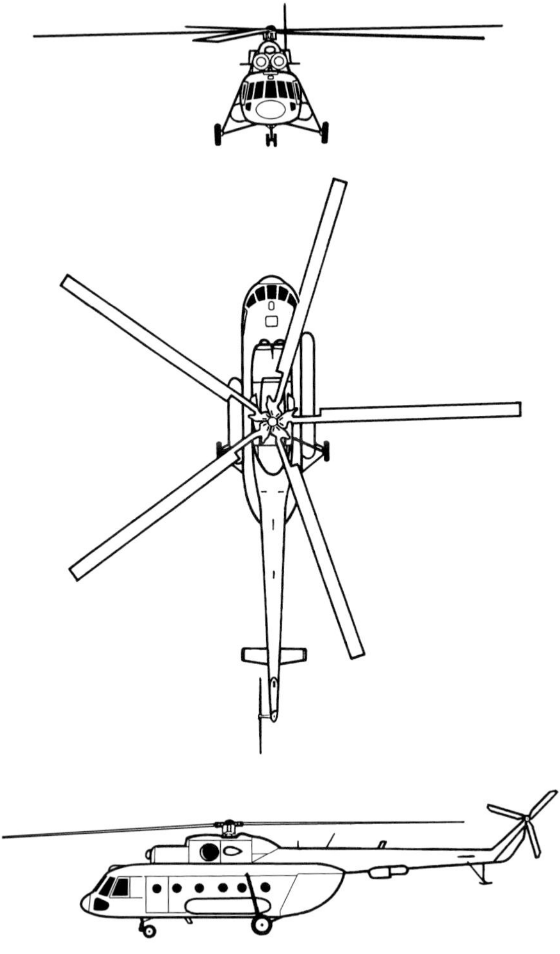

Abmessungen:
Rotordurchmesser 21,29 m
Rumpflänge ohne rotierenden Heckrotor 18,50 m
Höhe inkl. Rotorkopf 4,75 m

MIL/KAZAN MI-17M/MD

Ursprungsland: Russland.
Kategorie: Mittelschwerer militärischer und ziviler Mehrzweckhubschrauber.
Triebwerke: Zwei Gasturbinen Klimow TV3-117VM von je 2200 WPS (1620 kW) Leistung.
Leistungen: Höchstgeschwindigkeit in 1000 m 250 km/h; bei max. Startgewicht 230 km/h; Reisegeschwindigkeit 220 km/h; Dienstgipfelhöhe 6000 m; Schwebehöhe mit Bodeneffekt 4000 m, ohne Bodeneffekt 1760 m; Reichweite mit normaler Zuladung 500 km, mit vier externen Zusatztanks bis zu 1600 km.
Gewichte: Rüstgewicht 7100 kg; normales Startgewicht 11000 kg, maximal 13000 kg.
Zuladung: Zwei Piloten im Cockpit und bis zu 36 Soldaten bzw. 40 Passagiere; max. Nutzlast intern 4000 kg, extern 5000 kg.
Entwicklungsstand: Ein Prototyp der Version MD fliegt seit 1995. Die Mi-17 in ihren mehreren Ausführungen erfreut sich weiterhin grosser Nachfrage. So sind 2003 folgende (Nach)-Bestellungen eingegangen: Indische Grenzwacht 6 Mi-17, Malaysia 10 Mi-171Sh.
Bemerkungen: Als vorläufig letzte Ausführung dieses in rund 11500 Stück hergestellten Hubschraubers wird die Mi-17MD bzw. Mi-171 vom Werk Kazan angeboten. Äusserlich unterscheidet sie sich durch eine neue Buggestaltung mit Farb-Wetterradar. Weitere Merkmale: Notschwimmausrüstung mit aufblasbaren Ballonen, grössere Schiebetüren auf beiden Seiten, mechanische Frachttransportausrüstung im Heck, Platz für vier zusätzliche Passagiere. Als Option kann eine Rettungswinde mit einer Tragkraft von 300 kg installiert werden. Unter der Bezeichnung Mi-172 fliegt eine Ausführung mit Honeywell Glas-Cockpit, 1553-Databus, Multi-Sensor-Optiksystem und Missionssystem von BAE als Option. Weitere verbesserte Varianten befinden sich in Prüfung. Die russische Armee erwägt derzeit die Modernisierung ihrer zahlreichen Mi-8 mit stärkeren Triebwerken, neuem Rotorsystem und aktualisierter Avionik ähnlich der Mi-17.
Hersteller: Mil/Kazan Helicopters, Moskau/Kazan, Russland.

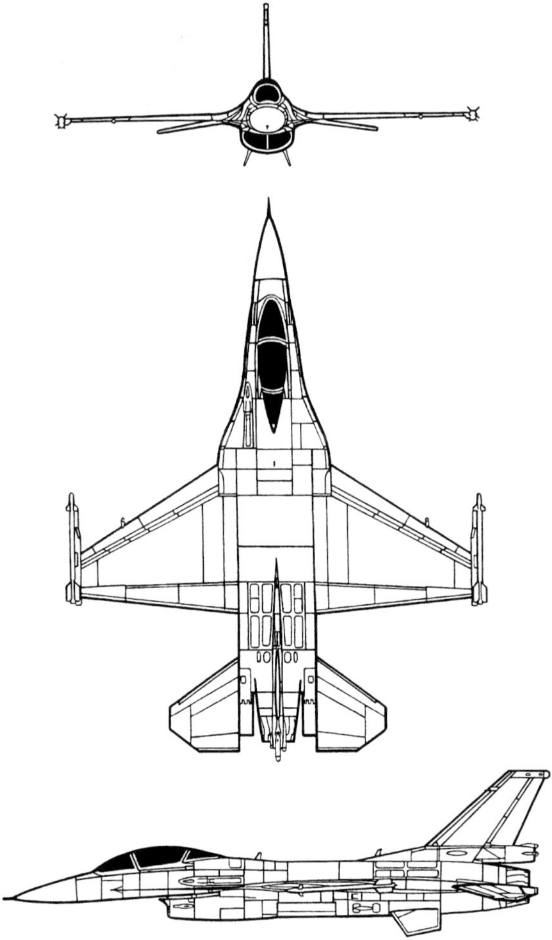

Abmessungen:
Spannweite 11,13 m
Länge 15,52 m
Höhe 4,96 m
Flügelfläche 34,84 m²

MITSUBISHI F-2

Ursprungsland: Japan (USA).
Kategorie: (F-2A) Einsitziger bzw. (F-2B) doppelsitziger Mehrzweckjäger.
Triebwerke: Ein Mantelstromtriebwerk General Electric F110-GE-129 von 7711 kp (75,5 kN) Standschub ohne und 13880 kp (131,7 kN) mit Nachverbrennung.
Leistungen (Schätzungen): Höchstgeschwindigkeit in grossen Höhen Mach 2,0, in Bodennähe mehr als Mach 1,0; Anfangssteiggeschwindigkeit 255 m/Sek; Dienstgipfelhöhe 17900 m; Einsatzradius mit Antischiffs-Lenkwaffen > 830 km; Überführungsreichweite 3500 km.
Gewichte: Leergewicht 9527 kg; norm. Startgewicht 18500 kg, max. 22000 kg.
Bewaffnung: Die max. Waffenlast soll 9000 kg betragen, u.a. die japanischen Eigenentwicklungen Mitsubishi AAM-3-Luft-Luft- sowie die XASM-2-Anti-Schiffs-Lenkwaffen.
Entwicklungsstand: Erstflug des ersten von vier Prototypen FS-X am 7. Oktober 1995, des letzten am 24. Mai 1996. Die Ablieferungen an die japanischen Luftstreitkräfte begannen im September 2000. Bisher sind rund 75 Einheiten bestellt und etwa 45 abgeliefert. Die erste Staffel war im Jahr 2001 einsatzbereit. Insgesamt werden 130 F-2 (einschliesslich 47 Doppelsitzer) beschafft.
Bemerkungen: Die F-2 ist von der Lockheed F-16 abgeleitet. Im Laufe der Entwicklung hat sie sich technisch vom Ausgangsmuster immer weiter entfernt, so dass heute fast von einem vollständig neu entwickelten Typ gesprochen werden kann. Vorderrumpf und Heck sind leicht länger und der Flügel aus Kunststoff ist eine völlige Neuentwicklung. In amerikanisch-japanischer Zusammenarbeit wurde auch ein neuartiges Mehrzweck-Bordradar mit Aktiv-Steuerung und einer Reichweite bis zu 190 km konstruiert, welches gleichzeitig zehn Ziele verfolgen kann. Die übrige Elektronik stammt vollständig aus japanischer Entwicklung, wie das Weitwinkel-Head-up-Display, die fünf Flüssigkristallanzeigen im Cockpit sowie ein umfangreiches integriertes System für die elektronische Kampfführung. Diverse Teile des Rumpfes sind mit radarabsorbierendem Material ausgestattet. Derzeit prüft Mitsubishi die Entwicklung einer reinen Jagdversion mit umfangreicherer Waffenelektronik.
Hersteller: Mitsubishi Heavy Industries Ltd., Werk Nagoya, Tokio, Japan.

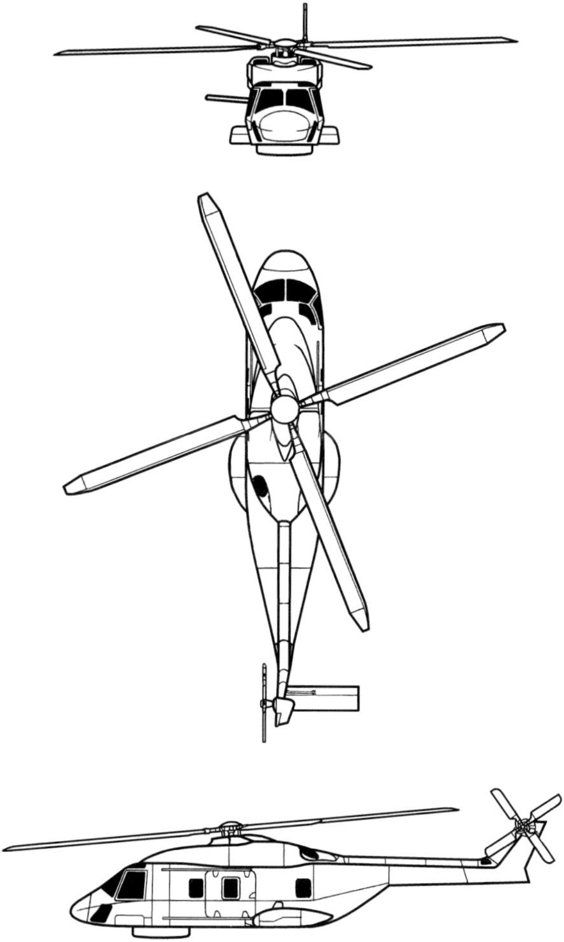

Abmessungen:
Rotordurchmesser 16,30 m
Rumpflänge 15,88 m
Höhe über Heckrotor 5,44 m

NH INDUSTRIES NH90

Ursprungsland: Deutschland, Frankreich, Italien, Niederlande.
Kategorie: Mittelschwerer militärischer Mehrzweck- (TTH) und bordgestützter U-Bootjagdhubschrauber (NFH).
Triebwerke: Zwei Gasturbinen Rolls-Royce-Turboméca RTM322-01/9 bzw. General Electric T700-T6E von je 1680 WPS (1253 kW) Leistung.
Leistungen: Höchstgeschwindigkeit fast 300 km/h; normale Reisegeschwindigkeit 260 km/h; Dienstgipfelhöhe 6000 m; Schrägsteiggeschwindigkeit 11 m/Sek; Schwebehöhe mit Bodeneffekt > 3500 m, ohne Bodeneffekt 2900 m; Einsatzradius mit 2000 kg Nutzlast > 250 km; Überführungsreichweite > 1200 km; Einsatzdauer 4 Std.
Gewichte: Leer zwischen 5400 und 6400 kg; normales Startgewicht 8700 bis 9300 kg, max. 10000 kg.
Zuladung (TTH): Zwei Piloten und 20 Soldaten bzw. 12 Verwundete; Nutzlast 2500 kg; (NFH): Zwei Piloten und bis vier Systemoperateure.
Bewaffnung (NFH): Je zwei Torpedos oder Anti-Schiffslenkwaffen an Trägern seitlich am Rumpf.
Entwicklungsstand: Der erste von fünf Erprobungsmustern (vier TTH, ein NFH) fliegt seit dem 18. Dezember 1995. Geplante Beschaffung: Deutschland total 215, Frankreich 133/27, Italien 150/46, Niederlande 0/20. Bisher sind 325 Hubschrauber beider Versionen fest bestellt; Ablieferungen ab 2004. Weitere Besteller: Finnland 20 TTH, Griechenland 20 TTH, Norwegen 14 NFH, Portugal 10 TTH, Schweden 18 TTH + NFH.
Bemerkungen: Zwei in ihrer Grundkonzeption weitgehend gleiche Ausführungen werden angeboten: Die für taktische Aufgaben konzipierte TTH mit einer Heckladerampe sowie die Marineausführung NFH. Letztere verzichtet auf die Rampe, besitzt dafür faltbare Rotoren, ein beiklappbares Rumpfheck und zwei Schwimmer. Die Bordavionik umfasst u.a. taktisches Radar, FLIR, Sonar sowie zahlreiche weitere Sensorsysteme. Im Hinterrumpf befindet sich ein Ausstoss-System für Düppel, Infrarotfackeln und Sonarbojen. Die NH90 verfügt über eine weitgehend aus Verbundstoff bestehende Zelle und eine Fly-by-Wire-Steuerung.
Hersteller: NH Industries, Aix-en-Provence, Frankreich.

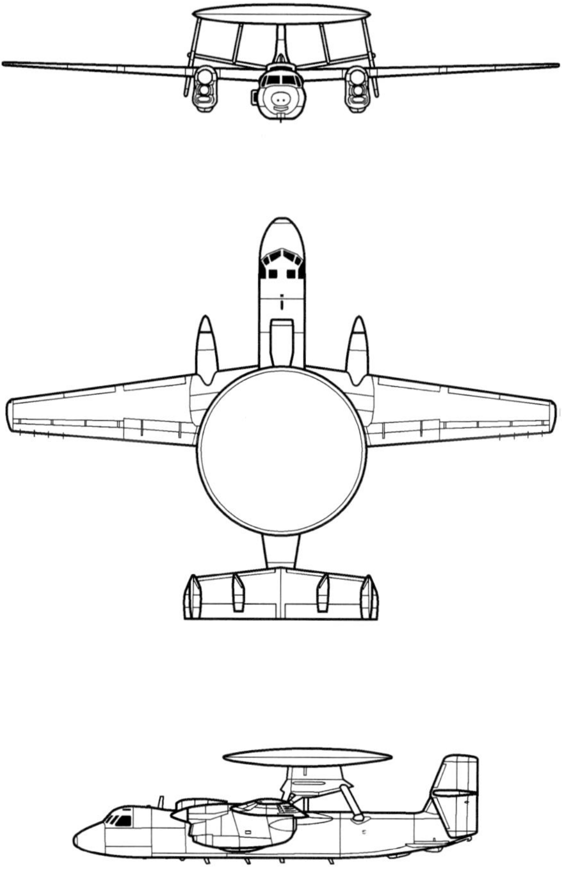

Abmessungen:
Spannweite 24,56 m
Länge 17,55 m
Höhe 5,69 m
Flügelfläche 65,03 m²

NORTHROP GRUMMAN HAWKEYE 2000

Ursprungsland: USA.
Kategorie: Bordgestütztes Frühwarn- und Überwachungsflugzeug sowie fliegende Kommandozentrale.
Triebwerke: Zwei Propellerturbinen Rolls-Royce (Allison) T56-A-427 von je 5250 WPS (3917 kW) Leistung.
Leistungen: Höchstgeschwindigkeit 598 km/h; max. Reisegeschwindigkeit 576 km/h; Anfangssteiggeschwindigkeit 12,8 m/Sek; Dienstgipfelhöhe 9390 m; Einsatzdauer 4 Std. bei einem Aktionsradius von 370 km; max. Flugdauer 6,1 Std; Überführungsreichweite 2580 km.
Gewichte: Leer 17265 kg; max. Startgewicht 24494 kg.
Zuladung: Fünf Mann Besatzung, bestehend aus zwei Piloten und drei Ingenieuren im zentralen Einsatzraum.
Entwicklungsstand: Bis 1995 erhielt die US Navy 148 Flugzeuge. Nach einem Produktionsunterbruch werden seit 1997 wieder Hawkeyes in jährlichen Tranchen von drei bis vier E-2C geliefert. Die Hawkeye in verschiedenen Versionen ist ferner im Einsatz: Ägypten 6, Frankreich 3, Israel 4, Japan 13, Singapur 4 und Taiwan 4. Die US Küstenwache setzt vier, die US Zollbehörde eine von der US Navy gemietete E-2C zur Drogenbekämpfung ein.
Bemerkungen: Die neueste, derzeit als Hawkeye 2000 bezeichnete Ausführung, nahm die Flugerprobung am 11. April 1998 auf. 21 neue Einheiten erhält die USN zwischen 2001 und 2005. Maximal weitere 54 Maschinen werden bis zum Jahr 2010 in diese Ausführung umgebaut. Gegenüber der E-2C Group 2-Standard (siehe Ausgabe 1998) unterscheidet sich die Hawkeye 2000 wie folgt: Neuer Zentralrechner mit sog. «offener IT-Architektur», welche nachträgliche Aufdatierungen wesentlich erleichtert, neue bedienungsfreundlichere Workstations, Satellitenkommunikation, bessere Navigationssysteme, Luftbetankungsmöglichkeit und ein Infrarotsensor für die passive Überwachung. Alle Hawkeye 2000 erhalten auch neue Achtblatt-Propeller. Im 2003 wurde die Entwicklung einer weiteren Ausführung «Advanced Hawkeye» mit neuem Radar ADS-18 freigegeben. Ab 2011 will die USN 75 Einheiten beschaffen.
Hersteller: Northrop Grumman Corporation, Werk St. Augustine, Florida, Los Angeles, Kalifornien, USA.

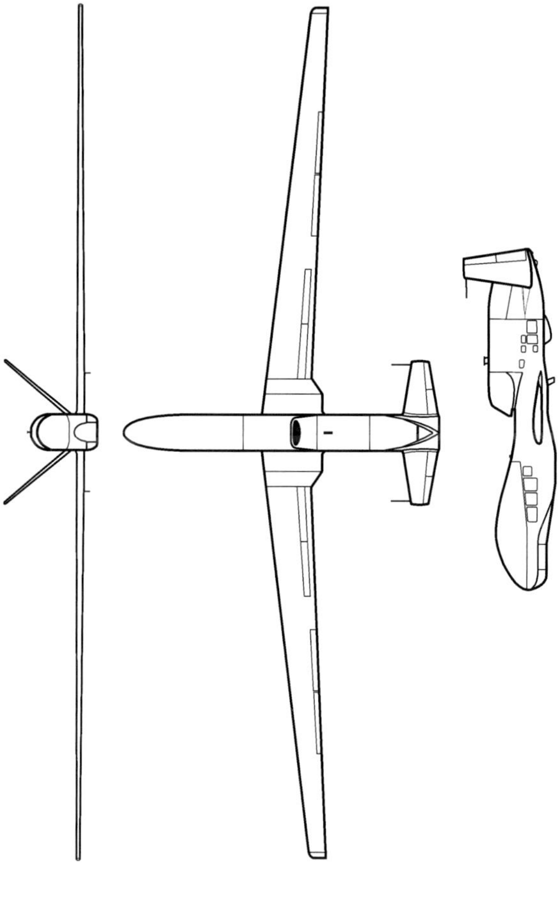

Abmessungen:
Spannweite 35,42 m
Länge 13,53 m
Höhe 4,63 m
Flügelfläche 50,1 m^2

NORTHROP GRUMMAN RQ-4A GLOBAL HAWK

Ursprungsland: USA.
Kategorie: Unbemannter hochfliegender Langstreckenaufklärer.
Triebwerke: Ein Mantelstromtriebwerk Rolls-Royce Allison AE3007H von 2900 kp (28,5 kN) Leistung.
Leistungen: Höchstgeschwindigkeit ca. Mach 0,60, Patrouillengeschwindigkeit 635 km/h; Dienstgipfelhöhe 19800 m; max. Flugdauer 36 Std; Aktionsradius mit einer Aufenthaltsdauer von 24 Std. am Zielort 5500 km, Reichweite bis zu 25015 km.
Gewichte: Leergewicht 4173 kg; max. Startgewicht 11612 kg.
Zuladung: Aufklärungssysteme im Gesamtgewicht von 907 kg.
Entwicklungsstand: Der erste von zwei Prototypen nahm die Flugerprobung am 28. Februar 1998 auf. Acht Systeme, darunter das erste Serienflugzeug sind bereits ausgeliefert worden. Bei einem Bedarf von 51 Einheiten, gab die USAF bisher 17 Systeme in Auftrag, die USN deren zwei. Ab dem neunten Serienexemplar wird voraussichtlich auf die leistungsfähigere RQ-4B gewechselt.
Bemerkungen: Die Global Hawk kann unbemannt aus 20 km Höhe in 24 Std. ein Gebiet der Grösse Griechenlands flächendeckend aufklären und die gewonnenen Daten via Satellit weltweit online übertragen. Zur Erfüllung dieser Aufgaben ist die RQ-4A mit modernsten Systemen ausgerüstet, u.a. allwettertaugliches Seitensichtradar, CCD-Kamera für hochauflösende Bilder, Wärmebildsensoren usw. Während der Rumpf konventionell aus Aluminium besteht, sind die Flügel vollständig aus Kohlefasern hergestellt und trotz grosser Spannweite äusserst steif ausgelegt. Sie biegen sich bei Belastung um nur max. 60 cm durch. Auch das gesamte Leitwerk ist aus Verbundwerkstoffen. Um ein hohes Mass an Ausfallsicherheit zu erreichen, ist die gesamte Flugsteuerung doppelt vorhanden. Eine als EuroHawk bezeichnete ELINT-Variante wird derzeit als Ersatz der deutschen Breguet Atlantic ELINT geprüft. Ab 2005 wird die grössere RQ-4B gebaut (Spannweite rund 40 m, Länge 14,5 m, Nutzlast 1360 kg, Abfluggewicht 14640 kg).
Hersteller: Northrop Grumman Corp., Werk San Diego, Kalifornien, USA.

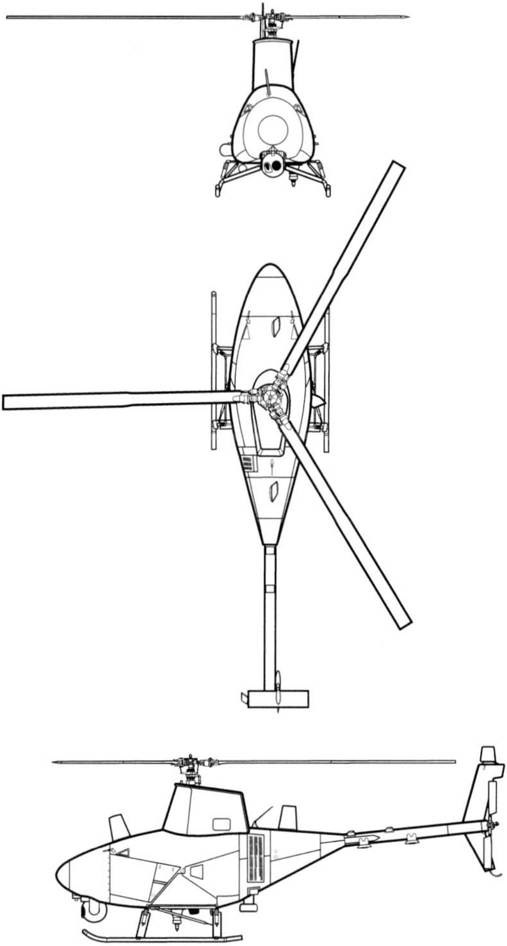

Abmessungen:
Rotordurchmesser 8,38 m
Rumpflänge 7,01 m
Höhe 2,87 m

NORTHROP GRUMMAN RQ-8A FIRE SCOUT

Ursprungsland: USA.
Kategorie: Unbemannter Überwachungs- und Aufklärungshubschrauber.
Triebwerke: Eine Gasturbine Rolls-Royce 250-C20W von 420 WPS, reduziert auf 250 WPS (186,3 kW) Leistung.
Leistungen: Höchstgeschwindigkeit 230 km/h; Dienstgipfelhöhe 6100 m; Aufenthaltsdauer max. 6 Std, 200 km vom Mutterschiff entfernt 4 Std.
Gewichte: Startgewicht 1200 kg.
Zuladung: Aufklärungsmittel, Elektronik- und Sensorenausrüstung von max. 57 kg.
Entwicklungsstand: Ein firmeneigener Prototyp begann die Erprobung am 19. Mai 2002. Derzeit befinden sich drei in der Flugversuchsphase. Nachdem anfänglich sowohl die USN wie auch die USCG Interesse an diesem Hubschrauber bekundeten, hat sich nun die US Army für dessen Beschaffung entschieden. Ab 2010 soll eine Weiterentwicklung der Fire Scout auf Brigadeebene zum Einsatz gelangen.
Bemerkungen: Der unbemannte Drehflügler RQ-8A ist eine Ableitung des Leichthubschraubers Schweizer 333 (siehe Seiten 286/287). Sein Aufgabengebiet umfasst Real-Time-Aufklärungs- und Überwachungseinsatze sowie Zieldarstellungen ab kleinen Schiffen in einem Radius von etwa 200 km. Dazu verfügt er über elektro-optische Sensoren, Infrarotausrüstung und einen Laser-Zielzuweiser. Zum gesamten Integral-System gehört nebst dem Fluggerät auch eine containerisierte Boden- bzw. Schiffstation S-280 zur Lenkung der Einsätze und zum Empfang der Informationen. Hubschrauber und Empfangsstation lassen sich schnell mit einem Transporter C-17 verlegen. Später sind auch leichte Waffeneinsätze denkbar. Es ist daher geplant, Versuche mit der Luft-Boden-Lenkwaffe AGM-114 Hellfire durchzuführen. Die US Army-Ausführung heisst RQ-8B und umfasst einen Vierblattrotor, grössere Treibstoffkapazität und erlaubt ein höheres Startgewicht von 1425 kg.
Hersteller: Northrop Grumman Corp., Los Angeles, Kalifornien, USA.

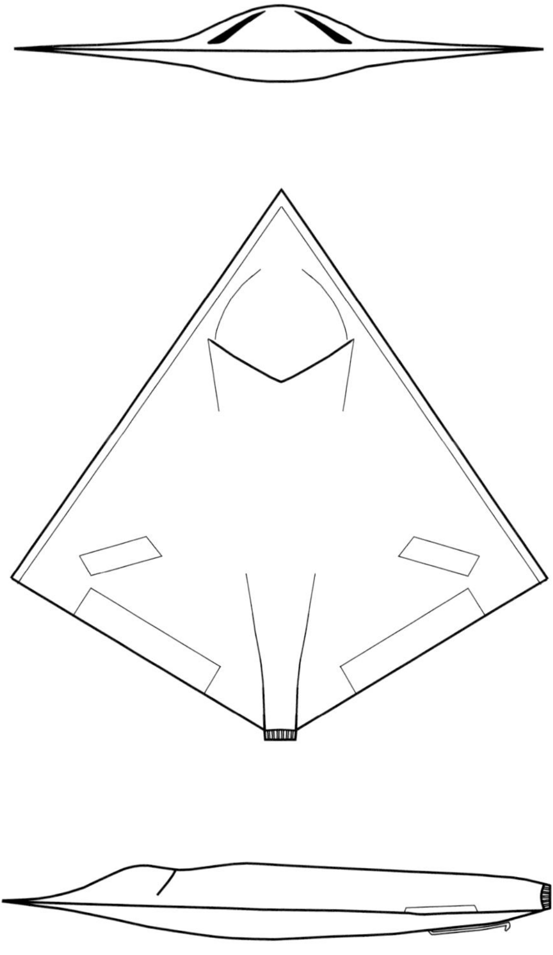

Abmessungen:
Spannweite 8,50 m
Länge 8,45 m

NORTHROP GRUMMAN X-47A PEGASUS

Ursprungsland: USA.
Kategorie: Unbemannter bordgestützter Erprobungsträger.
Triebwerke: Ein Mantelstromtriebwerk Pratt & Whitney JT15D-5C von 1450 kp (14,2 kN) Standschub.
Leistungen: Noch keine Angaben erhältlich.
Gewichte: Max. Startgewicht 1750 kg.
Entwicklungsstand: Der auf eigenes Risiko der Herstellerin gebaute Erprobungsträger X-47A nahm die Flugerprobung am 23. Februar 2003 auf. Es wurde nur ein Prototyp gebaut.
Bemerkungen: Northrop Grumman liess die X-47A durch Scaled Composites in Mojave entwickeln. Weitgehend aus Verbundstoffen gebaut, soll die Pegasus vorwiegend für die Erprobung von unbemannten Starts und Landungen auf Flugzeugträgern dienen. Die ganze Formgebung gibt diesem Erprobungsträger ausgezeichnete «Stealth»-Eigenschaften. Da ein Höhenleitwerk fehlt, erfolgt die Steuerung über sechs Klappen. Von der X-47A abgeleitet wird ein vergrössertes Muster X-47B gebaut. Diese Ausführung ist für Aufklärungs- und Kampfeinsätze «der ersten Stunde» gedacht, d.h. für besonders gefährliche Missionen, wie sie oft bei Beginn von Konflikten vorkommen. Sie soll eine Waffenlast von 1800 kg mitführen und Einsätze von bis zu 12 Std. fliegen können. Die als offenes System konzipierte Elektronik von BAE Systems erlaubt u.a. sehr präzise Landungen auf Flugzeugträgern. Mit der Herstellung des Prototyps wurde Anfang 2002 begonnen. Der Erstflug ist für 2004 vorgesehen.
Hersteller: Northrop Grumman Corporation, Werk San Diego und Scaled Composites Corp., Mojave, Kalifornien, USA.

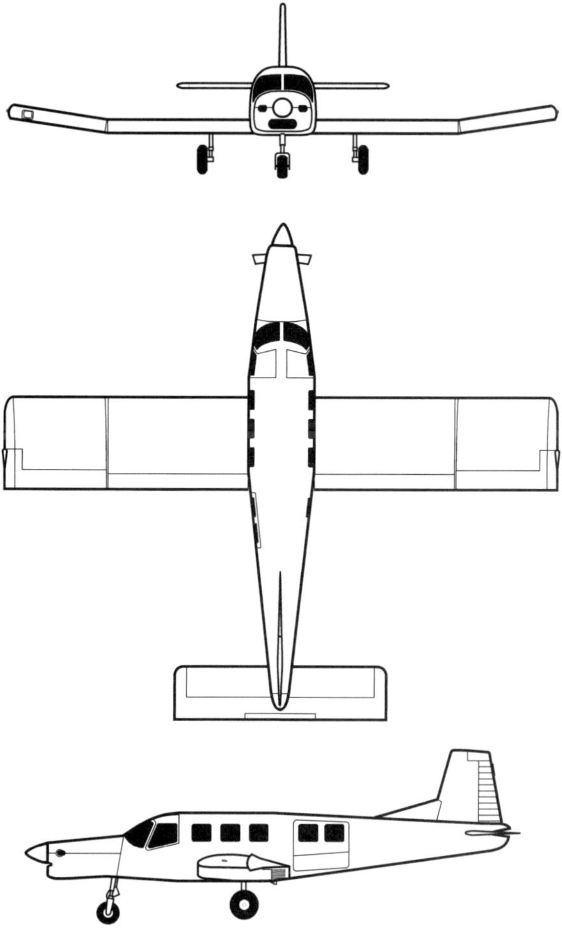

Abmessungen:
Spannweite 12,80 m
Länge 11,58 m
Höhe 3,63 m
Flügelfläche 27,31 m^2

PACIFIC AEROSPACE PAC-750XL

Ursprungsland: Neuseeland.
Kategorie: Mehrzweckflugzeug.
Triebwerke: Eine Propellerturbine Pratt & Whitney Canada PT6-34 von 750 WPS (559 kW) Leistung.
Leistungen: Höchstgeschwindigkeit 326 km/h; Reisegeschwindigkeit 287 km/h; Anfangssteiggeschwindigkeit 8,64 m/Sek; Dienstgipfelhöhe 9144 m; Reichweite bei 75 % Leistung 1098 km; max. Flugdauer 4,4 Std.
Gewichte: Leergewicht 1393 kg; max. Startgewicht 3402 kg.
Zuladung: Ein bis zwei Piloten und in der Standardausführung neun Passagiere, maximal jedoch 17 Fallschirmspringer ohne Sitze, Nutzlast als Frachter 2008 kg.
Entwicklungsstand: Der bisher einzige Prototyp flog erstmals am 5. September 2001. Nach der Zulassung wurden die ersten Exemplare 2003 abgeliefert. Rund 20 Maschinen seien fest bestellt, die Optionen belaufen sich auf 260.
Bemerkungen: Die PAC-750XL übernahm wesentliche Elemente des Landwirtschaftsflugzeugs Aerospace Fletcher FU-24. Zu nennen sind vor allem der Flügel, das Leitwerk sowie das Triebwerk. Richtig neu ist der Rumpf. Die ganze Struktur besteht weitgehend aus Aluminium und ist besonders robust für die vielfältig vorgesehenen Einsätze ausgelegt. Als Hauptaufgaben werden Fracht- und allgemeine Transporteinsätze sowie das Absetzen von Fallschirmspringern bezeichnet. Dies wird durch ein breites Frachttor hinter dem Hauptflügel erleichtert. Dank robustem Festfahrwerk und kurzen Start- und Landeeigenschaften kann die PAC-750XL von unvorbereiteten Pisten aus operieren. Generell ist dieses Muster für sehr wirtschaftlichen Betrieb bei ausreichendem Komfort konzipiert. Der Basispreis beläuft sich auf US$ 925000.—. Eine Ausführung mit Schwimmern ist geplant.
Hersteller: Pacific Aerospace Corp. Ltd., Hamilton, Neuseeland.

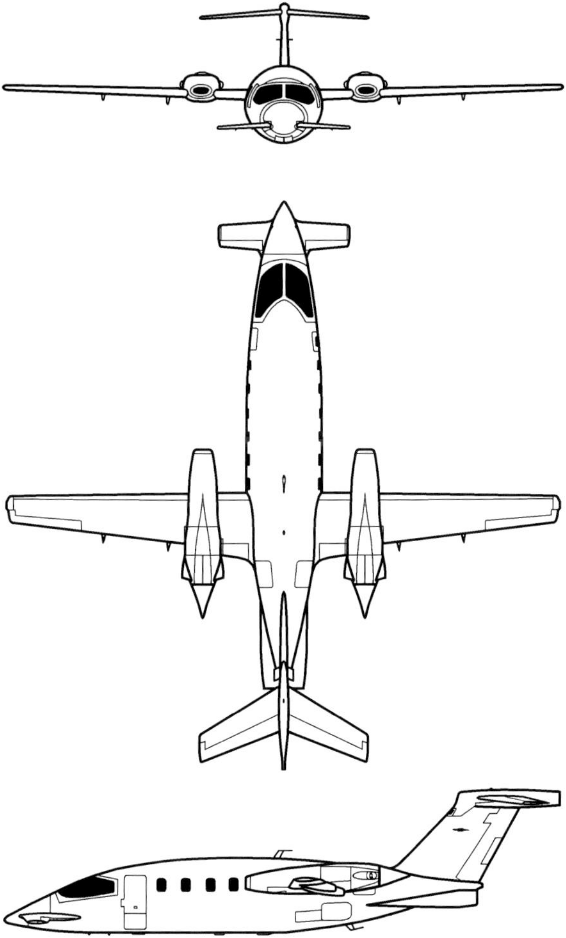

Abmessungen:
Spannweite 14,03 m
Länge 14,41 m
Höhe 3,98 m
Flügelfläche 16,00 m^2

PIAGGIO P180 AVANTI

Ursprungsland: Italien.
Kategorie: Firmenflugzeug und militärisches Mehrzweckflugzeug.
Triebwerke: Zwei Propellerturbinen Pratt & Whitney Canada PT6A-66 von je auf 850 WPS (634 kW) reduzierter Leistung.
Leistungen: Höchstgeschwindigkeit 732 km/h auf 8625 m; max. Dauergeschwindigkeit 644 km/h auf 11885 m; Anfangssteiggeschwindigkeit 15,0 m/Sek; Dienstgipfelhöhe 11890 m, Reichweite mit einer Nutzlast von sechs Personen und IFR-Reserven 2637 km; max. Reichweite mit VFR-Reserven 3148 km.
Gewichte: Rüstgewicht 3402 kg; max. Startgewicht 5239 kg.
Zuladung: Ein oder zwei Piloten und sieben bis acht Passagiere bei Standard-Innenausstattung. Für EMS-Einsätze zwei liegende Verwundete, als Frachter max. 1860 kg.
Entwicklungsstand: Erstflug des ersten von zwei Prototypen am 23. September 1986, das erste Serienflugzeug folgte am 29. Januar 1990. Bis Ende 1998 sind 36 Avantis hergestellt und danach die Produktion vorübergehend eingestellt worden. Nachdem Aufträge für über 80 weitere Einheiten, darunter neun für die italienische Luftwaffe, eingegangen sind, wurde sie im Jahr 2000 wieder aufgenommen. Jährlich werden 18 Maschinen gebaut.
Bemerkungen: Die Avanti basiert mit ihrem futuristischen Aussehen auf dem sogenannten «Drei-Flächen-Konzept» (three-surface-concept), wobei der vorn platzierte kleine Stützflügel das Flugzeug in allen Flugphasen ausbalanciert und das Höhenleitwerk nur für die Richtungsänderungen benötigt wird. Der Flügel besitzt ein Laminarprofil und eine hohe Streckung bei vergleichsweise geringer Fläche. Die Avanti besteht zum grossen Teil aus Leichtmetall, doch sind Kunststoffteile am Leitwerk, den Triebwerkverkleidungen, an der Rumpfspitze, dem Stützflügel und dem Hauptflügel eingesetzt. Die unkonventionelle Form beschert der Avanti eine der grössten Kabinen ihrer Klasse (Länge 4,55 m, Breite 1,85 m, Höhe 1,75 m) und erlaubt durchgehende Stehhöhe. Daher eignet sie sich besonders gut für Ambulanzeinsätze. Die neu ausgelieferten Einheiten verfügen über grössere Treibstoffkapazität.
Hersteller: Rinaldo Piaggio S.p.A., Genua-Sestri, Italien.

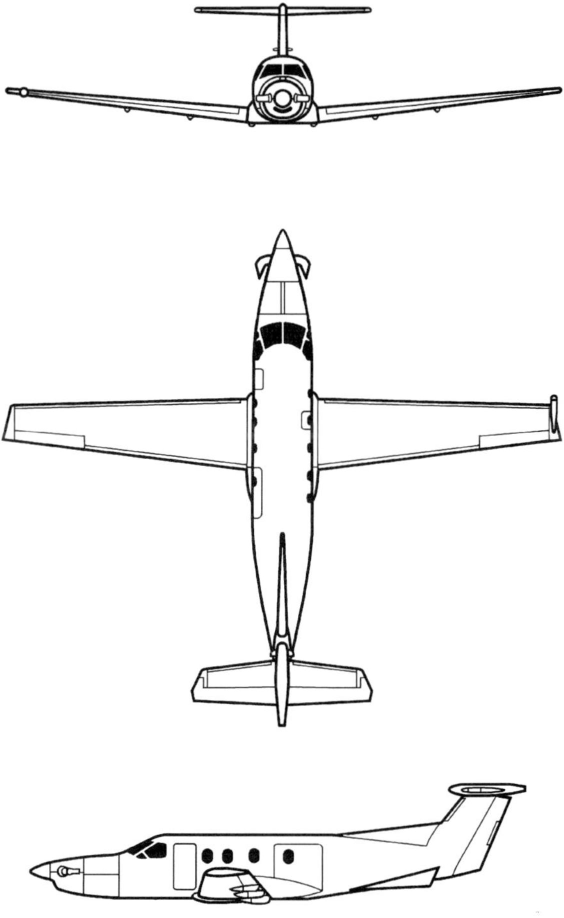

Abmessungen:
Spannweite 16,23 m
Länge 14,40 m
Höhe 4,26 m
Flügelfläche 25,81 m²

PILATUS PC-12/45

Ursprungsland: Schweiz.
Kategorie: Leichtes Mehrzweck- und Firmenflugzeug.
Triebwerke: Eine Propellerturbine Pratt & Whitney Canada PT6A-67B mit einer von 1605 WPS auf 1200 WPS (895 kW) reduzierten Leistung.
Leistungen: Max. Reisegeschwindigkeit 498 km/h auf 7620 m; Anfangssteiggeschwindigkeit 8,50 m/Sek; Dienstgipfelhöhe 9150 m; Reichweite auf 9150 m 4260 km, mit neun Passagieren 3020 km.
Gewichte: Leergewicht Frachter 2484 kg, mit Passagiereinrichtung 2600 kg; max. Startgewicht 4500 kg.
Zuladung: Pilot und Copilot/Passagier im Cockpit und bis zu neun Passagiere in Einzelsitzen; als Firmenflugzeug sechs bis acht Passagiere. Zuladung mit vollen Treibstofftanks bis zu 800 kg, max. Zuladung 1410 kg.
Entwicklungsstand: Der erste von zwei Prototypen startete am 31. Mai 1991 zum Erstflug. Im Mai 1994 begannen die Kundenauslieferungen. Bis Ende 2003 waren etwa 430 Maschinen ausgeliefert.
Bemerkungen: Das Mehrzweckflugzeug ist für den Einsatz in der Geschäftsfliegerei bis hin zum Transporter für Fracht geeignet. Die Zelle der einmotorigen PC-12 ist länger und breiter als beispielsweise jene der zweimotorigen Beech King Air und vermag Fracht bis zu 9,34 m^3 zu laden. Eine kombinierte Variante für vier Passagiere und 5,95 m^3 Fracht wird ebenfalls angeboten. Eine Passagiertüre vorn und eine grosse Frachttüre hinten erleichtern den Ladevorgang. Die PC-12 ist mit einer umfangreichen Avionik von AlliedSignal Bendix/King ausgerüstet. Die derzeit produzierte Ausführung PC-12/45 verfügt über ein verstärktes Fahrwerk mit grösseren Rädern. 2003 wurde unter der Bezeichnung PC-12 Spectre (siehe Foto) eine Variante für Spezialmissionen vorgestellt, u.a. ausgerüstet mit einer einziehbaren Sensorenplattform unter dem Rumpf.
Hersteller: Pilatus Flugzeugwerke AG, Stans, Schweiz.

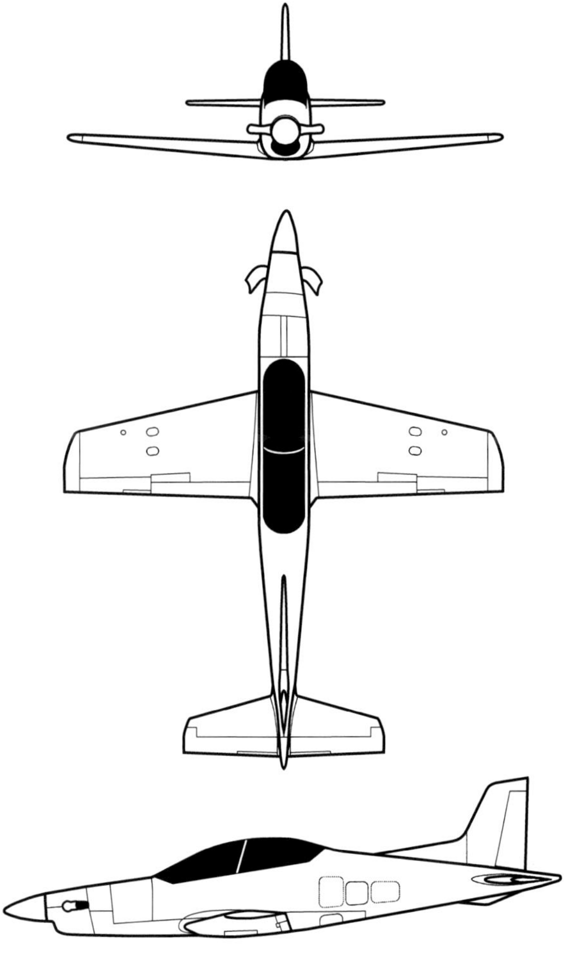

Abmessungen:
Spannweite 8,77 m
Länge 11,19 m
Höhe 3,91 m
Flügelfläche 14,90 m²

PILATUS PC-21

Ursprungsland: Schweiz.
Kategorie: Zweisitziges Trainingsflugzeug für Basic-, Advanced- und Fighter-Lead-In-Training.
Triebwerke: Eine Propellerturbine Pratt & Whitney Canada PT6A-68B von 1609 WPS (1200 kW) Leistung.
Leistungen: Höchstgeschwindigkeit 778 km/h; Reisegeschwindigkeit 685 km/h; Anfangssteiggeschwindigkeit 22 m/Sek; Dienstgipfelhöhe 11400 m; Reichweite 1200 km.
Gewichte: Leergewicht 2250 kg; max. Startgewicht 4250 kg.
Entwicklungsstand: Ein Erprobungsträger fliegt seit Mai 2001, der eigentliche Prototyp nahm die Flugerprobung am 1. Juli 2002 auf. Bis Mitte 2004 soll zusätzlich ein Vorserienmuster gebaut werden. Die Zulassung ist für Ende 2004 vorgesehen. Bisher sind noch keine Bestellungen eingegangen.
Bemerkungen: Unter der Bezeichnung PC-21 entwickelte Pilatus ein vollständig neues Flugzeug als Nachfolge der PC-7/9 (siehe Ausgabe 2002). Die Besonderheit des integrierten, flexiblen PC-21-Trainingssystems besteht darin, dass man das ganze Spektrum vom Anfangstraining bis hin zur Fortgeschrittenenschulung mit einem einzigen Muster abdeckt. Die Einsatz-Software wird so programmiert, dass verschiedene Kategorien von Flugzeugtypen realistisch dargestellt und geübt werden können. Jedes Cockpit mit drei EFIS-Hauptbildschirmen ist voll digitalisiert und NVG-kompatibel. Im vorderen Cockpit ist ein HUD installiert. Die Systemeingaben erfolgen u.a. über das HOTAS. Gegenüber der PC-9 unterscheidet sich die PC-21 nebst neuer Flugzeugstruktur durch ein leistungsstärkeres Triebwerk mit elektronischer Leistungsregelung, Fünfblattpropeller, Hochleistungs-Pfeilflügel mit Spoilern, Druckkabine mit automatischer Klimaanlage und Anit-g-System. Eingebaut ist auch das neueste Modell des Mk.16L-Schleudersitzes von Martin Baker mit Zero-Zero-Ausschussleistung.
Hersteller: Pilatus Flugzeugwerke AG, Stans, Schweiz.

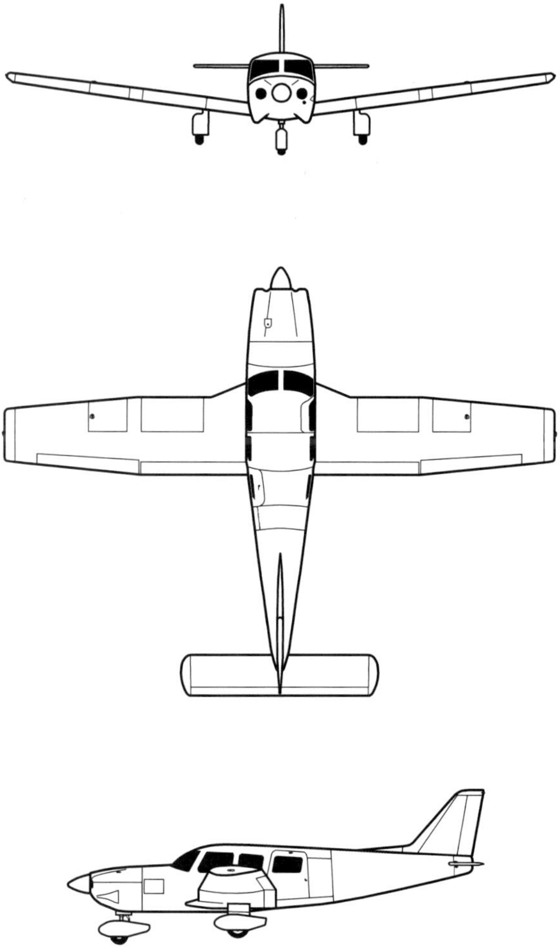

Abmessungen:
Spannweite 10,97 m
Länge 8,53 m
Höhe 2,43 m
Flügelfläche 16,56 m²

PIPER 6X/6XT

Ursprungsland: USA.
Kategorie: Reiseflugzeug.
Triebwerke: Ein luftgekühlter Sechszylinder-Boxermotor Lycoming (6X) IO-540-K1G5 von 300 PS (222,8 kW) (6XT) TIO-540-AH1A von 300 PS (222,8 kW) Leistung.
Leistungen: Höchstgeschwindigkeit (6X) 283 km/h, (6XT) 306 km/h; max. Reisegeschwindigkeit (6X) 278 km/h (6XT) 285 km/h; Dienstgipfelhöhe (6X) 4572 m (6XT) 6096 m; Reichweite mit 45 Min. Reserven (6X) auf 3650 m 1537 km, (6XT) 4572 m 1574 km.
Gewichte (Saratoga IITC): Leergewicht 1118 kg; max. Startgewicht 1633 kg.
Zuladung: Sechs Personen einschliesslich des Piloten; Nutzlast bei vollen Treibstofftanks 375 kg, max. Nutzlast 653 kg.
Entwicklungsstand: Beide Weiterentwicklungen 6X und 6XT der Piper Saratoga II (siehe Ausgabe 1999) wurden 2003 vorgestellt. Den Erstflug absolvierte die 6X am 24. Februar 2003, kurz danach folgte die 6XT. Noch im gleichen Jahr startete der Hersteller mit den Kundenauslieferungen.
Bemerkungen: Konstruktiv sind beide Ausführungen in wesentlichen Teilen gleich. Sie verfügen im Gegensatz zur Saratoga II über ein Festfahrwerk. Die 6X besitzt ein Triebwerk ohne, die 6XT mit Turbolader. Entsprechend unterscheiden sich die Flugleistungen, besonders was die Dienstgipfelhöhe angeht. Mit diesen Weiterentwicklungen wollte man gegenüber der Saratoga II eine einfachere und kostengünstigere Alternative anbieten. So kostet die 6X in der Basisausrüstung US$336000.—, die 6XT 356000.—. Nebst dem Anschaffungspreis sind auch die Versicherungskosten deutlich tiefer.
Hersteller: New Piper Aircraft, Vero Beach, Florida, USA.

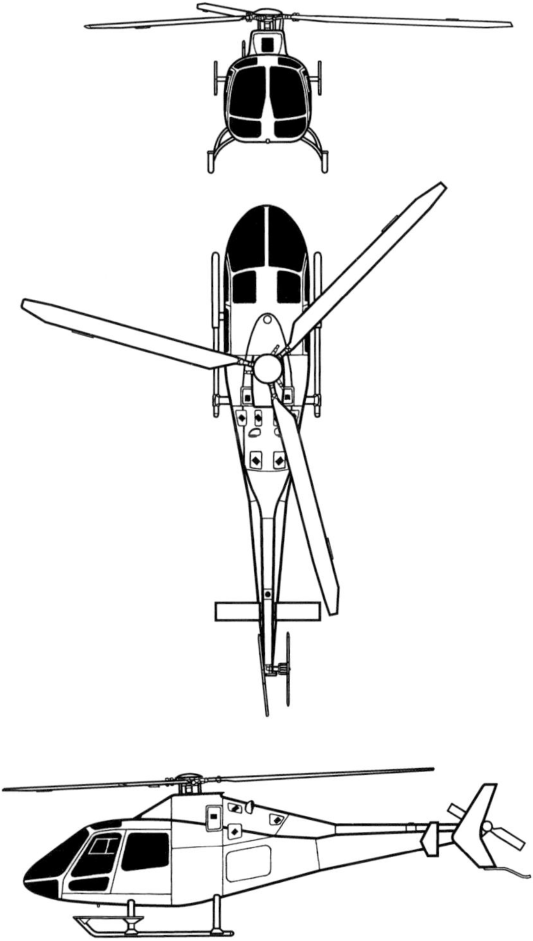

Abmessungen:
Rotordurchmesser 9,00 m
Rumpflänge inkl. Rotor 10,54 m
Höhe 2,95 m

PZL SWIDNIK SW-4

Ursprungsland: Polen.
Kategorie: Leichter Mehrzweckhubschrauber.
Triebwerke: Eine Gasturbinen Rolls-Royce 250-C20R von 475 WPS (354 kW) Leistung.
Leistungen: Höchstgeschwindigkeit 288 km/h; normale Reisegeschwindigkeit 230 km/h; max. Schrägsteiggeschwindigkeit 11 m/Sek; Dienstgipfelhöhe 7000 m; Schwebehöhe mit Bodeneffekt 3500 m, Reichweite mit max. interner Treibstoffzuladung rund 760 km; Flugdauer 5,5 Std.
Gewichte: Leergewicht 850 kg; max. Startgewicht 1700 kg.
Zuladung: Ein Pilot und vier Passagiere; Nutzlast intern 400 kg, extern 600 kg.
Entwicklungsstand: Der erste von zwei Prototypen hat nach längerer technisch bedingter Verzögerung am 26. Oktober 1996 die Flugerprobung aufgenommen. Im November 2002 erfolgte die Zulassung. Mitte 2003 begannen die Auslieferungen an die polnische Luftwaffe, welche bis 2010 47 SW-4 als Trainingshubschrauber beschaffen will.
Bemerkungen: Mit der SW-4 bietet PZL eine kostengünstige Alternative zu den bereits gut eingeführten Konkurrenzmodellen an. Der Anschaffungspreis soll etwa US$ 700000.—betragen. Das Rotorsystem ist von klassischer Bauart mit einem konventionellen Dreiblattrotor aus Glasfiber/Epoxyharz. Der Rumpf besteht zu 20 % aus Verbundwerkstoffen (Glasfiber und Karbon). Der Hubschrauber ist mit einer AlliedSignal Bendix/King-Avionik ausgerüstet und kann dadurch unter IFR-Regeln geflogen werden. Nebst eigentlichen Verbindungsaufgaben soll die SW-4 auch für EMS- und Patrouilleneinsätze geeignet sein. Als Option ist dieser Typ auch mit einer Gasturbine Pratt & Whitney Canada PW206 von 615 WPS (459 kW) erhältlich, welche in Polen in Lizenz gebaut wird.
Hersteller: PZL Swidnik, Swidnik, Polen.

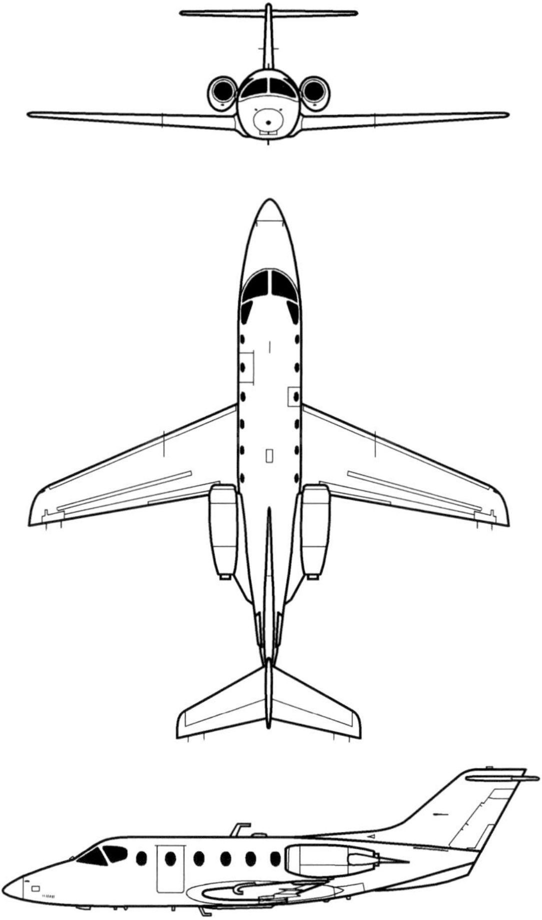

Abmessungen:
Spannweite 13,26 m
Länge 14,76 m
Höhe 4,24 m
Flügelfläche 22,43 m²

RAYTHEON HAWKER 400XP

Ursprungsland: USA.
Kategorie: Firmenflugzeug.
Triebwerke: Zwei Mantelstromtriebwerke Pratt & Whitney Canada JT15D-5B von je 1345 kp (13,19 kN) Standschub.
Leistungen: Höchstgeschwindigkeit 865 km/h auf 12495 m (Mach 0,78); ökonomische Reisegeschwindigkeit 767 km/h auf 12495 m; Anfangssteiggeschwindigkeit 20,12 m/Sek; Dienstgipfelhöhe 13715 m; Reichweite mit max. Nutzlast 1619 km, max. Reichweite 3125 km.
Gewichte: Rüstgewicht 4886 kg; max. Startgewicht 7394 kg.
Zuladung: Zwei Mann Cockpitbesatzung und normal vier, max. neun Passagiere; max. Nutzlast 930 kg.
Entwicklungsstand: Erstflug der Ursprungsausführung 400A am 22. September 1989, der 400XP anfangs 2003. Über 700 Maschinen wurden für zivile wie auch militärische Aufgaben gebaut. Mit den Auslieferungen der neuen Variante begann man im Laufe des 2003. 50 Einheiten (+ 50 Optionen) bestellte kürzlich NelJets.
Bemerkungen: Das ursprünglich von Mitsubishi lancierte und während einiger Jahren selber gebaute Muster wurde kontinuierlich weiterentwickelt. Nachdem Beechcraft, später Raytheon die Produktion übernommen haben, entstand daraus die Beechjet 400 bzw. 400A (siehe Ausgabe 1998). Als vorläufig letzte Variante in dieser Reihe ist die neu als Hawker 400XP (= e**X**tra **P**ayload) bezeichnete Variante lanciert worden. Gegenüber der Vorläuferin weist sie ein um 90 kg höheres Abfluggewicht auf, welches entweder grössere Reichweite oder einen zusätzlichen Passagier erlaubt. Zudem sind einige früher als Option angebotene Avioniksysteme nun serienmässig eingebaut. Die 400XP ist mit Gegenschub ausgerüstet.
Hersteller: Raytheon Aircraft, Beech Aircraft Division, Wichita, Kansas, USA.

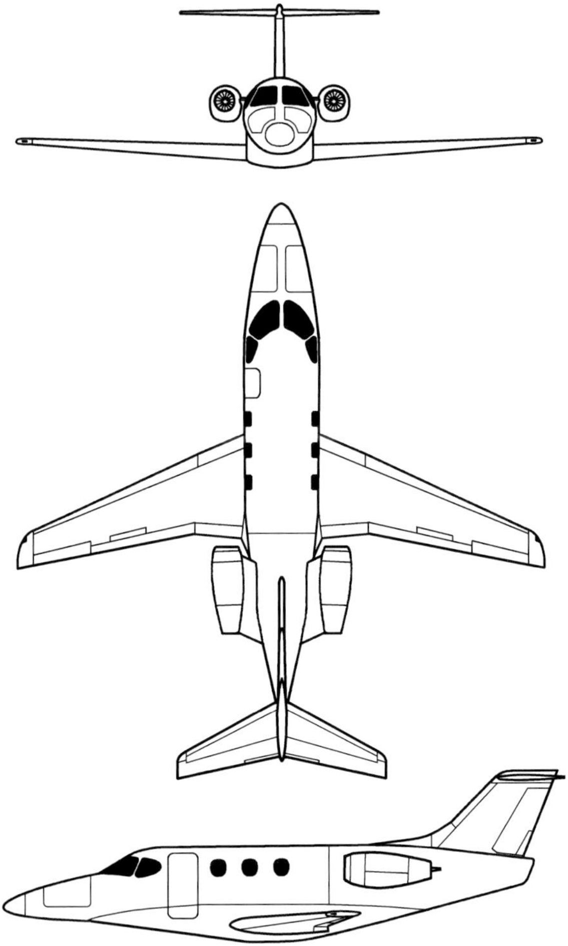

Abmessungen:
Spannweite 13,56 m
Länge 14,02 m
Höhe 4,81 m
Flügelfläche 20,90 m²

RAYTHEON BEECHCRAFT 300 PREMIER I

Ursprungsland: USA.
Kategorie: Firmenflugzeug.
Triebwerke: Zwei Mantelstromtriebwerke Williams/Rolls-Royce FJ44-2A von je 1050 kp (10,23 kN) Standschub.
Leistungen: Max. Reisegeschwindigkeit 850 km/h; normale Reisegeschwindigkeit 680 km/h; Dienstgipfelhöhe 12500 m; Reichweite mit vier Passagieren und IFR-Reserven 2600 km.
Gewichte: Rüstgewicht 3740 kg; max. Startgewicht 5760 kg.
Zuladung: Ein bis zwei Piloten und bis zu sechs Passagiere in der Standard-Clubausführung; Nutzlast bei max. Treibstoffzuladung 365 kg.
Entwicklungsstand: Das erste von vier Erprobungsmustern startete am 22. Dezember 1998 zum Erstflug. Bisher sind Bestellungen für über 300 Einheiten eingegangen. Die Auslieferungen begannen nach längeren technischen Verzögerungen im Juni 2001 und bis Ende 2003 waren rund 100 Premier I hergestellt. In diesem Jahr wurden rund 49 Maschinen gebaut.
Bemerkungen: Der gesamte Rumpf besteht aus Verbundwerkstoffen (Kombination von Nomex-Wabenstruktur und Karbonfiber), der Flügel mit Pfeilung hingegen weiterhin aus Aluminium. Aufgrund neuer Berechnungen muss dieser umgezeichnet werden, um die garantierten Flugleistungen zu erreichen. Die Konstruktion des ganzen Flugzeugs ist bewusst sehr einfach gehalten, so dass eine weitgehende Automatisierung in der Herstellung erreicht wird. Dadurch und dank neuer Produktionstechnologien kann die Premier I zum günstigen Preis ab rund US$ 5,26 Mio. angeboten werden. Im Verhältnis zu den Konkurrenzmustern ist das Innenvolumen der Kabine deutlich grösser (Länge 4,10 m, Breite 1,70 m, Höhe 1,60 m). Das Cockpit, ausgerüstet mit ProLine 21-Avionik, ist für Ein-Piloten-Betrieb ausgelegt. Die Premier I soll das Grundmuster einer ganzen Familie von Firmenjets werden.
Hersteller: Raytheon Aircraft, Beechcraft Division, Wichita, Kansas, USA.

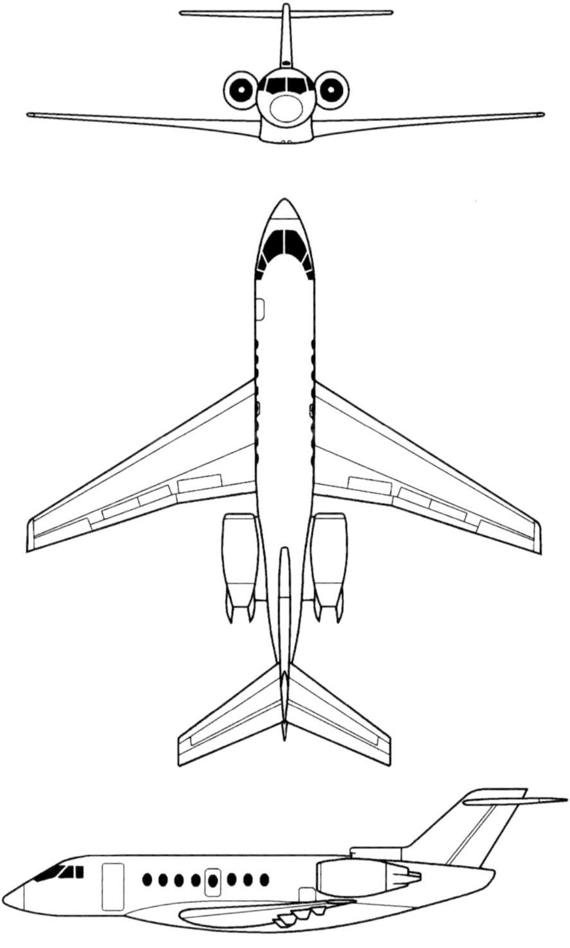

Abmessungen:
Spannweite 18,80 m
Länge 21,08 m
Höhe 5,97 m

RAYTHEON HAWKER HORIZON

Ursprungsland: USA.
Kategorie: Firmenflugzeug.
Triebwerke: Zwei Mantelstromtriebwerke Pratt & Whitney PW308A von je 2950 kp (28,9 kN) Standschub.
Leistungen (nach Angaben des Herstellers): Max. Reisegeschwindigkeit Mach 0,84; Dienstgipfelhöhe 13716 m; Reichweite mit IFR-Reserven 5750 km, maximal 6300 km.
Gewichte: Rüstgewicht 9494 kg; max. Startgewicht 16330 kg.
Zuladung: Zwei Piloten und normalerweise acht Passagiere in Klubbestuhlung, maximal jedoch 12 Personen; Nutzlast 1619 kg.
Entwicklungsstand: Mit der Erprobung konnte am 11. August 2001 begonnen werden. Ein zweiter Prototyp fliegt seit 10. Mai 2002. Das ursprüngliche Ordervolumen von 100 Einheiten ist auf etwa 30 Einheiten gesunken. Der bisher grösste Einzelauftrag von NetJet, welche 50 Maschinen fest bestellte und für weitere 50 eine Option aufnahm, wurde mittlerweile storniert. Die Ablieferung der ersten Exemplare ist nach erneuten Verzögerungen für Mitte 2004 vorgesehen. Monatlich sollen drei Einheiten hergestellt werden.
Bemerkungen: Obwohl gewisse Ähnlichkeiten zur Hawker 800XP bestehen (siehe Ausgabe 2003), handelt es sich bei der Horizon um eine völlige Neukonstruktion. Mit diesem Muster möchte Raytheon einen neuen Komfortstandard im Mittelsegment der Firmenflugzeuge setzen. So ist die Kabine für diese Klasse ausgesprochen grossräumig (Länge 8,87 m, Breite 2,01 m, Höhe 1,83 m). Das Flügelmittelstück verläuft vollständig unter dem Rumpf, so dass der Passagierraum in keinem Bereich dadurch eingeschränkt ist. Wie die Premier I ist auch bei der Horizon der Rumpf völlig aus Verbundwerkstoffen hergestellt, während der Flügel aus Aluminium besteht und zum grössten Teil aus einem Werkstück herausgefräst wird. Im Cockpit sind fünf grosse LCD-Flachbildschirme vorhanden, das Flugmanagementsystem Honeywell Primus Epic wird erstmals in einem Flugzeug eingebaut. Die gesamte Avionik ist hinter dem Cockpit platziert und entsprechend gut zugänglich. Der Basispreis beträgt US$ 15,8 Mio. Die Erprobung ergab, dass einige wesentliche konstruktive Änderungen erforderlich wurden.
Hersteller: Raytheon Corporate Jets, Hawker Division, Wichita, Kansas, USA.

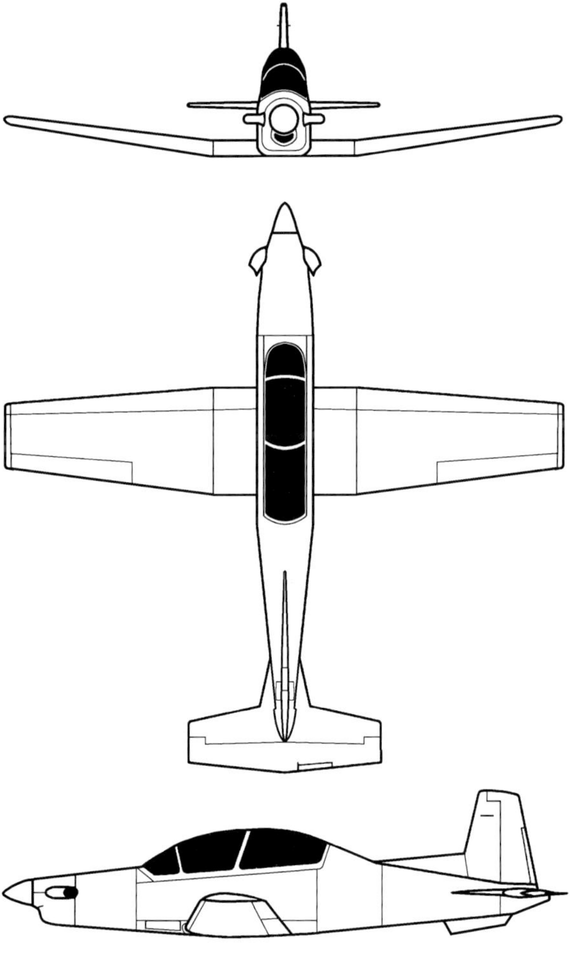

Abmessungen:
Spannweite 10,15 m
Länge 10,14 m
Höhe 3,26 m
Flügelfläche 16,29 m^2

RAYTHEON BEECHCRAFT T-6A TEXAN II

Ursprungsland: USA/Schweiz.
Kategorie: Zweisitziger Basis- und Fortgeschrittenentrainer.
Triebwerke: Eine Propellerturbine Pratt & Whitney Canada PT6A-68 von 1708 WPS (1275 kW) Leistung, reduziert auf 1100 WPS (820 kW).
Leistungen: Höchstgeschwindigkeit in grossen Höhen 575 km/h, auf Meereshöhe 500 km/h, Reisegeschwindigkeit auf 2285 m 426 km/h; Anfangssteiggeschwindigkeit 20,3 m/Sek; Dienstgipfelhöhe 10670 m; Reichweite 1574 km; max. Flugdauer 3 Std.
Gewichte: Leergewicht 2087 kg; max. Startgewicht 2857 kg.
Entwicklungsstand: Der erste Erprobungsträger (eine umgebaute PC-9) flog erstmals im September 1992. Darauf stellte Beech zwei weitere Produktionsprototypen her (Erstflug 23. Dezember 1993), gefolgt vom ersten Serienflugzeug am 15. Juli 1998. Vorgesehen ist, für die amerikanischen Streitkräfte insgesamt 782 Maschinen zu beschaffen: USAF 454, USN 328. Bisher sind 230 Einheiten bestellt (USAF 200, USN 30). Die Ablieferungen begannen 1999 an die USAF, ab 2003 folgten jene für die USN. Weitere Besteller: Griechenland 45, NATO Flying Training (NFTC) 24. Bisher sind etwa 145 gebaut.
Bemerkungen: Obwohl der PC-9 (siehe Ausgabe 2002) sehr ähnlich, wurde rund 70 % der Konstruktion neu definiert. Die wesentlichen Unterschiede sind: Verstärkte Rumpfstruktur und Cockpithaube, Druckkabine, Null-Null-Schleudersitze, neue digitale Elektronik (GPS, MLS, Antikollisionsanzeige, HUD), Einpunktbetankung. Die T-6A ist Bestandteil eines integrierten Trainingssystems, welches auch Simulatoren und übrige Logistik umfasst. Generalunternehmer ist die Tochtergesellschaft von Raytheon, Beech Aircraft. Eine Ausführung für leichte Erdkampfaufgaben mit HUD und sechs Waffenstationen unter den Flügeln wird derzeit entwickelt. 20 der 45 von Griechenland beschafften Texan II werden so geliefert.
Hersteller: Raytheon Aircraft/Beech Aircraft Division/Pilatus, Werk Wichita, Kansas, USA.

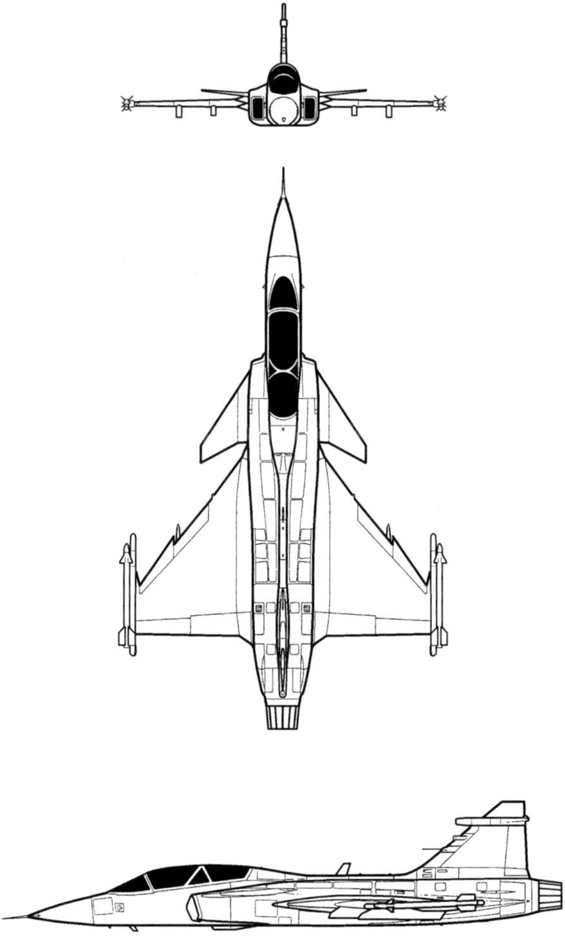

Abmessungen:

Spannweite 8,40 m
Länge (Einsitzer) 14,10 m, (Doppelsitzer) 14,80 m
Höhe 4,50 m
Flügelfläche 30 m²

SAAB JAS 39 GRIPEN

Ursprungsland: Schweden.
Kategorie: Ein- oder zweisitziger Mehrzweckjäger.
Triebwerke: Ein Mantelstromtriebwerk General Electric/Volvo Flygmotor RM12 von 5510 kp (54 kN) ohne und 8210 kp (80,5 kN) mit Nachbrenner.
Leistungen: Höchstgeschwindigkeit auf Meereshöhe 1470 km/h (Mach 1,2) bzw. Mach 2,0 auf 11000 m; Dienstgipfelhöhe 20000 m; Einsatzradius als Abfangjäger mit zwei Rb24 Sidewinder und Rb72 Sky Flash 800 km; Überführungsreichweite 3000 km.
Gewichte: Rüstgewicht 6622 kg; max. Startgewicht 14000 kg.
Bewaffnung: Eine 27-mm-Kanone Mauser BK27. Sechs Flügelstationen (inkl. zwei an den Flügelspitzen) für bis zu vier Luft-Luft-Lenkwaffen Rb72 Sky Flash und zwei Rb24 Sidewinder bzw. AIM-120 AMRAAM. Unter den Flügeln lassen sich Luft-Boden- wie auch Schiffsbekämpfungslenkwaffen mitführen; max. Waffenlast 4200 kg.
Entwicklungsstand: Der erste von fünf Prototypen nahm am 9. Dezember 1988 die Flugerprobung auf. Das erste Serienflugzeug wurde der schwedischen Luftwaffe am 8. Juni 1993 übergeben. Bisher sind etwa 130 Einheiten abgeliefert worden. Jährlich werden 20 Gripen hergestellt. Aktueller Bestellungsstand: Schweden 218 (190 Einsitzer, 28 Doppelsitzer), Südafrika 9 Doppelsitzer (+ 19 Einsitzer als Option), Ungarn least 14 JAS 39C, Tschechien least 14.
Bemerkungen: Für die Gripen oder JAS (Jakt/Attack/Spaning = Jagd/Erdkampf/Aufklärung) 39 sind zum Erfüllen der einzelnen Aufgaben keine Spezialversionen mehr nötig. Jede Gripen führt die entsprechende Software im Bordcomputer ständig mit und die zugehörigen Ausrüstungen sind modular und leicht austauschbar gestaltet. Für die Pilotenausbildung entstand die zweisitzige Trainingsvariante JAS 39B. Das als JAS 39C bezeichnete dritte Los von 84 Maschinen weist einige Verbesserungen auf, u.a. FADEC-Triebwerksteuerung, farbige Multifunktionsanzeigen und optionale Luftbetankungseinrichtung.
Hersteller: Saab-Scania Aktiebolag, Linköping, Schweden.

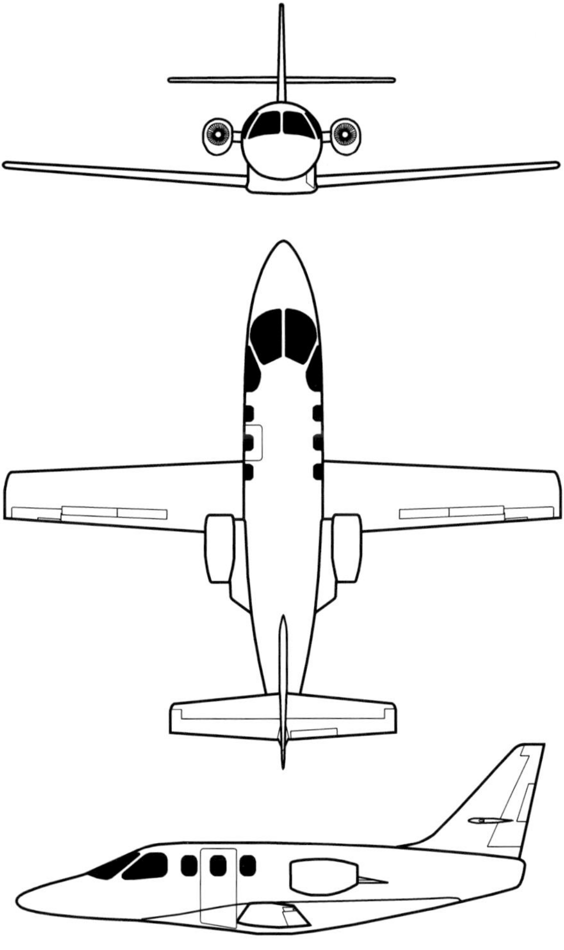

Abmessungen:
Spannweite 11,98 m
Länge 11,05 m
Höhe 4,57 m

SAFIRE S-26

Ursprungsland: USA.
Kategorie: Leichtes Firmenflugzeug.
Triebwerke: Zwei Mantelstromtriebwerke Williams FJ33-4 von je ca. 500 kp (4,89 kN) Standschub.
Leistungen (nach Angaben des Herstellers): Max. Reisegeschwindigkeit 703 km/h; Anfangssteiggeschwindigkeit 14,7 m/Sek; Dienstgipfelhöhe 12500 m; Reichweite mit einer Nutzlast von 360 kg 1690 km, max. Reichweite 2090 km.
Gewichte: Leergewicht 1654 kg; max. Startgewicht 2835 kg.
Zuladung: Sechs Passagiere einschliesslich des Piloten in einer Clubbestuhlung. Max. Nutzlast 635 kg.
Entwicklungsstand: Nach längeren Verzögerungen soll der erste von zwei Prototypen neuesten Angaben zufolge die Flugerprobung Mitte 2004 aufnehmen. Die Zulassung wird für 2006 erwartet. Offenbar hat sich das Orderbuch von 900 auf nun 300 Einheiten reduziert.
Bemerkungen: Mit der S-26 will der Hersteller einen Firmenjet anbieten, welcher bei für Businessjets üblichen Leistungen und Komfort nur etwa so viel wie handelsübliche Sport- und Reiseflugzeuge kostet. Der mutmassliche Kaufpreis von US$ 1,4 Mio. soll beispielsweise nur einen Drittel der Cessna Citation CJ1 betragen. Man rechnet mit Betriebskosten von US$ 280 pro Stunde. Weite Teile der Grundkonstruktion bestehen aus Aluminium. Verbundwerkstoffe werden nur beschränkt verwendet. Das Cockpit weist heute übliche EFIS-Instrumente auf. Obwohl das Cockpit für zwei Piloten eingerichtet ist, soll die Safire S-26 für den Einmannbetrieb zugelassen werden. Finanziert wird die aktuelle Phase durch eine Schweizer Investorengruppe.
Hersteller: Safire Aircraft Company, Opa Locka/Miami, Florida, USA.

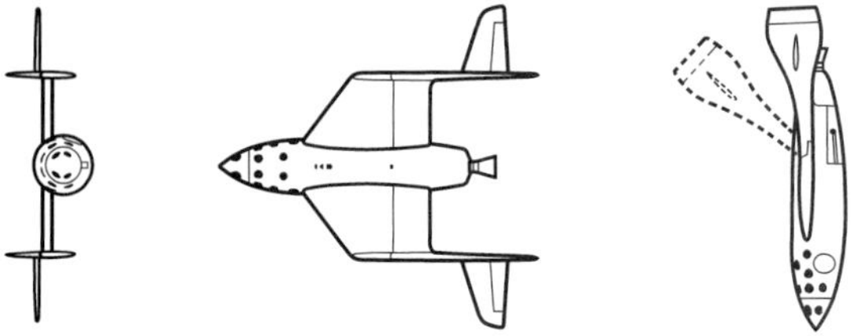

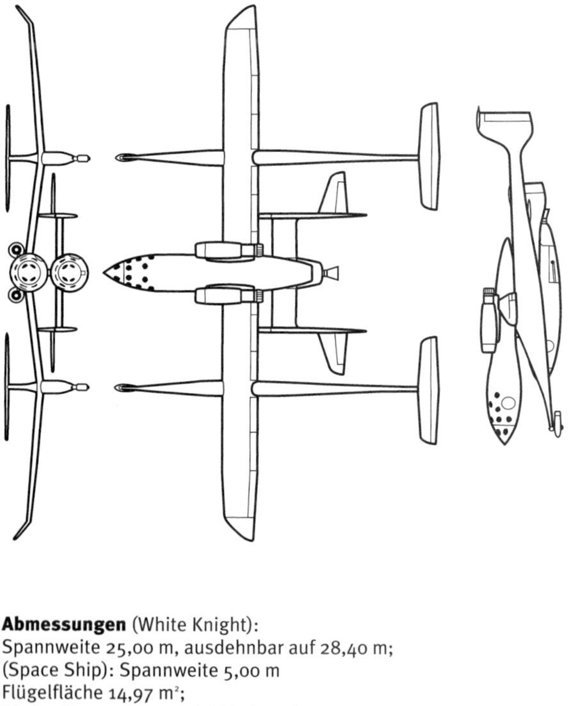

Abmessungen (White Knight):
Spannweite 25,00 m, ausdehnbar auf 28,40 m;
(Space Ship): Spannweite 5,00 m
Flügelfläche 14,97 m^2;
übrige Abmessungen nicht bekannt.

SCALED COMPOSITES WHITE KNIGHT/SPACESHIP ONE

Ursprungsland: USA.
Kategorie: Forschungsflugzeug für Flüge in den suborbitalen Raum.
Triebwerke (White Knight): Zwei Strahltriebwerke General Electric J85-GE5 von je 1750 kp (17,16 kN) Leistung mit Nachbrenner, (Spaceship One) ein Hybrid-Raketenmotor noch unbekannter Leistung.
Leistungen (White Knight): Dienstgipfelhöhe 16100 m. (Spaceship One) Höchstgeschwindigkeit Mach 3,5; max. erreichbare Höhe 100000 m; Reichweite 65 km.
Gewichte (White Knight mit Spaceship One): Startgewicht zwischen 8165 und 8620 kg; (Spaceship alleine) 3000 kg.
Zuladung (White Knight): Ein Pilot, (Spaceship One) Pilot und zwei Passagiere.
Entwicklungsstand: Unter Ausschluss der Öffentlichkeit wurde dieses Forschungstandem entwickelt. Das Trägerflugzeug White Knight nahm die Flugerprobung am 1. August 2002 auf. Der erste Gleitversuch des Spaceship One folgte am 16. August 2003. Wann die ersten eigentlichen Starts vom Trägerflugzeug beginnen, ist derzeit nicht bekannt.
Bemerkungen: Das Forschungssystem besteht aus zwei Hauptelementen, dem Trägerflugzeug mit Strahlantrieb Model 318 White Knight und dem bemannten Gleiter Model 316 Spaceship One. Dieser wird unter der White Knight angehängt und auf einer Höhe von 15 km ausgeklinkt. Danach zündet der Raketenmotor. Bei einer Brenndauer von 92 Sek. soll das Spaceship One Höhen bis zu 100 km erreichen können. Am Ende der Mission kann es ähnlich dem Space Shuttle auf die Erde zurückgleiten und konventionell landen. Dieses Tandem ist bisher das einzige privat lancierte und finanzierte Raumfahrtprogramm der Welt für Reisen in eine suborbitale Laufbahn. Eine solche Mission soll Kosten von nur US$ 10 Mio. verursachen. Dank dieser Lösung öffnet sich die Raumfahrt auch für kommerzielle Passagierflüge.
Hersteller: Scaled Composites, Mojave Airport, Kalifornien, USA.

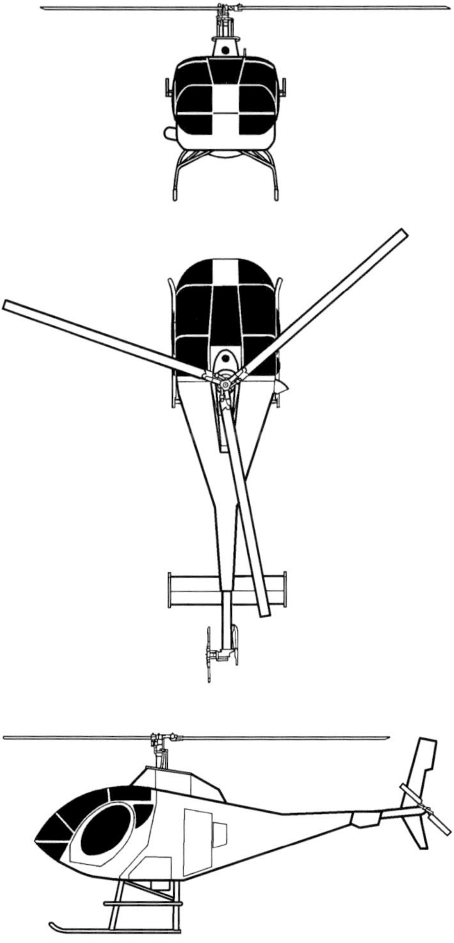

Abmessungen:
Rotordurchmesser 8,39 m
Rumpflänge bei drehendem Rotor 9,51 m
Höhe inkl. Rotormast 3,34 m

SCHWEIZER MODEL 333

Ursprungsland: USA.
Kategorie: Leichter Trainings- und Mehrzweckhubschrauber.
Triebwerke: Eine Gasturbine Rolls-Royce Allison 250-C20W von 250 WPS (186 kW) Leistung.
Leistungen: Höchstgeschwindigkeit 222 km/h; normale Reisegeschwindigkeit 190 km/h; Schwebehöhe mit Bodeneffekt 3414 m, ohne Bodeneffekt 2591 m; Reichweite 556 km, Flugdauer 4,1 Std.
Gewichte: Leer 567 kg; max. Startgewicht 1157 kg.
Zuladung: Drei, maximal vier Personen einschliesslich des Piloten; max. Nutzlast 590 kg.
Entwicklungsstand: An der Heliexpo im Januar 2000 stellte Schweizer überraschend die jüngste Entwicklung Model 333 vor. Wann der Erstflug stattgefunden hat, ist nicht bekannt. Mit den Auslieferungen begann man im ersten Semester 2000. Bisher wurden rund ein Dutzend gebaut. Die pakistanische Armee plant zehn Einheiten zu beschaffen. Die Vorgängerin Model 330 fliegt seit 1988 und wurde seither in ca. 30 Exemplaren hergestellt.
Bemerkungen: Abgeleitet vom Vorgängermodell 330, weist die 333 wesentlich bessere Leistungen auf. Bei höherem Gesamtgewicht nahm die Nutzlast um 30 % zu. Geschwindigkeit und Steigleistungen sind ebenfalls deutlich besser. Das Rotorsystem wurde überarbeitet, die drei Rotorblätter neuester Technologie sind aus Verbundwerkstoffen. Der Sicherheit wurde grosse Aufmerksamkeit geschenkt. Dank verstärkter Struktur, aufschlagsicheren Treibstofftanks, Kufen mit energieabsorbierenden Teleskop-Dämpfern usw. gelang es, eine erheblich verbesserte «Crash- und Überroll-Tauglichkeit» zu erzielen. Für Trainingsaufgaben kann die 333 auf Wunsch mit Doppelsteuerung geliefert werden. Im Vergleich zu Konkurrenzmodellen zeichnet sich die 333 durch sehr günstige Anschaffungs- und Betriebskosten aus. Schweizer erwägt, auch eine fünfplätzige Ausführung anzubieten.
Hersteller: Schweizer Aircraft Corporation, Elmira, New York, USA.

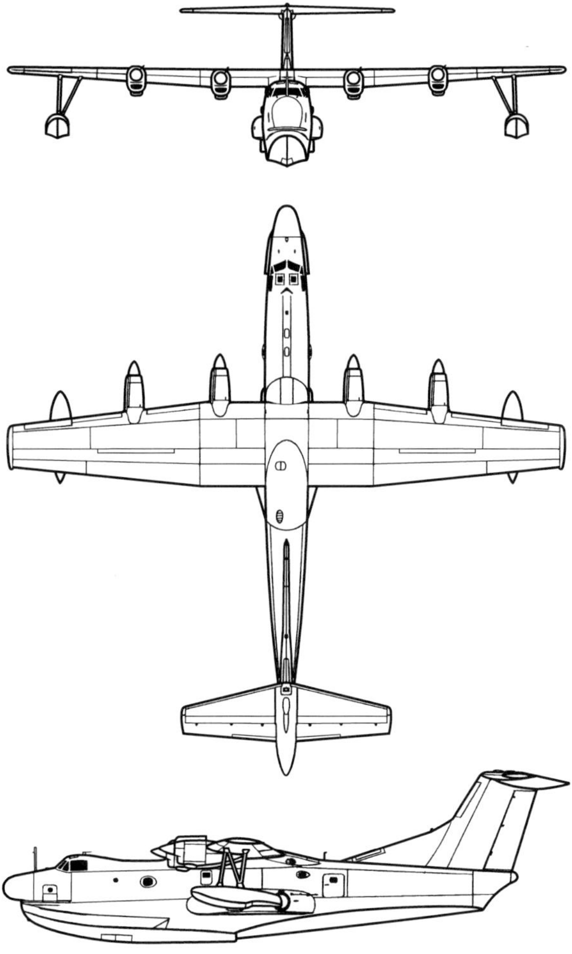

Abmessungen:
Spannweite 33,10 m
Länge 33,50 m
Höhe 9,90 m

SHINMAYWA US-1A KAI

Ursprungsland: Japan.
Kategorie: Amphibisches SAR-Flugzeug für Langstrecken.
Triebwerke: Vier Propellerturbinen Rolls-Royce AE2100J von je 4500 WPS (3356 kW) Leistung.
Leistungen (geschätzt): Höchstgeschwindigkeit 590 km/h; Dienstgipfelhöhe 6100 m.
Gewichte: Rüstgewicht 25500 kg; max. Startgewicht ab Wasser 43000 kg, ab Land 45000 kg.
Entwicklungsstand: Der erste von zwei Prototypen dieser Weiterentwicklung der ursprünglichen US-1 nahm 18. Dezember 2003 die Flugerprobung auf. Die japanische Marine plant ab 2006 14 Maschinen zu beschaffen. Von der bisherigen Such- und Rettungsversion US-1 sind 19 gebaut worden und noch etwa 10 Einheiten befinden im Einsatz.
Bemerkungen: Nachdem die US-1 seit vielen Jahren im Dienst ist, soll die verbesserte Ausführung US-1A Kai die Nachfolge antreten. In wesentlichen Teilen handelt es sich dabei um eine Neukonstruktion. So werden die T64-Triebwerke von General Electric durch die wesentlich leistungsfähigeren von Rolls-Royce ersetzt, die mit sechsblättrigen Propellern aus Verbundwerkstoffen verbunden sind. Damit sind wesentlich bessere Flugleistungen im gesamten Spektrum erzielbar. Die Startstrecke ab dem Wasser soll sich beispielsweise um 50 % verkürzen lassen. Um diese Werte zu erreichen ist zusätzlich ein Triebwerk Rolls Royce Honeywell CTS800-4K eingebaut, welches für die Reduktion von Luftwirbeln Teile der Flügel anbläst. Das Triebwerk-Management übernimmt ein FADEC-System. Die Flügel werden weitgehend durch solche aus Verbundwerkstoffen ersetzt, der Rumpf wird in einzelnen Teilen druckbelüftet sein. Neu sind ebenfalls das Cockpit mit Flachbildschirmen und die gesamte Avionik. Die US-1A erhält auch ein neues Suchradar Ocean Master von Thales.
Hersteller: Shinmaywa Industries Ltd., Werk Konan, Chiyoda-ku, Tokyo, Japan.

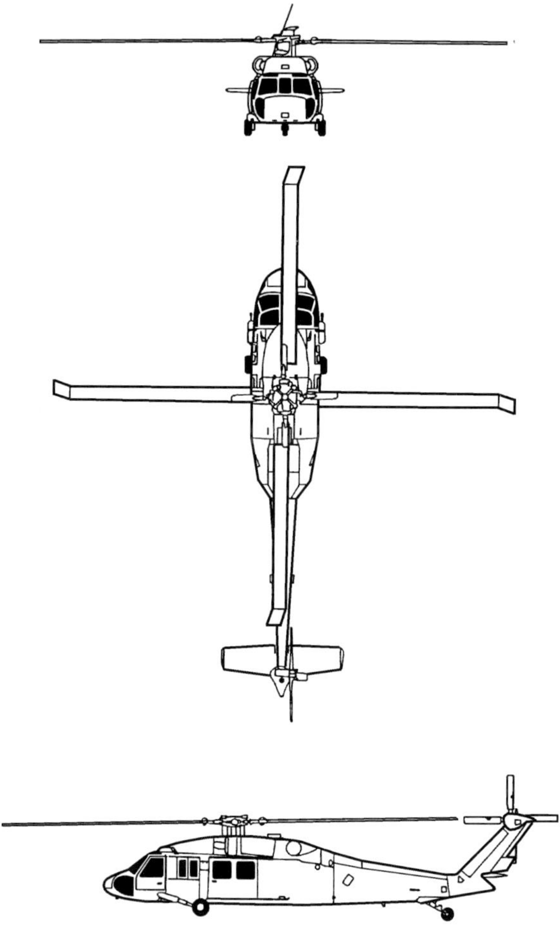

Abmessungen:
Rotordurchmesser 16,36 m
Rumpflänge 15,26 m
Höhe inkl. Rotormast 3,76 m

SIKORSKY UH-60M BLACKHAWK

Ursprungsland: USA.
Kategorie: Taktischer Transporthubschrauber.
Triebwerke: Zwei Gasturbinen General Electric T700-GE-701D von je 2215 WPS (1651 kW) Leistung.
Leistungen (vorläufige Daten): Höchstgeschwindigkeit bei einem Gewicht von 7620 kg 281 km/h; vertikale Steiggeschwindigkeit 5,04 m/Sek; Dienstgipfelhöhe 5837 m; Schwebehöhe ohne Bodeneffekt 3390 m; Reichweite mit 30 Min. Reserven 637 km, mit zwei 870-l-Zusatztanks 1667 km.
Gewichte: Leer 5670 kg; max. Startgewicht 9980 kg, mit Aussenlasten 10433 kg.
Zuladung: Drei Mann Besatzung und elf vollausgerüstete Soldaten. Als Transporter bis zu 4100 kg Aussenlasten am Frachthaken.
Entwicklungsstand: Die neueste Variante der mittlerweile umfangreichen S-70/H-70-Familie, die UH-60M flog erstmals am 17. September 2003. 300 neue Hubschrauber will die US Army beschaffen und weitere 1200 ältere UH-60A/L umbauen lassen. Die ersten Exemplare sollen 2004 abgeliefert werden. Bis auf weiteres bleibt auch die UH-60L (siehe Ausgabe 2001) in Produktion. Rund 2200 Blackhawks sind bisher an viele militärische oder paramilitärische Organisationen, aber auch an Private in rund 26 Ländern geliefert worden. Neueste (Nach-)Bestellungen der UH-60L: Jordanien 8, Thailand 4, US Army 22 (+ 30 MH-60G), Türkei 6.
Bemerkungen: Die UH-60M stellt eine wesentlich weiter entwickelte Ausführung der UH-60L dar. Durch verschiedene Verbesserungen steigt die Lebensdauer der Triebwerke an. Ihre Leistung konnte zudem um 4 % verbessert werden. Weitere Merkmale der UH-60M sind die grössere Treibstoffkapazität, breitere Rotorblätter und ein neues Glascockpit. Die Avionik umfasst auch ein GPS sowie einen neuen Autopiloten. Zudem musste die Struktur verstärkt werden. Später kommt vielleicht ein Fly-by-Wire-System hinzu. Auch neue Triebwerke der Leistungsklasse 3000 WPS sind geplant. Bei den umzubauenden Ausführungen UH-60A/L in die UH-60M werden weite Teile der Zelle neu gebaut.
Hersteller: Sikorsky Aircraft, Stratford, Connecticut, USA.

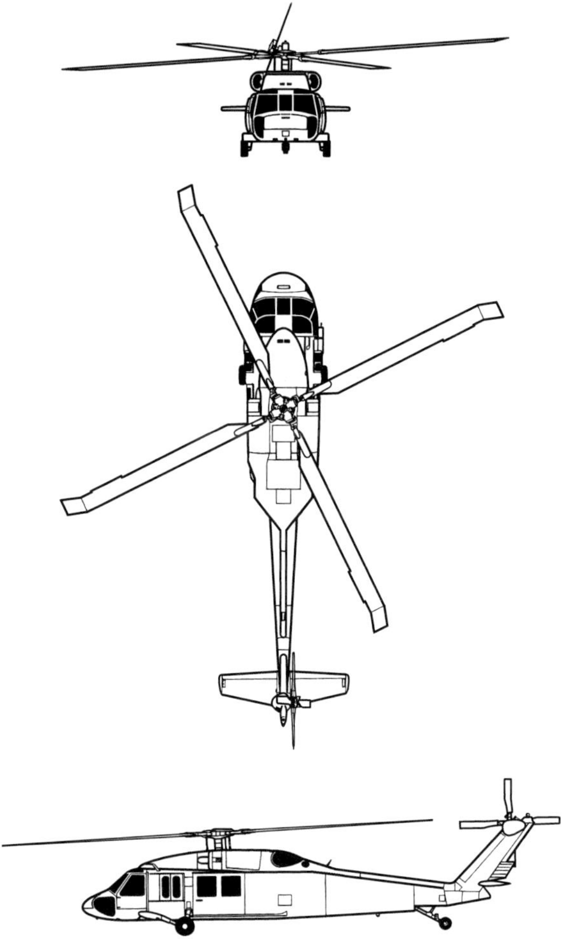

Abmessungen:
Rotordurchmesser 16,36 m
Rumpflänge 15,26 m
Höhe inkl. Rotormast 3,76 m

SIKORSKY MH-60S NIGHTHAWK

Ursprungsland: USA.
Kategorie: Mehrzweckhubschrauber und schiffsgestützter Flottenversorger.
Triebwerke: Zwei Gasturbinen General Electric T700-GE-701C von je 1947 WPS (1448 kW) Leistung.
Leistungen: Höchstgeschwindigkeit 295 km/h auf 610 m; max. Reisegeschwindigkeit 268 km/h auf 1225 m; Dienstgipfelhöhe 5837 m; Schwebehöhe ohne Bodeneffekt 3390 m; Reichweite mit 30 Min. Reserven 600 km, mit zwei 870-l-Zusatztanks 1630 km.
Gewichte: Leer 5225 kg; max. Startgewicht 9975 kg, mit Aussenlasten 10433 kg.
Zuladung: Drei Mann Besatzung und 13 Personen. Als Transporter bis zu 1814 kg Innen- oder bis zu 4100 kg Aussenlasten am Frachthaken.
Entwicklungsstand: Der noch als CH-60S bezeichnete Prototyp der Nighthawk startete am 6. Oktober 1997 zum Erstflug, gefolgt vom ersten Serienmuster am 27. Januar 2000. Bei einem Gesamtbedarf der US Navy von 237 Hubschraubern sind bisher 130 Exemplare bestellt worden. Zudem werden 14 UH-60L der US Army in MH-60S umgebaut. Die erste Staffel HC-5 war im Frühjahr 2002 einsatzbereit. Rund 30 Einheiten sind bisher abgeliefert worden.
Bemerkungen: Diese Ausführung ist eine Kombination aus der UH-60L und der SH-60 für Marineeinsätze. Rumpf und Fahrwerk stammen von der Erstgenannten, während das dynamische System einschliesslich des Faltmechanismus von der SH-60 übernommen werden. Zudem verfügt sie über ein EFIS-Glascockpit. Nebst dem Frachttransport zwischen den Schiffen der US Navy ist die MH-60S auch für SAR- und Versorgungseinsätze in der Kampfzone vorgesehen. Für Langstreckeneinsätze können an sog. ESSS-Trägern am Rumpf bis zu vier Zusatztanks mitgeführt werden. Als Ersatz des Minensuchhubschraubers MH-53E wird ab 2005 eine Weiterentwicklung der MH-60S beschafft (Erstflug 20. Juli 2003).
Hersteller: Sikorsky Aircraft, Stratford, Connecticut, USA.

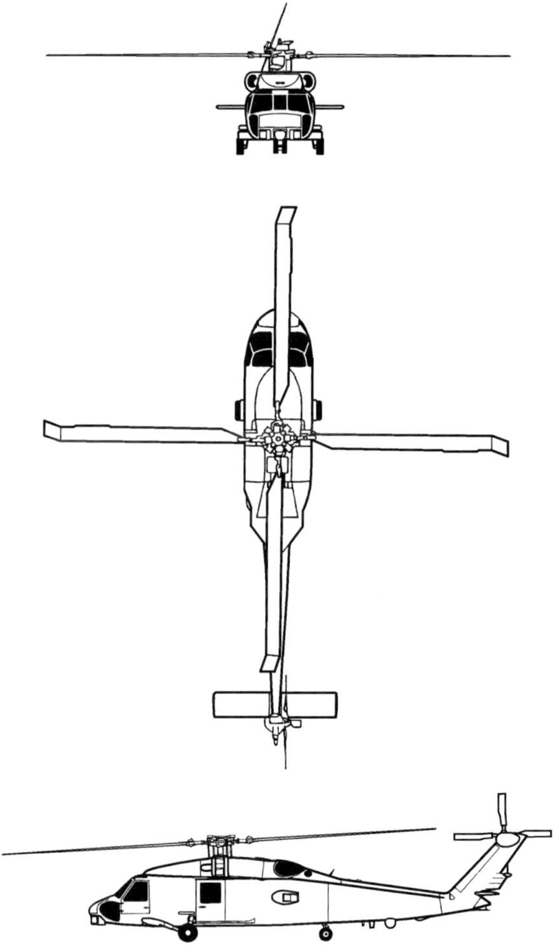

Abmessungen:
Rotordurchmesser 16,36 m
Rumpflänge 15,26 m
Höhe inkl. Rotormast 3,79 m

SIKORSKY SH-60R STRIKEHAWK

Ursprungsland: USA.
Kategorie: Bordgestützter U-Bootjäger- und Mehrzweckhubschrauber.
Triebwerke: Zwei Gasturbinen General Electric T700-GE-401C von je 1900 WPS (1417 kW) Leistung.
Leistungen: Höchstgeschwindigkeit 272 km/h auf Meereshöhe; max. Reisegeschwindigkeit 249 km/h auf 1525 m; Aufenthaltsdauer 3 Std. 50 Min. in 92 km bzw. 45 Min. in 483 km Entfernung vom Stützpunkt.
Gewichte: Leergewicht 6191 kg; max. Startgewicht 10700 kg.
Bewaffnung: Zwei Torpedos Mk.46 oder zwei Antischiffslenkwaffen Penguin sowie AGM-114 Hellfire-Panzerabwehrlenkwaffen und ein 7,62 mm-Maschinengewehr.
Entwicklungsstand: Eine aus einer SH-60B umgebaute MH-60R flog erstmals am 19. Juli 2001, die erste voll ausgerüstete Ausführung am 4. April 2002. 243 neue Strikehawks will die US Navy ab 2006 in Dienst stellen, sechs sind bisher bestellt. Von den verschiedenen Ausführungen der SH/HH-60 wurden über 500 Einheiten an neun Marinen oder Küstenwachen geliefert. Neueste (Nach-)Bestellungen: Japan sieben SH-60K, Türkei drei S-70B.
Bemerkungen: Während die Grundstruktur der MH-60R gegenüber dem Ausgangsmuster in etwa gleich bleibt, stellt sie in vielen Bereichen eine Neukonstruktion dar. So verfügt sie u.a. über ein EFIS-Glascockpit, APS-147-Mehrzweckradar, AQS-22-Sonar, Akustik-Prozessor. FLIR-Sensor und ECM-Ausrüstung sind ebenfalls völlig neu. Später sollen neue Triebwerke der 3000 WPS-Klasse (2240 kW) eingebaut werden, welche sowohl die Flugleistungen als auch die Wirtschaftlichkeit verbessern. Die Ausrüstung der MH-60R ermöglicht es, mehrere Aufgaben der früheren SH-60B/SH-60F/HH-60H-Versionen in einem Muster zu vereinen. Die SH-60K der japanischen Marine ist eine verbesserte Ausführung der SH-60J mit einer der MH-60R ähnlichen Aufdatierung.
Hersteller: Sikorsky Aircraft, Stratford, Connecticut, USA.

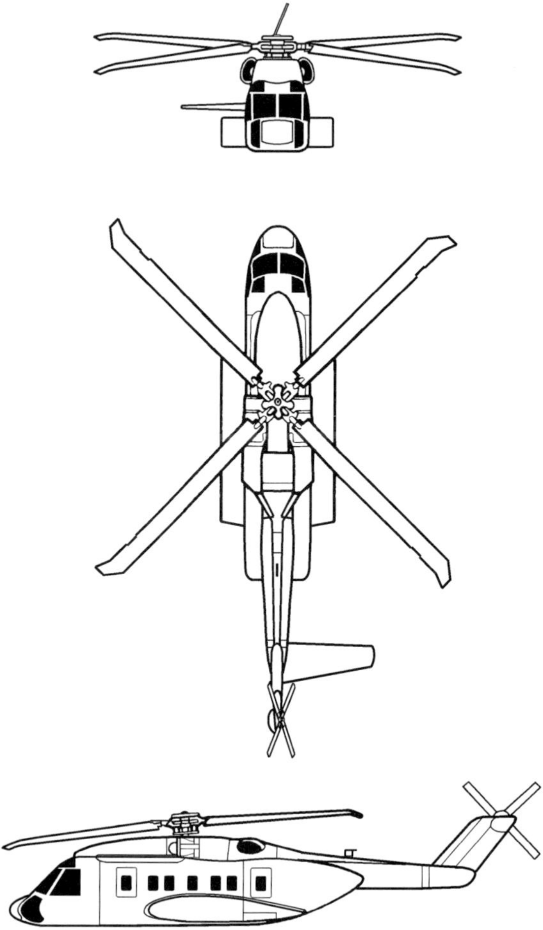

Abmessungen:
Rotordurchmesser 17,17 m
Rumpflänge 17,32 m
Höhe inkl. Rotorkopf 4,62 m

SIKORSKY S-92 HELIBUS

Ursprungsland: USA.
Kategorie: Passagier- und Mehrzweckhubschrauber.
Triebwerke: Zwei Gasturbinen General Electric CT7-8 von je 2400 WPS (1790 kW) Leistung.
Leistungen: Höchstgeschwindigkeit 305 km/h; max. Reisegeschwindigkeit 280 km/h; normale Reisegeschwindigkeit 254 km/h; Dienstgipfelhöhe 4570 m; Schwebehöhe mit Bodeneffekt 3261 m, ohne Bodeneffekt 1942 m; Reichweite mit 19 Passagieren ohne Reserven 996 km, max. 1272 km.
Gewichte: Leergewicht 7212 kg; max. Startgewicht mit interner Nutzlast 11862 kg, mit externer Nutzlast 12837 kg.
Zuladung: Zwei Piloten und zwischen 19 und 22 Passagiere; max. externe Nutzlast 4535 kg.
Entwicklungsstand: Das erste von vier Erprobungsexemplaren S-92A startete am 23. Dezember 1998 zum Erstflug. Die Ablieferung an Kunden beginnt Anfang 2004. Bisher sind Bestellungen und Kaufabsichten für 23 Einheiten bekannt gegeben worden.
Bemerkungen: Während der Rumpf eine völlige Neukonstruktion darstellt, sind die meisten dynamischen Komponenten (Haupt- und Heckrotor, Rotorkopf) von der S-70 übernommen. Die geräumige Kabine (Länge 5,67 m, Breite 2,00 m, Höhe 1,83 m) soll einen Komfort wie ein Linienflugzeug offerieren, so z.B. bezüglich Lärm und Vibration. Das Fahrwerk ist einziehbar. Zum besseren Beladen ist eine Heckladerampe vorhanden. Nebst der heute üblichen Elektronik verfügt die S-92 über die Besonderheit eines digitalen Flugkontrollsystems (AFCS), das den Hubschrauber auch im Schwebeflug automatisch steuert. Als Avionik gelangt die Collins Pro Line 21 zum Einbau. Die S-92 soll dank verschiedener Kits für eine Vielfalt von Aufgaben einsetzbar sein, u.a. Offshore-Einsätze, SAR-, ASW-Aufgaben sowie für VIP- und Commuterflüge. Im Wettbewerb VXX für einen neuen VIP-Hubschrauber des US-Präsidenten wird der Einbau des wesentlich stärkeren Triebwerks CT7-8C mit einer Leistung von 3070 WPS (2300 kW) geplant.
Hersteller: Sikorsky Aircraft, Stratford, Connecticut, USA.

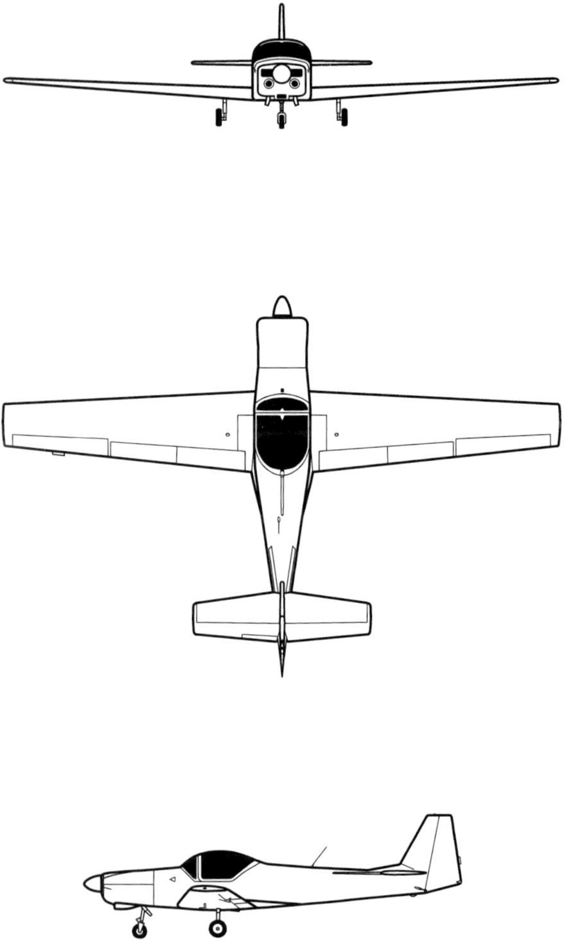

Abmessungen:
Spannweite 10,60 m
Länge 7,55 m
Höhe 2,36 m
Flügelfläche 12,62 m^2

SLINGSBY T67M260 FIREFLY

Ursprungsland: Grossbritannien.
Kategorie: Ziviler und militärischer Grundschultrainer.
Triebwerke: Ein Sechszylinder-Boxermotor Textron Lycoming AEIO-540D-4A5 von 260 PS (195 kW) Leistung.
Leistungen: Höchstgeschwindigkeit 281 km/h auf Meereshöhe; Reisegeschwindigkeit bei 75 % Leistung auf 2590 m 277 km/h; Anfangssteiggeschwindigkeit 8,1 m/Sek; max. Flugdauer 3,5 Std.
Gewichte: Leergewicht 708 kg; max. Startgewicht 1134 kg.
Zuladung: Pilot und Schüler in Sitzen nebeneinander.
Entwicklungsstand: Das Ausgangsmuster T67 flog erstmals am 15. Mai 1981, die Militärausführung am 5. Dezember 1982, gefolgt von mehreren weiteren Versionen. Bis Mitte der neunziger Jahren wurden rund 220 Exemplare gebaut, darunter 113 als T-3A für die USAF. Nach einem mehrjährigen Produktionsunterbruch folgte nun im 2002 die T67M260. Von dieser Ausführung haben die Luftwaffen von Bahrain 3 und Jordanien 16 Einheiten beschafft.
Bemerkungen: Aus dem französischen Motorsegler Fournier RF-68 entwickelte Slingsby einen vollständig aus Kunststoff bestehenden Grundschultrainer. Mehrere Varianten wurden gebaut. Die aktuellste Ausführung T67M260 ist wesentlich leistungsstärker und hauptsächlich für die militärische Ausbildung optimiert. Derzeit bewirbt sich Slingsby im Rahmen des Wettbewerbs der RAF für das neue Grundschul-Trainingssystem MFTS mit einer Weiterentwicklung. Diese würde ein leistungsfähigeres Triebwerk aufweisen und dadurch wesentlich bessere Flugleistungen erbringen. Das Cockpit wäre mit EFIS-Instrumenten ausgerüstet.
Hersteller: Slingsby Engineering Ltd., Kirkbymoorside, North Yorkshire, Grossbritannien.

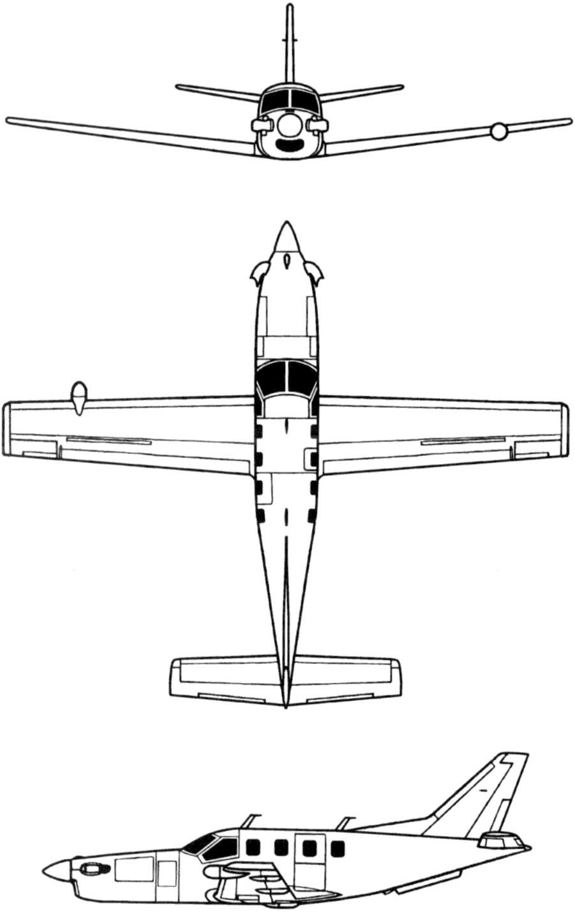

Abmessungen:
Spannweite 12,68 m
Länge 10,64 m
Höhe 4,35 m
Flügelfläche 18,00 m²

SOCATA TBM 700

Ursprungsland: Frankreich.
Kategorie: Leichtes Mehrzweckflugzeug.
Triebwerke: Eine Propellerturbine Pratt & Whitney Canada PT6A-64 von 700 WPS (522 kW) Leistung.
Leistungen: Höchstgeschwindigkeit 556 km/h auf 7925 m; normale Reisegeschwindigkeit 523 km/h auf 9145 m; Langstrecken-Reisegeschwindigkeit 452 km/h auf 9145 m; Anfangssteiggeschwindigkeit 11,7 m/Sek; Dienstgipfelhöhe 9145 m; Reichweite mit sechs Passagieren 1900 km, mit max. Treibstoffzuladung 2871 km.
Gewichte: Leer 1860 kg; max. Startgewicht 2985 kg.
Zuladung: Ein bis zwei Piloten und bis zu sechs Passagiere. «Club»-Version mit vier Passagiersitzen und Mittelgang. Max. Nutzlast als Frachter 725 kg.
Entwicklungsstand: Der Prototyp der TBM 700 flog erstmals am 14. Juli 1988. Das erste Serienflugzeug startete am 24. August 1990 zum Erstflug. Bisher sind rund 240 TBM 700 abgeliefert worden. Frankreich beschaffte bisher 28 TBM 700 (20 Luftwaffe, 8 Armee).
Bemerkungen: Die TBM 700 ist eine Gemeinschaftsentwicklung von Socata (Tochtergesellschaft von Aérospatiale) und Mooney Aircraft. Als druckbelüftetes Reiseflugzeug profitiert die TBM 700 von der Mooney M301, von welcher der Rumpf weitgehend übernommen wurde. Neu entwickelte Socata hingegen den Flügel und das Leitwerk. Socata bietet auch diverse militärische Varianten an, beispielsweise als Verbindungsflugzeug, Frachter, für ECM-Aufgaben oder als Zielschlepper. Eine besondere Frachtausführung TB700B mit grösserer Ladetüre und schnell auszuwechselnder Inneneinrichtung wird ebenfalls angeboten. Die ersten Muster wurden Ende 2001 abgeliefert. Seit 2003 ist eine Weiterentwicklung TBM700C2 mit grösserem Gepäckraum und auf 3355 kg erhöhtem Abfluggewicht erhältlich, u.a. mit Verstärkungen an der Struktur und am Fahrwerk. Zudem ist die Inneneinrichtung teilweise neu konzipiert.
Hersteller: Socata, Groupe Aérospatiale, Werk Tarbes, Suresnes, Frankreich.

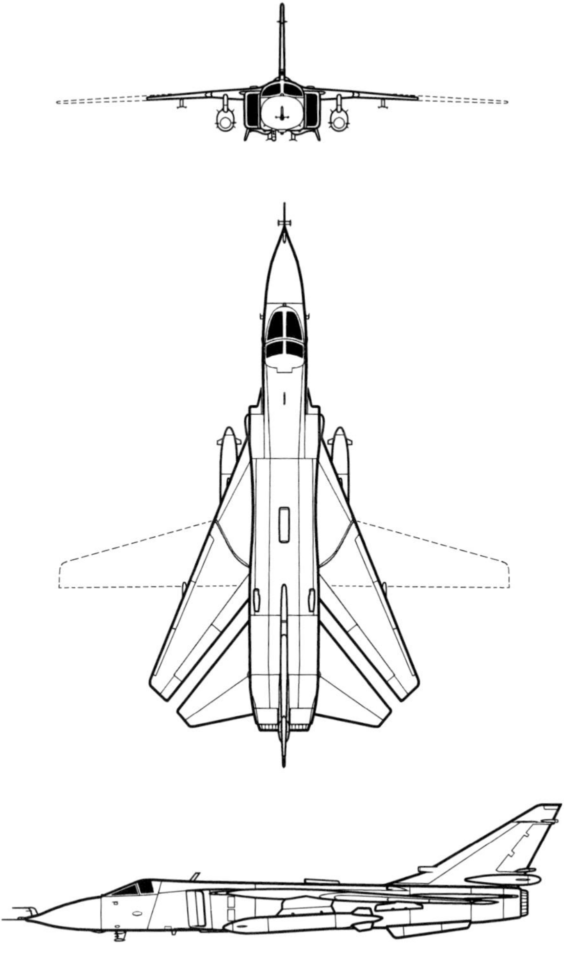

Abmessungen:
Spannweite 10,36 m (68°) bis 17,63 m (16°)
Länge inkl. Sonde 24,53 m
Höhe 4,97 m
Flügelfläche 42,00 m²

SUCHOJ SU-24(Mod)

Ursprungsland: Russland.
Kategorie: Zweisitziges Mehrzweckkampfflugzeug, Aufklärer und elektronisches Störflugzeug.
Triebwerke: Zwei Strahltriebwerke NPO Saturn (Lyulka) AL-21F-3A von je 7800 kp (76, 5 kN) Standschub ohne und 11200 kp (110 kN) mit Nachbrenner.
Leistungen (SU-24M): Höchstgeschwindigkeit ohne Aussenlasten 2317 km/h auf 11000 m (Mach 2,18); 1320 km/h auf 1500 m (Mach 1,15); Dienstgipfelhöhe 17500 m; taktischer Aktionsradius (Flugprofil hoch-tief-hoch) mit zwei 1250-l-Zusatztanks und einer Waffenlast von 3000 kg 1050 km, bei einer Nutzlast von 2500 kg (Flugprofil tief-tief-hoch) 950 km.
Gewichte: Rüstgewicht 19000 kg; normal beladen 36000 kg; max. Startgewicht 39700 kg.
Bewaffnung: Eine sechsläufige 30-mm-Revolverkanone und bis zu 8000 kg Aussenlasten, verteilt auf je vier Rumpf- und Flügelstationen, darunter verschiedene Luft-Boden-Lenkwaffen.
Entwicklungsstand: Zwischen 1974 und Mitte der neunziger Jahre wurden rund 800 Fencer an die damalige sowjetische Luftwaffe und rund 60 an die Marine geliefert. Weitere Exemplare der Exportversion Su-24 MK gingen u.a. an Algerien (35), Irak (ca. 24), Iran (ca. 30), Libyen (20) und Syrien 20). Zwei modernisierte Muster fliegen seit 1999. 400 Maschinen will Russland ab 2004 entsprechend umbauen lassen.
Bemerkungen: Nachdem sich aus finanziellen Gründen die Beschaffung des Nachfolgers, die Suchoj Su-27IB/-32 (siehe Ausgabe 2001) verzögert, wird die Su-24 einem Modernisierungsprogramm unterzogen. Die wesentlichsten Verbesserungen umfassen einen neuen zentralen Computer, u.a. mit einem Navigationssystem, welches auch ein GPS umfasst. Im Cockpit werden ein HUD sowie neue Radarschirme eingebaut. Auch das Kommunikationssystem wird überarbeitet. Schliesslich besteht neu die Möglichkeit, unter den Flügeln Zusatztanks für längere Einsätze mitzuführen. Dank der diversen Massnahmen können moderne Waffen mitgeführt werden, u.a. Lenkbomben.
Hersteller: AVPK Suchoj, Moskau, Russland.

Abmessungen (Su-30MK):
Spannweite 14,70 m
Länge 21,93 m
Höhe 6,35 m
Flügelfläche 63,20 m^2

SUCHOJ SU-30MKK/MKI

Ursprungsland: Russland.
Kategorie: Zweisitziges Mehrzweckkampfflugzeug.
Triebwerke: Zwei Mantelstromtriebwerke Saturn (Lyulka) AL-31F von je 8100 kp (79,43 kN) Standschub ohne und 12500 kp (122,60 kN) mit Nachbrenner.
Leistungen (Su-30MK): Höchstgeschwindigkeit Mach 2, 1350 km/h auf Meereshöhe (Mach 1,1); Anfangssteiggeschwindigkeit 330 m/Sek; Dienstgipfelhöhe 17300 m; Einsatzradius im Tiefflug 1270 km, in grossen Höhen 3000 km, mit einer Flugbetankung 5200 km.
Gewichte (Su-30MK): Startgewicht norm. 26090 kg; max. 33000 kg.
Bewaffnung: Eine sechsläufige 30-mm-Revolverkanone und Waffen aller Art bis zu 8000 kg an zwölf Aufhängepunkten.
Entwicklungsstand: Die Mehrzweckversion Su-30M fliegt seit 30. Dezember 1989, gefolgt von der Su-30MKK 1993 und der Su-30MKI am 26. November 2000. Rund 70 (+ Optionen) Su-30MKK beschafft China. Weiterer Besteller dieser Ausführung: Indien 50 (18 Su-30K, 32 Su-30MKI + 140 MKI im Lizenzbau), Malaysia 18 Su-30MKM, Vietnam 4 Su-30MKK.
Bemerkungen: Die doppelsitzige Ausführung Su-30M ist vorwiegend für Jagdbomber-Einsätze vorgesehen. Entsprechend dem Aufgabenspektrum wurden anstelle des Allwetterradars ein neues Kampfelektroniksystem sowie ein Navigationssystem Loran eingebaut. Besonders die Heckpartie wurde überarbeitet und verstärkt. Die Su-30M verfügt über die gleichen Vorflügel wie die Su-27M (siehe Ausgabe 1999). Eine Exportversion heisst Su-30MK, ebenfalls mit Vorflügeln und auf Wunsch mit zusätzlicher Vektorsteuerung (Su-27MKI) ausgerüstet. Ein weiterer Unterschied zur SU-30M besteht in der Kampfelektronik. 2002 wurde unter der Bezeichnung Su-30KN eine Weiterentwicklung mit digitalem Cockpit, neuem Missions-Computer und überarbeitetem Waffenkontrollsystem vorgestellt. Die russische Luftwaffe soll vorderhand sechs Exemplare erhalten. Von der Ausgangsversion Suchoj Su-27SK (siehe Ausgabe 2001) nahm 2003 ein Prototyp die Flugerprobung auf, welcher wesentliche Elemente der SU-30MK übernimmt.
Hersteller: Suchoj Design Bureau/KnAAPO, Werke Komsomolsk und Irkutsk, Moskau, Russland.

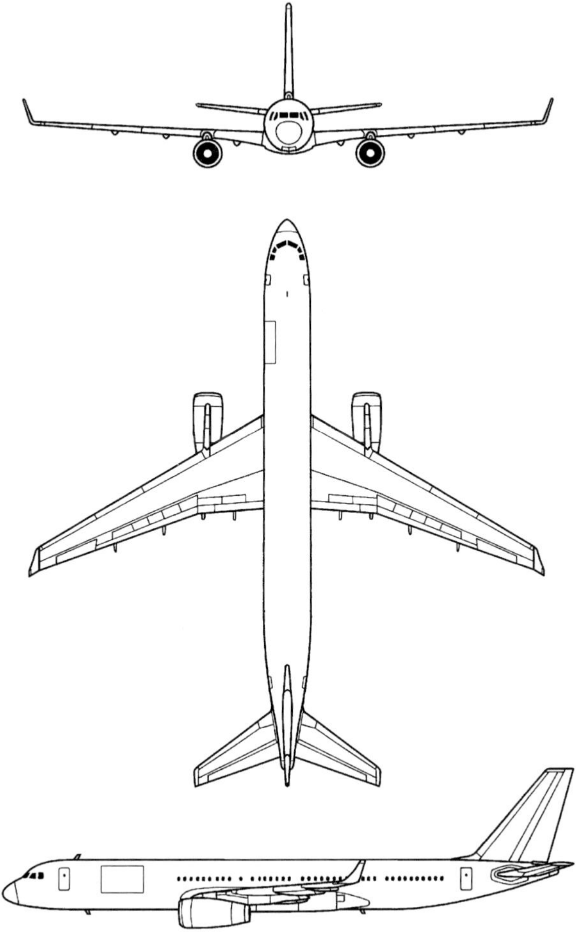

Abmessungen:
Spannweite 42,00 m
Länge 48,00 m
Höhe 13,90 m
Flügelfläche 184,1 m^2

TUPOLEW TU-204/TU-214

Ursprungsland: Russland.
Kategorie: Mittelstrecken (Tu-204) bis Langstrecken-Verkehrsflugzeug (Tu-214).
Triebwerke: Zwei Mantelstromtriebwerke (Tu-204-100) Perm (Solowiew) PS-90 von je 16000 kp (156,9 kN) oder (Tu-204-120) Rolls Royce RB.211-535E4 von je 19580 kp (193 kN) Standschub.
Leistungen (Tu-204-100): Max. Reisegeschwindigkeit 850 km/h auf 10650 m; Dienstgipfelhöhe 12505 m; Reichweite mit 196 Passagieren 3850 km, mit max. Nutzlast 2500 km.
Gewichte: Leer 56500 kg; max. Startgewicht 103000 kg.
Zuladung: Zwei Mann Cockpitbesatzung und normalerweise in Dreiklassenbestuhlung 170, maximal jedoch bei nur einer Klasse 214 Passagiere in Sechserreihen; max. Nutzlast als Frachter 29000 kg.
Entwicklungsstand: Der erste Prototyp der Tu-204 flog am 2. Januar 1989. 1997 begann die Auslieferung an die ersten Kunden. Über 50 Maschinen der verschiedenen Ausführungen sind bestellt und etwa 35 davon bisher abgeliefert worden. Der Erstflug des ersten Serienflugzeugs Tu-214 fand Anfang 2001 statt. Die neueste Ausführung Tu-204-300 (siehe Foto) fliegt seit August 2003.
Bemerkungen: Um ein möglichst geringes Leergewicht zu erzielen, wurden in weiten Bereichen neue Werkstoffe, meist Kunststoffe angewandt. Das Cockpit ist mit sechs Farbbildschirm-Anzeigegeräten ausgerüstet. Weitere Neuerungen sind die vollelektrische Steuerung, ein superkritisches Flügelprofil und das dreifache Inertial-Navigationssystem. Die Variante Tu-204 wird durch eine Version Tu-214 ergänzt, welche dank höherem Startgewicht von 110000 kg grössere Reichweiten ermöglicht. Beide haben russische Avionik. Wahlweise kann die Tu-214 aber auch mit Rolls Royce-Triebwerken und mit westlicher Avionik ausgerüstet geliefert werden. Schliesslich ist auch ein Frachter Tu-204C erhältlich sowie die um fast 6 m verkürzte Ausführung Tu-204-300.
Hersteller: Tupolew Joint Stock Comp., Werke Ulyanovsk (Tu-204) und Kazan, Tartastan (Tu-214), Moskau, Russland.

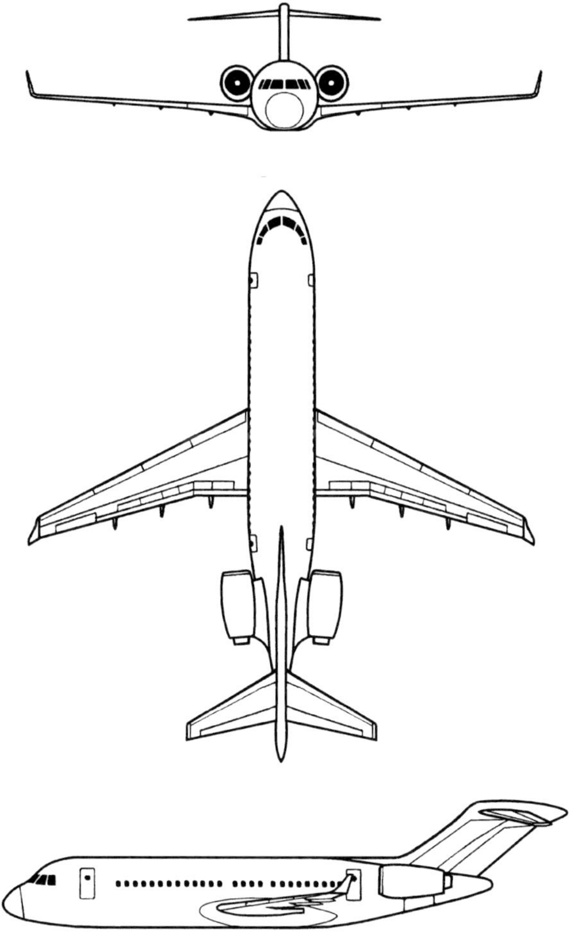

Abmessungen:
Spannweite (Tu-334-100/-120) 29,77 m
(Tu-334-100D/-200/-220) 32,61 m
Länge (Tu-334-100/-120) 31,26 m, (Tu-334-100D/-200/-220) 35,16 m
Höhe 9,38 m
Flügelfläche (Tu-334-100/-120) 83,2 m^2

TUPOLEW TU-334-100

Ursprungsland: Russland.
Kategorie: Kurz- und Mittelstreckenverkehrsflugzeug.
Triebwerke: Zwei Mantelstromtriebwerke (-100) ZMDB/Zaporozheye/Lotarew D-436T1 von je 7500 kp (73,5 kN) oder (-120D) BMW Rolls-Royce BR 715-55 von je 8718 kp (88,90 kN) Standschub.
Leistungen (nach Angaben des Herstellers): Norm. Reisegeschwindigkeit 800 - 820 km/h; Dienstgipfelhöhe 11100 m; Reichweite je nach Ausführung zwischen (Tu-334-100) 2000 km bis (Tu-334-120D) 4170 km.
Gewichte (Tu-334-100): Leergewicht 30050 kg; max. Startgewicht 47700 kg.
Zuladung (Tu-334-100): Zwei bis drei Mann Besatzung und normal 72 Passagiere in einer Zweiklasseneinrichtung oder maximal 102 Passagiere in Sechserreihen mit Mittelgang. Nutzlast 11000 kg.
Entwicklungsstand: Aus Finanzmangel konnte die Flugerprobung erst am 8. Februar 1999 aufgenommen werden, obwohl der Prototyp seit August 1995 fertig gebaut war. Der zweite Prototyp folgte am 22. November 2003. 35 Einheiten sind mittlerweile von drei Gesellschaften fest bestellt. Die Auslieferung soll noch 2004 starten.
Bemerkungen: Die Tu-334 ist als Nachfolgemuster der noch in grosser Zahl eingesetzten Tu-134 gedacht. Nach vielen Jahren der Agonie kommt das Programm nun doch noch in Fahrt. Der Rumpf weist gegenüber vergleichbaren Mustern einen wesentlich grösseren Querschnitt auf. Er ist in weiten Teilen von der Tu-204 (siehe Seiten 306/307) übernommen. Die Avionik entspricht dem heutigen Standard. Es wird ein Glascockpit russischer Herkunft eingebaut. In der Konstruktion werden in weiten Bereichen neue Werkstoffe eingesetzt. Bereits sind mehrere Varianten geplant, darunter eine Passagier-/Frachterausführung, ein Vollfrachter sowie eine um 3,90 m verlängerte Tu-334-200. Letztere wird mit D-436T-2-Triebwerken mit einem Schub von 8210 kp (80,5 kN) und grösseren Flügeln ausgerüstet sein. Bei einem Abfluggewicht von 54800 kg können 126 Passagiere mitgenommen werden.
Hersteller: Tupolew Joint Stock Comp., Werke Aviant-Kiew und MiG-MAPO-Lukhowitsy, Moskau, Russland.

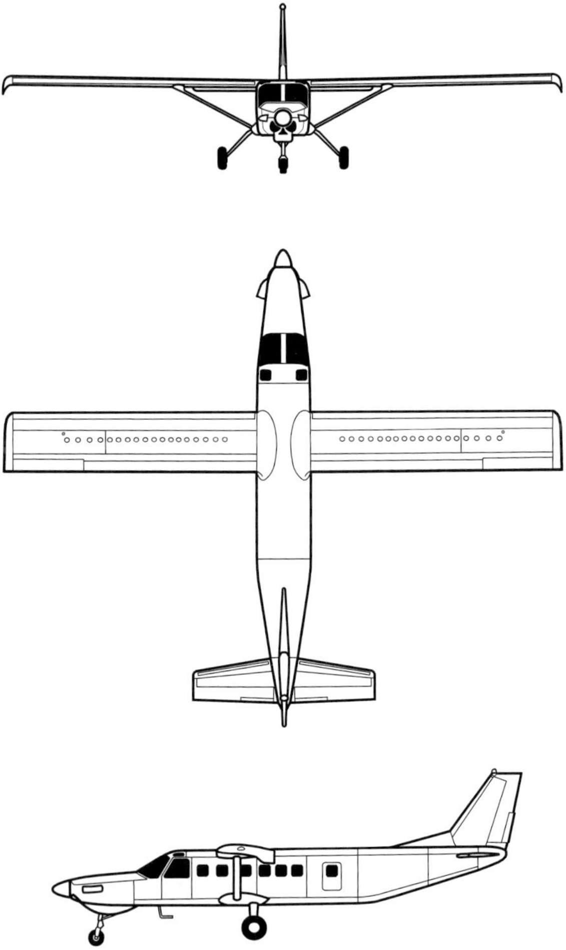

Abmessungen:
Spannweite 15,30 m
Länge 13,10 m
Höhe 4,55 m
Flügelfläche 24,80 m²

VULCANAIR VF600W MISSION

Ursprungsland: Italien.
Kategorie: Mehrzweckflugzeug.
Triebwerke: Eine Propellerturbine Walter M601F-11 von 777 WPS (597 kW) Leistung.
Leistungen: Max. Reisegeschwindigkeit 340 km/h; ökon. Geschwindigkeit 305 km/h auf 6100 m; Anfangssteiggeschwindigkeit 4,5 m/Sek; Reichweite mit zehn Passagieren auf 3000 m und 45 Min. Reserve 1690 km; max. Reichweite auf 6100 m 2200 km; max. Flugdauer 6,8 Std.
Gewichte: Leergewicht 2000 kg; max. Startgewicht 3925 kg.
Zuladung: Pilot und bis zu zehn Passagiere; max. Nutzlast 1600 kg.
Entwicklungsstand: Der Prototyp nahm die Flugerprobung am 4. Dezember 2002 auf. Dies war insofern eine Überraschung, als vorher über die Existenz dieses Projekts kaum etwas bekannt geworden war. Die Zulassung wird für März 2004 erwartet. Daran anschliessend sollen die ersten Serienexemplare abgeliefert werden. Der Auftragsbestand ist derzeit unbekannt.
Bemerkungen: Die VF600W reiht sich in die Klasse der einmotorigen robusten und einfach gebauten Arbeitsflugzeuge mit einer Propellerturbine ein, die mit der Cessna 208 (siehe Seiten 132/133) ihren Beginn fand. Abgeleitet ist diese Konstruktion von der zweimotorigen SF-600 Canguro des gleichen Herstellers. Sie soll für eine Vielzahl von Aufgaben geeignet sein und ist besonders auf Kostengünstigkeit ausgelegt. Der Mindestkaufpreis beläuft sich auf US$ 1 Mio. Je nach Bedürfnis können zwei verschiedene Avionik-Packages bestellt werden, ein einfaches und günstiges sowie ein sehr fortgeschrittenes. Die Mission verfügt über einen Fünfblatt-Propeller. In späteren Versionen kann auch ein Triebwerk anderer Hersteller eingebaut werden. Der Rumpf mit grosser seitlicher Fracht-Schiebetüre ist rechteckig und nicht druckbelüftet. Im völlig flachen Frachtraum finden bis zu drei Standard-Europaletten Platz. Eine Ausführung mit Schwimmern ist geplant. Die Serienflugzeuge werden über eine Cockpittüre sowie über eine vergrösserte Frachttüre verfügen.
Hersteller: Vulcanair S.p.A., Casoria, Neapel, Italien.

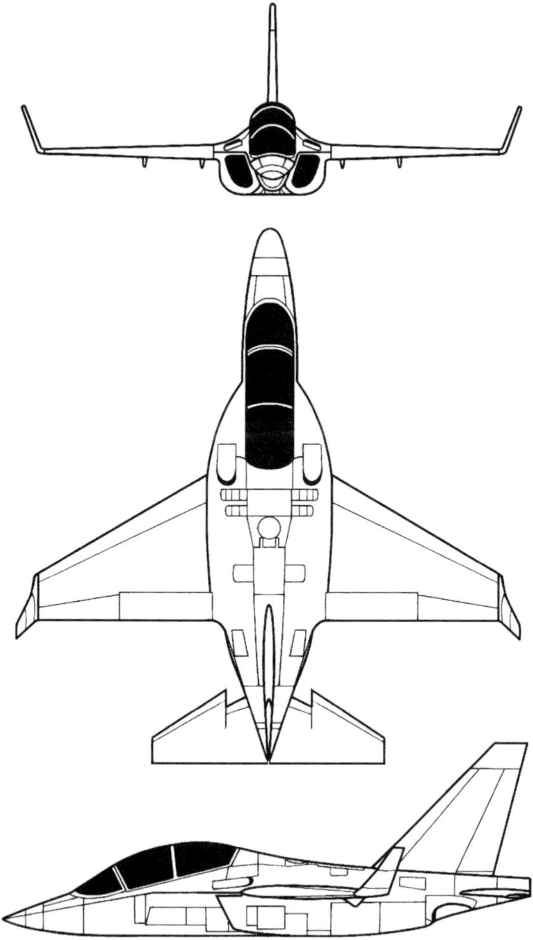

Abmessungen:
Spannweite 9,72 m
Länge 11,49 m
Höhe 4,76 m
Flügelfläche 23,50 m²

YAKOWLEW YAK-130

Ursprungsland: Russland.
Kategorie: Zweisitziger Fortgeschrittenentrainer und leichtes Erdkampfflugzeug.
Triebwerke: Zwei Mantelstromtriebwerke Progress AI-222-25 von je 2500 kp (24,50 kN) Standschub.
Leistungen: Höchstgeschwindigkeit auf optimaler Höhe 1050 km/h; auf Meereshöhe 850 km/h+; Anfangssteiggeschwindigkeit 75 m/Sek; Dienstgipfelhöhe 12500 m; Aktionsradius mit zwei 500-kg-Bomben (Einsatzprofil hoch-tief-tief-hoch) 850 km; Überführungsreichweite 2000 km.
Gewichte: Leergewicht 4600 kg; max. Startgewicht 9000 kg.
Bewaffnung: Waffen aller Art bis zu einem Gewicht von 3000 kg.
Entwicklungsstand: Ein Prototyp startete mit grosser Verspätung am 25. April 1996 zum Erstflug. Das erste Serienmuster flog erstmals Ende 2003. 2005 soll die erste Staffel bei der russischen Luftwaffe einsatzbereit sein. Bei einem Bedarf von 150 bis 200 Maschinen sollen vorerst zehn Einheiten bestellt worden sein.
Bemerkungen: Die Yak-130 soll die Nachfolge der heutigen Trainingsflugzeuge Aero L 29 Delfin und L 39 Albatros bei der russischen Luftwaffe antreten. Da sie besonders wendig ist, kann die Yak-130 alle wichtigen Flugmanöver der heutigen Kampfflugzeuggeneration Su-27 und MiG-29 ausführen. Anfänglich erfolgte die Entwicklung dieses Musters in Kooperation mit der italienischen Aermacchi. Diese Zusammenarbeit wurde aber aufgelöst. Aermacchi verfolgt mit der M-346 (siehe Seiten 14/15) mittlerweile einen eigenen Weg. Die Konstruktion ist von konventioneller Art und besonders robust ausgelegt. Ungewöhnlich sind der komplexe Deltaflügel mit den ovalen Triebwerkeinläufen. Das Triebwerkmanagement (FADEC) ist vollständig digitalisiert, ebenso die übrige Avionik. Die Flugsteuerung stützt sich auf ein vierfach redundantes FBW-System ab. Das Cockpit umfasst u.a. drei grosse LCD-Bildschirme. Unter der Bezeichnung Yak-133 ist eine einsitzige Erdkampfversion in Planung.
Hersteller: OKB Alexander S. Yakowlew, Werke Nizhniy Novgorod und Saratow, Russland.

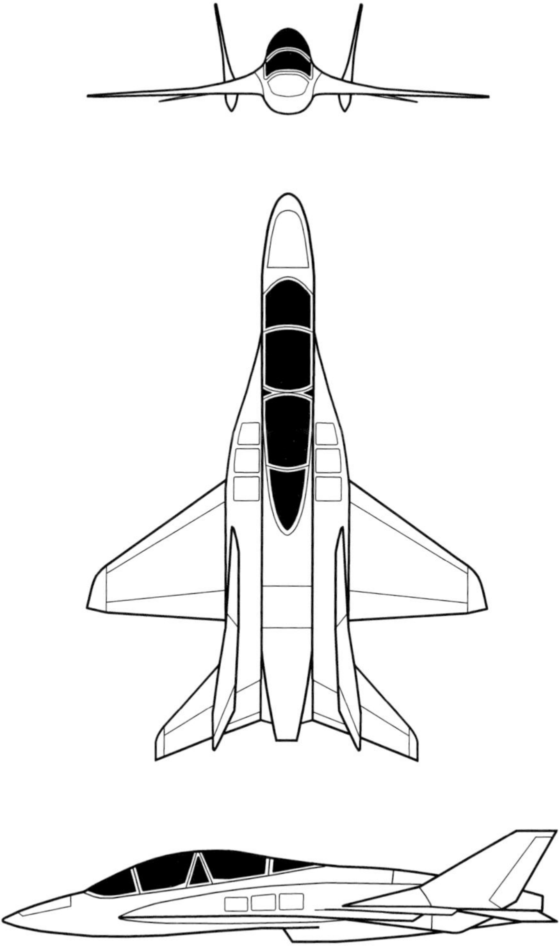

Abmessungen:
Spannweite 6,60 m
Länge 9,90 m
Höhe 2,50 m
Flügelfläche 11,90 m²

ZAKLAD REMONTOW EM-10 BIELK

Ursprungsland: Polen.
Kategorie: Leichter strahlgetriebener Trainer und Reiseflugzeug.
Triebwerke (Prototyp): Ein Strahltriebwerk General Electric J85 von 1380 kp (13,53 kN) Standschub.
Leistungen (geschätzt): Höchstgeschwindigkeit (Prototyp) 930 km/h (Mach 0,9), (Serie) 1100 km/h; Anfangssteiggeschwindigkeit 75 m/Sek; max. Reichweite 2500 km.
Gewichte: Leergewicht 1700 kg; max. Startgewicht 2500 kg.
Entwicklungsstand: Der bisher einzige Prototyp nahm die Flugerprobung im Juni 2003 auf. Bisher sind keine Bestellungen bekannt geworden.
Bemerkungen: Die EM-10 stellt eine neue Kategorie von leichten Strahlflugzeugen dar. Einerseits als Trainer für den militärischen Markt (Version A) gedacht, besteht die Möglichkeit, die Bielk auch als ziviles leichtes Reiseflugzeug (Version B) einzusetzen. Aber auch als Akrobatikflugzeug wäre dieses Muster ausgesprochen geeignet. Die ganze Zelle ist dank Einsatz von Verbundwerkstoffen sehr leicht. Die Steuerung erfolgt derzeit konventionell, der Einbau eines Fly-by-Wire-Systems wird geprüft. Selbst bei militärischen Einsätzen ist keine Bewaffnung vorgesehen. Als Schulungsflugzeug ist dieser Typ in der Lage, alle wichtigen Flugmanöver von neuen Militärflugzeugen zu simulieren. Diese Ausführung wird voraussichtlich über eine umfangreichere Avionik als die Zivilvariante verfügen. Bei der zivilen wie auch bei der militärischen Serienausführung wird das alte Triebwerk J85 durch einen moderneren und leistungsfähigeren Antrieb ersetzt.
Hersteller: Zaklad Remontow I rodukcji Sprezetu Lotniczego, Bielsko-Biala, Polen.

➤ VERZEICHNIS DER FLUGZEUGTYPEN

➤ ABKÜRZUNGEN IM TEXT

Aéronavale	= Französische Marineluftwaffe
AEW/C	= **A**irborne **E**arly **W**arning/**C**ommand, fliegende Radarfrühwarn- und Kommandoflugzeuge
ALAT	= **A**viation **L**égère de l'**A**rmée de **T**erre, französische Heeresluftwaffe
Armée de l'Air	= Französische Luftwaffe
ASTOR	= **A**irborne **St**and-**O**ff **R**adar
ASW	= **A**nti-**S**ubmarine **W**arfare, U-Boot-Bekämpfung
AWACS	= **A**irborne **W**arning **A**nd **C**ontrol **S**ystem, Frühwarnflugzeug
CTOL	= **C**onventional **T**ake-**O**ff and **L**anding, Start und Landung konventionell
CRT	= **C**athode-**R**ay-**T**ube, Kathodenröhren-Anzeigen
ECM	= **E**lectronic **C**ounter **M**easures, Sammelbegriff für alle Massnahmen zur Störung feindlicher Funk- und Radareinrichtungen auf elektronischem Weg
EFIS	= **E**lectronic **F**light **I**nstrument **S**ystem, Elektronische Bildschirmanzeige-instrumente
Elint	= **El**ectronics **Int**elligence, elektronische Aufklärung
FADEC	= **F**ull **A**uthority **D**igital **E**ngine **C**ontrol, Digitales Triebwerkmanagement-System
FBW	= **F**ly **B**y **W**ire, Steuerung des Flugzeuges mittels elektrischen Impulsen
FLIR	= **F**orward-**L**ooking **I**nfra**R**ed, Infrarot-Nachtsichtgerät
GFK	= **G**las**f**aserverstärkter **K**unststoff
GPS	= **G**lobal **P**ositioning **S**ystem, präzise Navigationshilfe mittels Satelliten
HOTAS	= **H**ands-**O**n-**T**hrottle-**A**nd-**S**tick, alle wichtigen Bedienungsfunktionen sind im Steuerknüppel vereinigt
HUD	= **H**ead-**U**p **D**isplay, Blickfelddarstellungsgerät. Die wichtigsten Flugdaten werden auf die Frontscheibe projiziert
IFR	= **I**nstrument **F**light **R**ules, Instrumentenflugregeln
LANTIRN	= **L**ow-**A**ltitude **N**avigation **T**argeting **IR** for **N**ight, Tiefflugnavigations- und Infrarot- Angriffssystem für Nachteinsätze
MAD	= **M**agnetic **A**nomaly **D**etection, Magnetometer, Gerät zum Aufspüren magnetischer Unregelmässigkeiten (Einsatz zur U-Boot-Bekämpfung)
NVG	= **N**ight **V**ision **G**oggles, Sammelbegriff für Nachsichtgeräte/-brillen am Kopf des Piloten befestigt
RAAF	= **R**oyal **A**ustralien **A**ir **F**orce, australische Luftwaffe
RAF	= **R**oyal **A**ir **F**orce, britische Luftwaffe
RN	= **R**oyal **N**avy, britische Marineluftwaffe
SAR	= **S**earch **A**nd **R**escue, Such- und Rettungseinsätze
SAR	= **S**ynthetic **A**perture **R**adar, Synthetisches Breitband-Aufklärungsradar
SIGINT	= **SIG**nals **INT**ellingence, Funkaufklärung
STOL	= **S**hort **T**ake-**O**ff and **L**anding, Kurzstart und -landung
STOVL	= **S**hort **T**ake-**O**ff and **V**ertical **L**anding, Kurzstart und Senkrechtlandung
USAF	= **U**nited **S**tates **A**ir **F**orce, Luftwaffe der USA
USCG	= **U**nited **S**tates **C**oast **G**uard, Küstenwache der USA
USMC	= **U**nited **S**tates **M**arine **C**orps, Marineinfanterie der USA
USN	= **U**nited **S**tates **N**avy, Marine der USA
VFR	= **V**isual **F**light **R**ules, Sichtflugregeln
VTOL	= **V**ertical **T**ake-**O**ff and **L**anding, Senkrechtstart und -landung
WPS	= **W**ellen-**PS**, Leistung einer Propeller- oder Gasturbine, gemessen an der Welle; der Restschub wird nicht berücksichtigt, Englisch: shp (Shaft Horse Power)